计算机应用基础

主　编　孙艳秋　吴　磊　刘世芳

科学出版社

北　京

内 容 简 介

本书依据教育部高等学校非计算机专业计算机基础课程教学指导分委员会提出的《高等学校非计算机专业计算机基础课程教学基本要求》，同时兼顾全国计算机等级考试的要求，并结合编者多年教学实践经验编写而成。

全书共 9 章，内容包括计算机概述、操作系统及应用、文字编辑软件的使用、电子表格软件的使用、演示文稿软件的使用、计算机网络和互联网技术基础、图像处理软件的使用、动画设计软件的使用和医院信息系统。

本书可作为普通高等学校的本科、专科等非计算机专业计算机基础课程的教材，也可作为全国计算机等级考试二级 MS Office 高级应用与设计、一级计算机基础及 MS Office 应用、一级计算机基础及 Photoshop 应用的辅导用书和自学参考书。

图书在版编目（CIP）数据

计算机应用基础/孙艳秋，吴磊，刘世芳主编. —北京：科学出版社，2022.2
ISBN 978-7-03-070193-0

Ⅰ. ①计… Ⅱ. ①孙… ②吴… ③刘… Ⅲ. ①电子计算机-教材
Ⅳ. ①TP3

中国版本图书馆 CIP 数据核字（2021）第 217343 号

责任编辑：宋 丽 宫晓梅 / 责任校对：赵丽杰
责任印制：吕春珉 / 封面设计：东方人华平面设计部

科学出版社 出版
北京东黄城根北街 16 号
邮政编码：100717
http://www.sciencep.com
三河市中晟雅豪印务有限公司印刷
科学出版社发行 各地新华书店经销
*
2022 年 2 月第 一 版 开本：787×1092 1/16
2022 年 2 月第一次印刷 印张：15 3/4
字数：374 000

定价：52.00 元

（如有印装质量问题，我社负责调换〈中晟雅豪〉）
销售部电话 010-62136230 编辑部电话 010-62138978

编 委 会

主　编　孙艳秋　吴　磊　刘世芳

副主编　张柯欣　杨　钧　燕　燕

参　编　谭　强　岳慧平　王赫楠　王甜宇

　　　　李昀泽　夏书剑　张　颖　孙　蕊

前　言

随着计算机科学与技术的飞速发展以及计算机基础教育的不断普及和深入，各行各业对大学生的计算机应用能力提出了更高的要求。从长远来看，非计算机专业人才已不应停留在“会用计算机”，而应做到“用好计算机”，能够运用计算机知识来解决专业领域的相关问题。这对高等学校的计算机基础与应用课程教学改革提出了新的要求和挑战。

为了迎接这一机遇和挑战，我们在教育部《高等学校非计算机专业计算机基础课程教学基本要求》的指导下，参考教育部考试中心制定的全国计算机等级考试大纲，编写了本书。

计算机应用基础与计算机应用基础实验教程是各高等学校非计算机专业的公共基础课程，也是学习其他计算机类课程的前导和基础课程。本书力求使读者在全面、系统地了解和熟悉计算机基础知识，掌握基本操作技能的基础上，具备更高级的计算机实际应用能力和创新思维能力，能在各自的专业领域自觉运用计算思维和理念进行更高效的问题求解以及更深入的挖掘和研究。

考虑到不同专业、不同水平读者的需求，本书引入了部分计算机技术的前沿知识，并针对全国计算机等级考试的新增科目——二级 MS Office 高级应用与设计和一级计算机基础及 MS Office 应用、一级计算机基础及 Photoshop 应用等，加强了相关考核知识点的内容编排，使读者的应用技能得到扩展，有效助力读者备考相关科目。

参加本书编写的人员都是从事一线教学工作多年的教师，拥有丰富的教学经验。在编写本书时，将理论与实践紧密结合，注重实用性和可操作性，在实例选取上从读者日常学习和工作需要出发，在文字叙述上深入浅出、图文并茂、通俗易懂。为保证学习效果，操作性强的章节还配有丰富的例题，所有操作类实例均经过编者的反复测试。本书还配有实验教材《计算机应用基础实验教程》（孙艳秋、杨钧、张颖主编，科学出版社出版）供读者学习与参考。

由于本书涉及的知识面较广，且编写时间有限，书中难免存在疏漏和不足之处，真诚希望广大读者批评指正，以便修订时逐渐完善。

目　　录

第 1 章　计算机概述

电子计算机的应用从最初的军事科研领域扩展到社会的各个领域，形成了规模巨大的计算机产业，带动了全球范围的技术进步，并由此引发了深刻的社会变革。在我国，以信息化带动工业化，以工业化促进信息化的进程中，以计算机技术、网络技术和云计算技术为主要特征的信息技术已渗透到社会系统的各个领域，学习计算机知识，熟练运用计算机已成为每一个人的迫切需求。

本章主要介绍计算机基础知识、计算机系统组成、计算机信息表示及计算机信息安全等四个方面的内容。

1.1　计算机基础知识

电子计算机简称计算机，是一种能够存储程序和数据、自动执行程序、快速而高效地完成对各种数字化信息处理的电子设备。电子计算机是 20 世纪最伟大的科学技术发明之一，对人类的活动产生了重要的影响。

1.1.1　计算机的产生

1. 图灵机

1936 年，英国科学家艾伦·麦席森·图灵发表了著名的关于“理想计算机”的论文，提出由机器代替人类进行数学运算，后人将这种机器称为图灵机（Turing machine，TM）。图灵机由三部分组成：一条无限长的纸带、一个读/写头和一个控制装置。图灵说明了机器计算的本质，证明了通用电子数字计算机是可能制造出来的。为纪念图灵对计算机的贡献，美国计算机协会于 1966 年设立了图灵奖，该奖项被公认为计算机领域的诺贝尔奖。

2. ENIAC

第二次世界大战爆发后，为了设计更先进的武器，提高计算工具的计算速度和精度成为人们开发新型计算工具的重点所在。美国启动了研制电子计算机的计划，这个任务交给了宾夕法尼亚大学的物理学教授约翰·莫克利和他的研究生普雷斯帕·埃克特。1946 年 2 月 15 日，标志人类计算工具历史性变革的巨型机器 ENIAC（electronic numerical integrator and computer，电子数字积分计算机）研制成功，如图 1.1 所示。其主要元件是电子管，每秒能完成 5000 次加法运算或 300 多次乘法运算，该机器使用了 1500 个继电器、18000 多个电子管，占地 $170m^2$，重达 30 多 t，每小时耗电量为 150kW。ENIAC

的问世标志着电子计算机时代的到来。

图 1.1 ENIAC 资料图

3. EDVAC

1945 年 6 月，普林斯顿大学的数学教授冯•诺依曼发表了关于离散变量自动电子计算机（electronic discrete variable automatic computer，EDVAC）的报告，确立了现代计算机的基本结构。冯•诺依曼提出计算机应有五大基本组成部分：运算器、控制器、存储器、输入设备和输出设备，并描述了这五大部分的功能和相互关系，同时提出了“采用二进制”和“存储程序”的基本思想。与图灵机的理论模型相比，冯•诺依曼结构给出了计算机工程的实现方案，这对后来计算机的设计有着决定性的影响，特别是确定计算机的结构，采用存储程序及二进制编码等，至今仍为电子计算机设计者所遵循。

1.1.2 计算机的发展

1. 计算机的发展阶段

从第一台电子计算机诞生至今，计算机技术飞速发展，根据所采用电子元件的不同，计算机的发展过程大致可以分成以下四个阶段。

（1）第一代计算机（1946—1957 年）

第一代计算机以电子管作为逻辑元件，其主要特点是运算速度为每秒几千次至几万次，主存储器为延迟线或磁鼓等，使用机器语言，主要用于数值计算。

由于这一时期的计算机采用电子管，因此其体积很大、运算速度慢、存储容量小、价格昂贵、软件简单、可靠性不高，应用受到很大的限制。

（2）第二代计算机（1958—1964 年）

第二代计算机以晶体管作为逻辑元件，其主要特点是运算速度为每秒几万次至几十万次，主存储器以磁芯存储器为主，开始使用磁盘作为辅助存储器，使用高级程序设计语言和操作系统作为软件系统。

晶体管在平均寿命、耗电量、运算速度及机械强度等方面均比电子管优越，因此这一时期的计算机体积变小、耗电量减少、价格降低、速度加快、可靠性提高，其应用得到进一步发展，除科学计算外，还能进行数据处理和过程控制。

（3）第三代计算机（1965—1970 年）

第三代计算机以小规模集成电路和中规模集成电路作为逻辑元件，其主要特点是运算速度为每秒几十万次至几百万次，开始使用半导体存储器作为主存储器，外部设备、操作系统和高级语言得到进一步发展和完善，机型开始多样化、系统化，提高了计算机的工作效率。

半导体集成技术的使用，使计算机的体积更小，耗电量更少，可靠性和运算速度大幅提高，总体性能较第二代计算机提高了一个数量级，再加上配套的外部设备、高级语言和操作系统的进一步发展和完善，使得计算机在科学计算、数据处理和过程控制等方面的应用更为广泛。

（4）第四代计算机（1971 年至今）

第四代计算机以大规模集成电路及超大规模集成电路作为逻辑元件，其主要特点是运算速度为每秒几百万次至几亿次，主存储器仍为半导体存储器，外部设备和操作系统等进一步发展，机型向巨型化和微型化方向发展。

大规模及超大规模集成电路的出现，大大提高了硅片上电子元件的集成度，可把计算机的核心部分——运算器和控制器集成在一块极小的芯片上，从而提高计算机的整体性能，并使计算机的运算速度更快，价格更低。随着各种外部设备、系统软件和应用软件的空前发展，计算机的应用已渗透到各个领域，这为计算机的网络化创造了条件。

2. 未来新型计算机

处理器和大规模集成电路的发展逐渐接近理论的极限，人们开始努力研究超越物理极限的新方法。新型计算机可能会打破现有计算机的体系结构，目前正在研制的新型计算机主要有以下几种。

（1）光子计算机

光子计算机由光信号来传递、存储和处理信息，以光子作为信息载体，以光互连代替导线互连，以光硬件代替电子硬件，以接近 3×10^5km/s 的速度传递和处理信息。

光子计算机由激光器、光学反射镜、透镜、滤波器等光学元件和设备构成，靠激光束进入反射镜和透镜组成的阵列进行信息处理，以光子代替电子，以光运算代替电运算，光的并行、高速决定了光子计算机的并行处理能力很强，具有超高运算速度。随着现代光学与计算机技术、微电子技术相结合，在不久的将来，光子计算机或将成为人类的通用工具。

（2）生物计算机

生物计算机是通过模拟人脑的生物功能来实现数字计算的一类高性能计算设备，是利用遗传工程技术，将具有开关特性的蛋白质分子作为生物元件和生物芯片制成的计算机。生物计算机的集成电路由蛋白质构成，其大小只相当于硅片集成电路的十万分之一。生物计算机的运算速度比超级计算机还要快 10 万倍左右，而其能量消耗仅相当于普通计算机的十亿分之一，且具有巨大的存储能力。

更为独特的是，由于蛋白质分子有自我组合的能力，生物芯片出现故障可自我修复，实现自愈合和自改善，因此，生物计算机的可靠性非常高，且具有一定的永久性。尽管目前生物计算机还存在着诸如信息提取困难等缺点，但随着技术的不断进步，生物计算机的应用前景不可小觑。

（3）量子计算机

量子计算机是一种遵循量子力学规律进行高速运算、存储及处理量子信息的物理装置。不同于电子计算机，量子计算机用来存储数据的对象是量子比特，它使用量子算法进行数据操作。目前，很多国家和机构都在研发量子计算机。2013 年 6 月，由中国科学技术大学潘建伟院士领衔的量子光学和量子信息团队，在国际首次成功实现用量子计算机求解线性方程组的实验。2020 年 12 月，该团队又宣布成功构建 76 个光子的量子计算原型机“九章”，“九章”求解数学算法高斯玻色取样只需 200s。

与普通计算机相比，量子计算机不仅运算速度超级快，还能解决非常复杂的问题。在寻找问题解决方案时，量子计算机采用与人类思维相似的方式，可以执行许多人类才能胜任的工作。虽然还有很长的路要走，但人们坚信会在量子计算机领域取得重大突破。

1.1.3 计算机的特点与分类

1. 计算机的特点

计算机之所以能够成为信息处理的重要工具和人类进入信息社会的主要标志，是因为它有以下特点。

（1）运算速度快

计算机的运算速度以每秒的运算次数（确切地说为每秒执行指令的平均条数）来表示。不同计算机的运算速度从每秒几十万次到几亿次甚至几十万亿次不等，而且在不断提高。

（2）计算精确度高

计算机中数的精确度主要取决于数据（二进制形式）表示的位数，称为机器字长。机器字长越长，则精确度越高，因为其允许的有效数字位数多。计算机要达到 10 位十进制小数从而得到百亿分之一以上的精确度是不难的，使用一些计算技术，精确度可以更高。例如，对于圆周率的计算，使用计算机很快就可计算到小数点后 200 万位。

（3）存储容量大

计算机有存储大量信息的存储部件，可以将原始数据、程序和中间结果等信息存储起来，以备调用。计算机的存储器类似于人的大脑，可以“记忆”（存储）大量的数据和信息。随着微电子技术的发展，内存储器的容量越来越大，加上大容量的外存储器，计算机的存储容量非常大。

（4）工作过程全自动化

由于计算机采用程序控制机器运行的工作方式，因此只要编好程序，将程序输入计算机系统并运行，计算机就能实现自动化操作。输入的程序不同，计算机完成的工作也随之改变，如果再配上必要的外部设备和附属装置，计算机就可以在各种不同的应用领域中工作，完成各种不同的任务。这是计算机与其他信息处理机的根本区别。

2. 计算机的分类

随着计算机及相关技术的迅速发展，计算机类型也不断分化，形成了不同种类的计算机。按照计算机的运算速度、字长、存储容量等综合性能指标，可将计算机分为巨型机、小巨型机、主机、小型机、工作站和微型计算机六类。

1.1.4　计算机的发展方向

计算机的生命力在于它的广泛应用。目前，微型计算机的应用范围几乎涉及人类社会的所有领域，军事领域、科学领域、教育领域、生产生活领域等无一没有微型计算机的身影。

1. 科学计算

科学计算是 20 世纪最重要的科学进步之一，是数学及计算机实现其在高科技领域应用的必不可少的纽带和工具。科学计算已经成为第三种科学手段，它与理论研究、科学实验一同成为当今科学活动的主要方式。科学和工程计算都以计算数学为核心架设从理论到实际的桥梁，来解决当今科技发展的复杂问题。

例如，天气预报是在了解当前大气状态的基础上，利用一些数学和物理模型，通过高速计算机的运算来预测未来的天气状态。这种预测的客观性主要依赖于原始数据是否精确反映现实，数据模型是否能精细描述大气运行的规律。相关人员每天都要定时收集地面和天空的气象资料，然后把各种气象要素编码后实时传送到国家气象中心，提供给超级计算机进行数值预报，同时画出气象图。预报员根据数值预报的结果和气象图、雷达气象资料、卫星云图及以往的经验，做出具体天气预报。

2. 信息处理

信息处理主要是指非数值形式的数据处理，包括对数据资料的收集、存储、加工、分类、排序、检索、发布等一系列工作。信息处理包括办公自动化、企业管理、情报检索等，是计算机应用最广泛的领域。

信息处理应用领域所产生的应用系统很多，运用最广泛、最实用的系统就是管理信息系统（management information system，MIS），它是综合运用计算机技术、信息技术、管理技术和决策技术，与现代化的管理思想方法相结合，辅助管理人员进行管理和决策的系统。管理信息系统作为计算机应用的重要领域，其特点主要表现在：面向管理决策，是对一个组织管理业务进行全面管理的综合性人机系统，是现代化管理方法与手段相结合的系统，是多学科交叉的边缘科学。

3. 人工智能

人工智能既是计算机当前的重要应用领域，也是今后计算机发展的主要方向。人工智能应用中所要研究和解决的问题均是需要进行判断及推理的智能性问题，因此，人工智能是计算机在更高层次上的应用。

人工智能的基本研究内容包括机器感知、机器思维、机器学习、机器行为、智能系统及智能计算机构造技术等。尽管在这些领域有很多技术上的困难，但仍取得了一些重要成果。目前，人们利用人工智能技术建立了一些计算机系统，如合成人类自然语言、情报检索、诊断疾病、控制太空飞行器和水下机器人等的计算机系统。

4. 计算机辅助系统

计算机辅助系统包括计算机辅助设计、计算机辅助制造和计算机辅助教学等。

（1）计算机辅助设计

计算机辅助设计（computer aided design，CAD）是利用计算机系统辅助设计人员进行工程或产品设计，以实现最佳设计效果的一种技术，已广泛地应用于航空、汽车、机械、制造、电子、建筑和轻工等领域。例如，在电子计算机的设计过程中，利用 CAD 技术进行体系结构模拟、逻辑模拟、插件划分、自动布线等，从而大大提高了设计工作的自动化程度。

（2）计算机辅助制造

计算机辅助制造（computer aided manufacturing，CAM）是利用计算机系统进行生产设备的管理、控制和操作的过程。例如，在产品的制造过程中，用计算机控制机器的运行，处理生产过程中所需的数据，控制和处理材料的流动以及对产品进行检测等。使用 CAM 技术可以提高产品质量，降低成本，缩短生产周期，提高生产率和改善劳动条件。将 CAD 和 CAM 技术集成，实现设计生产自动化，形成计算机集成制造系统（CIMS）。CIMS 的出现促进了无人化工厂的实现。

（3）计算机辅助教学

计算机辅助教学（computer aided instruction，CAI）是利用计算机系统通过使用课件进行教学。课件可以用高级语言来开发制作，能引导学生循序渐进地学习，使学生轻松高效地学到所需要的知识。CAI 的主要特色是交互教育、个别指导和因人施教。

5. 网络应用与电子商务

网络具有电子化、交互化、多媒体化等特点，涉及交通、金融、商业、科研、教育、旅游等诸多领域，是应用广泛的高科技载体。电子商务的发展将现代信息技术带入产品生产、商品流通和服务等领域，使产品生产、商品流通和服务等诸多方面发生了根本性变化。现代信息技术逐渐向各个行业渗透，不仅改变了产品的生产过程，也导致服务过程的变化。

电子商务对人们的生活方式也产生了深远的影响。例如，网上购物可以让人足不出户而买到想要的东西，利用网络搜索功能还可以方便地货比多家。同时，消费者以一种轻松自由的自我服务方式来完成交易，对服务的满意度大幅度提高。

1.1.5　计算机在医学领域的主要应用

在当今的信息时代，计算机已应用到各个领域，当然医学领域也不例外，从基础教学到临床诊断，从远程医疗到虚拟手术，计算机技术已渗透到医学及其管理的各个领域。随着数字信息化的到来，医药信息的功能也发生了巨大的变化。经过 30 多年的实践和发展，医学信息学已成为一门新兴的、医学与计算机技术相结合的边缘学科，对医学的发展起着重要的作用。

1. 电子化病历

电子化病历是医学信息学的一个重要研究方向。它是指存在于一个系统中的电子病历，这个系统支持使用者获得完整、准确的资料；可提示和警示医疗人员；提供临床决策服务等。完整的电子病历存储系统支持多个用户同时查看，保证个人医疗信息的共享与交流。同时，可根据不同的用户给予不同的资料查询权限，从而保证了病历的安全性。通过网络，医生可以随时随地获得患者的电子病历。

2. 医院信息系统与医疗决策支持系统

医院信息系统（hospital information system，HIS）是指利用计算机软硬件技术、网络通信技术等现代化手段，对医院及其所属部门的人流、物流、财流进行综合管理，对在医疗活动各阶段中产生的数据进行采集、存储、处理、传输、汇总、加工，生成各种信息数据，从而为医院的整体运营提供全面的、自动化的管理及各种服务的信息系统。

医疗决策支持系统是针对病人诊断所开发的决策支持系统，它可以提供更为直接的帮助，是针对某一病人特定的疾病而提出的解决方法。一方面，这种方法需要把各种推理机制与医疗管理系统结合起来；另一方面，要评价和修正其理论上和实践上的效果。当前决策系统主要基于两种方法论：着重于统计分析的定量分析法，以及侧重于逻辑推理的专家系统法。

3. 医学数据库与数据分析

数据库作为一种重要的信息资源，目前已普遍得到人们的重视，其应用领域也越来越广泛。近年来，我国在医学领域自行开发建设的数据库也获得了很大的发展，从综合型数据库到专业型数据库，从文献型数据库到事实型数据库，这些大大小小的数据库为广大医学科研人员提供了极大的便利，使他们在查找和获取生物医学资料时更加高效快捷。

医学数据的科学计算，目前已成为医学图像处理、医学计算机仿真的重要手段。利用计算机网络计算发展成型的“循证医学”是计算机技术推动医学进步发展的典范。“人类基因组计划”是人类探索自身奥秘的计划，所建立的人类基因组图谱将成为疾病预测、预防、诊断和治疗的基础。由于基因数据特别庞大，这一跨世纪的大型工程只有利用计算技术和网络技术才可能实施。生命科学和计算机科学的结合，形成了目前科学领域最热门的学科之一——生物信息学。

4. 远程医疗

远程医疗是指通过远程通信技术和计算机多媒体技术，跨越空间限制，远距离实时（或非实时）地提供医学信息和服务，包括远程诊断、远程咨询会诊及远程护理、远程教育、网上虚拟医院、远程医学信息服务等医学活动。

远程医疗是一门新兴的边缘学科，是信息技术与医学实践相结合的产物。随着计算机和通信技术的飞速发展，医学科学技术服务受到世界各国的普遍重视并得到广泛应用，成为一种全新的现代化医疗服务和医学教育模式。然而远程医疗昂贵的医疗费用使其现阶段只限于特定的人群。

1.2 计算机系统组成

一个完整的计算机系统是由硬件系统和软件系统两大部分组成的。硬件也称硬设备，是计算机系统的物质基础。软件是指所有应用于计算机的技术，是一些程序和数据，是发挥计算机硬件功能的关键。硬件是软件建立和依托的基础，软件是计算机系统的灵魂。没有软件的硬件“裸机”不能供用户直接使用；而没有硬件对软件的物质支持，软件的功能也无从谈起。因此，应把计算机系统当作一个整体来看，它既包括硬件，也包括软件，两者不可分割。硬件和软件相互结合才能充分发挥电子计算机系统的功能。计算机系统的组成如图 1.2 所示。

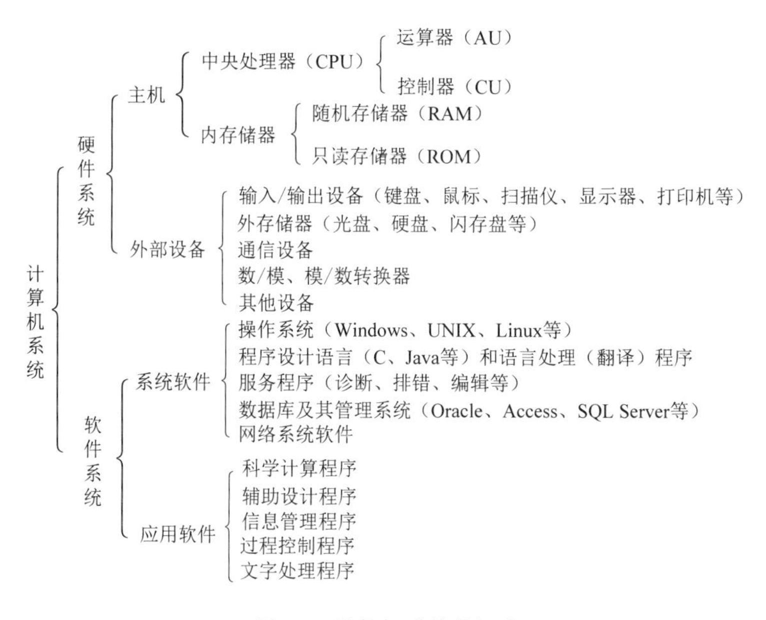

图 1.2 计算机系统的组成

1.2.1 计算机硬件组成及工作原理

1945 年，美籍匈牙利科学家冯·诺依曼提出了程序存储式电子数字自动计算机的设计方案，并确定了现代计算机硬件体系结构的五个基本部件：运算器、控制器、存储器、输入设备和输出设备。它们之间的关系如图 1.3 所示。几十年来，虽然计算机系统的性能指标、运算速度、工作方式等均发生了很大变化，但基本结构没有脱离冯·诺依

曼思想，都属于冯·诺依曼结构计算机。

图 1.3 中，双线箭头代表数据信号流向，传输的是指令、地址、数据；单线箭头代表控制信号流向，传输的是控制器发出的控制信号。根据数据流方向可以看出，计算机的工作流程分为输入、处理、输出。首先，计算机将完成任务所需的程序和数据通过输入设备送入内存储器中；然后，中央处理器（central processing unit，CPU）从内存储器中取出指令，通过分析后发出控制信号，指挥各个部件协调处理；最后，通过输出设备输出处理结果。

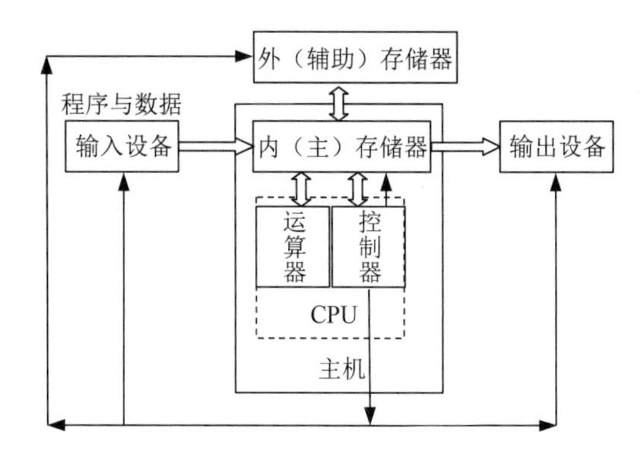

图 1.3　冯·诺依曼计算机结构

1. 运算器

运算器是对数据进行加工处理的部件，它在控制器的控制下与内存储器交换数据，负责进行算术运算、逻辑运算和其他操作。运算器主要由算术逻辑单元、内部寄存器（包括标志寄存器、通用寄存器和专用寄存器组）及内部总线三部分组成，其核心是算术逻辑单元。算术逻辑单元执行的基本操作包括加、减、乘、除等算术运算，与、或、非等逻辑运算，以及移位、求补等运算。内部寄存器用于暂时存放数据或结果。内部总线是计算机各部分传递信息的公用通道。

2. 控制器

控制器由指令寄存器、指令译码器、程序计数器和操作控制器组成，是计算机的控制中心。它的基本功能是按程序计数器所指出的指令地址从内存中取出一条指令，并对指令进行分析，根据指令的功能向有关部件发出控制命令，控制执行指令的操作。然后程序计数器加 1，重复执行上述操作。计算机就是这样按照事先存储在计算机中的指令组成的程序完成各项操作的。

3. 存储器

存储器是计算机的记忆装置，主要用来保存数据和读取数据，因此存储器具有存数和取数的功能。存数是指向存储器“写入”数据；取数是指从存储器“读取”数据。读/写操作统称为对存储器的访问操作。存储器含有大量的存储单元，每个存储单元可以存放8位二进制信息，占用1字节，存储器的容量是以字节为基本单位的。为了存取存储单元的内容，用唯一的编号来标识存储单元，这个编号称为存储单元的地址。CPU按地址来存取存储器中的数据。

存储器的容量是指存储器中所包含的字节总数。通常用字节（B）、千字节（KB）、兆字节（MB）、吉字节（GB）和太字节（TB）等来表示，换算关系如下：

1KB=1024B

1MB=1024KB

1GB=1024MB

1TB=1024GB

4. 输入设备

输入设备用来接收用户输入的数据、程序，并转换为计算机能够识别和接受的形式，输入到内存中。常用的输入设备有键盘、鼠标、扫描仪、数字化仪器、声音识别系统、触摸屏、数码相机等。

5. 输出设备

输出设备用于将存储在计算机内部的信息转换成人们所能接受的形式。常见的输出设备有显示器、打印机、绘图仪等。

计算机的工作过程为：人们预先编制程序，利用输入设备将程序输入计算机内，同时转换成二进制代码，计算机在控制器的控制下，从内存中逐条取出程序中的指令交给运算器执行，并将运算结果送回存储器指定的单元中，当所有的运算任务完成后，利用输出设备输出程序执行结果。所以，计算机的工作原理可以概括为存储程序和程序控制。

1.2.2 微型计算机硬件组成

微型计算机硬件设备主要包括主机箱、显示器、键盘、鼠标以及其他可选外部设备，如音箱、打印机、扫描仪等。其中主机箱中又有CPU、存储器、主板、总线、输入设备、输出设备。

1. CPU

CPU即中央处理器，也称中央处理单元、微处理器，如图1.4所示。CPU是一块集成了计算机的运算器、控制器和寄存器的电路芯片，其内部结构可分为控制单元、逻辑单元和存储单元三大部分。CPU是微型计算机系统的内核，对计算机系统的整体性能起决定性作用。目前计算机的主流CPU由英特尔（Intel）和美国超威半导体（AMD）两家公司生产，Intel公司的酷睿（Core）系列CPU占据市场的主要份额。

Intel Core处理器包括i5、i7等系列产品。Intel Core i7系列产品属于高性能处理器，拥有4核心、8线程、高主频、超大容量三级缓存等特性，适用于图形设计、视频编辑、多任务处理等对计算机性能有较高要求的领域。Intel Core i5系列产品是Intel Core i7系列产品的低规格版本，多为4核心、4线程，缓存容量和处理器频率略低于Intel Core i7

系列产品，不具有多线程特性。大部分软件在 Intel Core i5 和 Intel Core i7 系列处理器上的运行效率差异并不大。就用户而言，如果确定不需要使用超线程技术，那么选择 Intel Core i5 系列处理器的性价比更高。

2. 存储器

计算机的存储器分为内存储器和外存储器。

（1）内存储器

内存储器是存放数据和各种程序的装置，根据基本功能分为只读存储器（read-only memory，ROM）和随机存储器（random access memory，RAM）两种。

ROM 只能读出不能写入，其信息通常是厂家制造时在脱机或者非正常情况下写入的。ROM 的最大特点是在电源中断后信息也不会消失或受到破坏，因此常用来存放重要的、经常使用的程序和数据，如监控程序等。

RAM 可随机读出和写入信息，是计算机对信息进行操作的工作区域，也即一般所指的内存，如图 1.5 所示。计算机工作时，RAM 用来存放用户的程序和数据，也可以存放临时调用的系统程序。关机后，RAM 中的内容自动消失，且不可恢复。若需保存信息，则必须在关机前把信息存储在磁盘或其他外存储介质上。

图 1.4 中央处理器

图 1.5 随机存储器

目前计算机所采用的内存主要为 DDR3 和 DDR4 两种，由于不同类型 DDR 内存的内存控制器、内存插槽互不兼容，因此在选择时，需要明确主板支持的内存类型。内存的容量会影响系统的整体性能。现在计算机的内存通常在 4GB 以上。内存与 CPU 一样，有自己的工作频率，称为内存主频。内存主频越高，在一定程度上代表着内存所能达到的存取速度越快，决定着该内存最高能以什么样的频率正常工作。目前主流的内存频率为 2400MHz 或 3000MHz 等。

（2）外存储器

1）硬盘。硬盘是一种磁介质的存储设备，是微型机最主要的外部存储设备，如图 1.6 所示。其主要特点是存储容量大，工作速度快。在硬盘片的每一面上，以转动轴为轴心，被划分成以一定的磁密度为间隔的若干同心圆，称为磁道，每个磁道又被划分为若干个扇区，数据就按扇区存放在硬盘上。硬盘接口是硬盘与主机系统的连接部件，作用是在硬盘缓存和主机内存之间传输数据。在计算机系统中，硬盘接口性能的优劣直接影响数据传输速度和系统性能。硬盘接口分为 IDE、SCSI、SATA 和光纤通道四种，IDE 接口的硬盘多用于早期的计算机产品，部分应用于服务器；SCSI 接口的硬盘主要应用于服务器；SATA

接口的硬盘主要应用于个人计算机；光纤通道接口的硬盘主要用于高端服务器。

2）U 盘。U 盘是闪存的一种，如图 1.7 所示，主要用于存储较大的数据文件和在计算机之间方便地交换文件。U 盘是无须驱动器的微型高容量移动存储设备，采用 USB 接口及快闪内存，其优点主要有：体积小，重量轻；不需要驱动器，无须外接电源；使用简便，即插即用；存取速度快，可靠性好。

图 1.6 硬盘

图 1.7 U 盘

3. 主板

主板也叫主机板或者母板、系统板，如图 1.8 所示。主板是一块控制和驱动计算机的印刷电路板，是 PC 硬件系统的核心，它为所有硬件提供了接口或插槽，计算机通过主板把 CPU 和其他硬件连接成一个完整的系统，实现各部分之间数据的传输和协同工

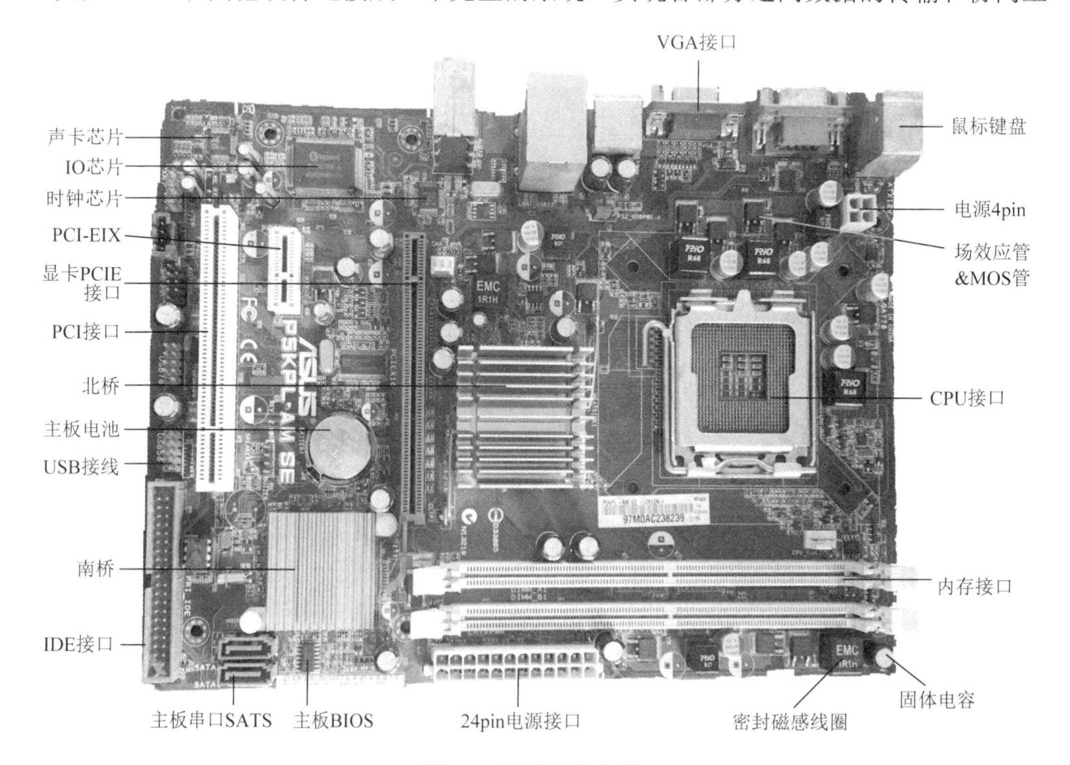

图 1.8 计算机的主板

作。主板是计算机中各类硬件的容身之所，也是各类硬件进行数据传输和信息“沟通”的桥梁。主板是与微处理器紧密配套的部件，每出现一款新型的微处理器，主板厂商都会推出与之配套的主板控制芯片组，否则将不能充分发挥微处理器的性能。

通常，主板可以分为 ATX、Micro-ATX 等类型。标准 ATX 主板也称大板，其主要特点是将键盘、鼠标、串口、并口、声卡等接口直接设计在主板上，主板上有 6～8 个扩展插槽。Micro-ATX 主板也称小板，保留了标准 ATX 主板背板上的外设接口位置，与 ATX 主板兼容。Micro-ATX 主板把扩展插槽减少为 3～4 个，宽度变小，结构更为紧凑。

4. 总线

任何一个 CPU 都要与一定数量的部件及外围设备连接，但如果将各部件和每一种外围设备都分别用一组线路与 CPU 直接连接，那么连线将会错综复杂，甚至难以实现。为了简化硬件电路设计和系统结构，常用一组线路，配置以适当的接口电路与各部件和外围设备连接，这组共用的连接线路称为总线。采用总线结构便于部件和设备的扩充，制定统一的总线标准有助于实现不同设备间的互连。

微型计算机中一般有内部总线、系统总线和外部总线。内部总线是微型计算机内部各外围芯片与处理器之间的总线，用于芯片一级的互连；系统总线是微型计算机中各插件板与系统板之间的总线，用于插件板一级的互连；外部总线则是微型计算机和外部设备之间的总线，用于设备一级的互连，微型计算机通过该总线与其他设备进行信息和数据交换。

5. 输入设备

（1）键盘

常见键盘如图 1.9 所示。键盘是计算机系统中最基本的输入设备，通过一根电线与主机相连接，用来输入命令、程序、数据等。

（2）鼠标

常见鼠标如图 1.10 所示。鼠标多用于 Windows 操作系统环境下，可以取代键盘上的光标移动键移动光标，定位光标于菜单处或按钮处，完成菜单系统特定的命令操作或按钮的功能操作。鼠标操作简便、高效，与键盘一样，都是传统的输入设备，目前它们的发展方向是舒适、便捷，外观设计更加时尚。

图 1.9　键盘

图 1.10　鼠标

（3）触摸屏

触摸屏（图 1.11）是一种定位设备，当用户用手指或者其他设备触摸安装在计算机显示屏前的触摸层时，触摸屏控制器检测到触摸位置，并将相关信息通过串行口送到 CPU，从而确定用户所输入的信息。触摸屏的使用主要是为了改善人与计算机的交互方式，特别是对于非计算机专业人员，使用计算机时可以将注意力集中在屏幕上，免除了对键盘不熟悉的苦恼，有效地提高了人机对话的效率。实际使用中，触摸屏往往还能引起人们对计算机的兴趣。

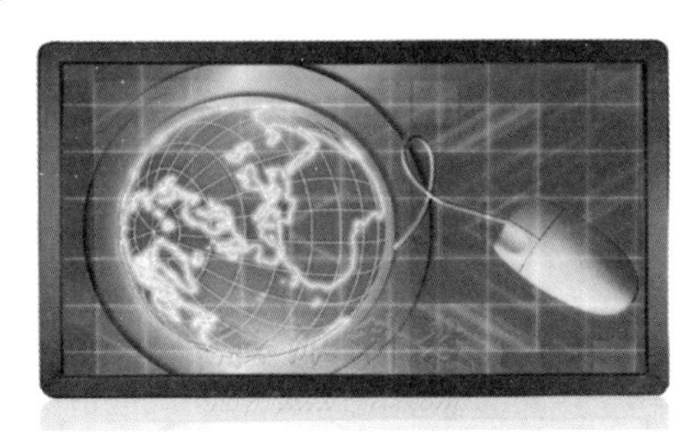

图 1.11 触摸屏

6. 输出设备

（1）显示器

显示器是每台计算机必备的输出设备，目前最常用的是液晶显示器（liquid crystal display，LCD），如图 1.12 所示。LCD 最大的优点在于无辐射污染，安全环保，无损人体健康。外形纤巧、节省空间也是 LCD 受欢迎的原因之一。另外，LCD 是真正的平面显示器，无变形、无失真。同时，随着大量新技术的应用，LCD 还具备高分辨率、高亮度、高对比度、宽视角等优点。

图 1.12 液晶显示器

在选择和使用显示器时，应该先了解显示器的主要特性，如分辨率、尺寸等。屏幕上图像的分辨率（或者说清晰度）取决于能够在屏幕上独立显示的点的直径，这种独立显示的点称为像素。目前微型计算机上广泛使用的显示器的像素直径为 0.28mm。一般来讲，相同的显示面积中像素越多，分辨率越高，显示效果就越好。

（2）打印机

在计算机系统中，打印机是传统的重要输出设备，按照打印机印字过程所采用的方式，可将打印机分为击打式打印机和非击打式打印机两种。击打式打印机利用机械动作将活字压向打印纸和色带进行印字。由于击打式打印机依靠机械动作实现印字，因此速度较慢，并且工作时噪声较大。非击打式打印机种类繁多，有喷墨打印机和激光打印机（图1.13）等，打字过程无机械击打动作，速度快、无噪声。

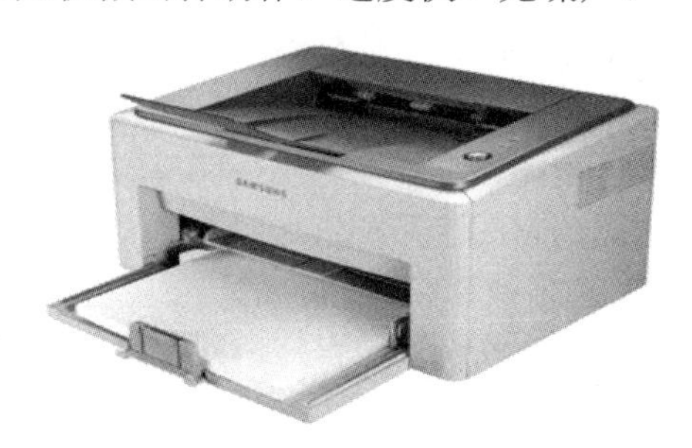

图1.13 激光打印机

激光打印机是打印机中高等级的产品，它结合磁性滚筒和碳粉来打印，效果与复印机类似。激光打印机以黑色打印为主，打印的速度快、效果好，应用非常广泛。从发展趋势上看，彩色激光打印机将随着价格不断下降成为未来的主流打印机。

1.2.3 计算机的软件系统

1. 软件的定义

一般认为，计算机软件是指与计算机系统的操作有关的计算机程序、规程、规则以及任何与之有关的文件。简单地说，软件包括程序和文档两部分。程序是指适合于计算机处理的指令序列以及所处理的数据；文档是与软件开发、维护和使用有关的文字材料。

2. 软件的分类

计算机的软件非常丰富，通常分为系统软件和应用软件两大类。

（1）系统软件

系统软件是计算机系统的必备软件，用于管理、监控和维护计算机资源（包括硬件和软件），并支持应用软件的运行。系统软件通常指操作系统、各种计算机语言编译程序、数据库管理系统和设备驱动程序等。

1）操作系统。操作系统是最重要的系统软件，它是对计算机硬件、软件资源进行管理、调度、控制和运行的一组程序，是用户与计算机的桥梁，用户通过操作系统可以方便、顺利地操作计算机，而不必过问计算机硬件的具体细节。

常见的操作系统有 Windows、UNIX、Linux 和 macOS 等。

2）计算机语言。计算机语言是程序设计的工具，因此又称为程序设计语言，一般分为机器语言、汇编语言和高级语言三类。

机器语言是计算机所能识别的语言。用机器语言编写的程序由一条条机器指令组成，它们是二进制形式的指令代码，无须翻译即可被计算机识别运行。机器语言因计算机硬件（主要是 CPU）不同而有所不同。用机器语言编写程序的难度很大，容易出错，而且程序不易阅读和修改。

汇编语言是一种面向机器的程序设计语言，为了便于理解与记忆，采用英文单词或缩写助记符代替机器语言的指令代码。一条机器指令对应一条汇编语句，由于汇编语言采用了助记符，因此比使用机器语言编写的程序容易阅读，克服了机器语言难读、难修改的缺点，同时保留了机器语言编程质量高、占存储空间少、执行速度快的优点。

高级语言是采用接近自然语言的字符和表达形式，按照一定的语法规则来编写程序的语言。所谓“高级”，是因为它使程序员可以完全不用与计算机的硬件打交道，可以不必了解机器的指令系统。由于计算机只能直接识别和执行机器语言，因此要在计算机上运行高级语言程序，就必须配备程序语言的翻译程序。

对于高级语言来说，翻译的方法有两种。一种称为解释。早期的 BASIC 源程序的执行都采用这种方式。它不保留目标程序代码，即不产生可执行文件。这种方式的处理速度较慢，每次运行都要经过解释，边解释边执行。另一种称为编译。它调用相应语言的编译程序，把源程序变成目标程序（以.obj 为扩展名），然后用连接程序把目标程序与库文件相连接，形成可执行文件。尽管编译的过程复杂一些，但它形成的可执行文件（以.exe 为扩展名）可反复执行，处理速度较快。

3）数据库管理系统。随着计算机应用领域的不断拓展和多媒体技术的发展，数据库成为计算机科学技术中发展最快、应用最广泛的重要分支之一。数据库系统主要由数据库和数据库管理系统组成。数据库管理系统是对数据库进行有效管理和操作的系统，是用户与数据库之间的接口。它是建立信息管理系统，如财务管理、仓库管理等主要系统软件的工具。

4）设备驱动程序。设备驱动程序是对连接到计算机系统上的设备进行控制、驱动，使其正常工作的软件。在系统中可能已安装了某种设备，但只有安装并配置了适当的驱动程序后，计算机才能使用该设备。例如，只有安装了打印机驱动程序，才能使用打印功能。不仅打印机需要驱动程序，声卡、显卡、网卡等都需要驱动程序。当计算机启动时，相关设备驱动程序会自动加载，然后在后台运行。

（2）应用软件

应用软件是指除系统软件以外的所有软件，是用户利用计算机及其提供的系统软件，为解决各种实际问题而编制的计算机程序，常用的应用软件有以下几类。

1）办公自动化软件：应用较为广泛的有 Microsoft 公司开发的 Office 软件以及国内优秀的办公自动化软件 WPS 等。

2）多媒体应用软件：如图像处理软件 Photoshop 等。

3）企业应用软件：如用友财务管理软件等。

4）网络应用软件：如即时通信软件 QQ 等。

5）安全防护软件：如 360 安全卫士等。

1.3　计算机信息表示

1.3.1　信息

信息是指对人有用的数据，这些数据可能会影响人们的行为与决策。数据是客观存在的事实、概念或指令的一种可供加工处理的特殊表达形式。用计算机处理信息时，必须将现实世界中的信息转换为计算机能够识别、存储和处理的形式，即二进制的 0 和 1，以及其他各种经过转换的数据，然后经过加工处理，再将结果提供给外界。

信息与数据既有联系又有区别。数据是计算机化的信息，是信息的载体和表达形式，而信息是数据表达的内涵或解释。数据是具体的物理形式，而信息则是抽象出来的逻辑意义。由于信息与数据的关系如此紧密，在很多场合下，人们通常不区分“信息”与“数据”、“信息处理”与“数据处理”两对概念。信息具有相对性、时效性、渗透性、共享性和不灭性。

计算机中所表示和使用的信息可分为三大类：数值信息、文本信息和多媒体信息。数值信息用来表示量的大小、正负，文本信息用来表示一些符号、标记，多媒体信息表示声音、图像、视频等。各种信息在计算机内部都是用二进制编码形式表示的。

1.3.2　数制的概念

1. 十进制数

十进制数由 0～9 共 10 个数字字符组成，如 159、19.13 等。加法规则是“逢十进一”，减法规则是“借一当十”。任何一个十进制数都可以写成各个位上数字的展开形式，如：

$$19.13=1\times10^{1}+9\times10^{0}+1\times10^{-1}+3\times10^{-2}$$

2. 二进制数

二进制数由 0 和 1 两个数字字符组成，如 1101、101.1 等。加法规则是“逢二进一”，减法规则是“借一当二”。任何一个二进制数也可以写成各个位上数字的展开形式，如：

$$101.1=1\times2^{2}+0\times2^{1}+1\times2^{0}+1\times2^{-1}$$

二进制数的缺点是数字冗长、书写繁复且容易出错、不便阅读。所以，在计算机技术文献的书写中，常用八进制数和十六进制数表示。

3. 八进制数

八进制数由 0～7 共 8 个数字字符组成，如 17、53.1 等。加法规则是“逢八进一”，减法规则是“借一当八”。任何一个八进制数都可以写成各个位上数字的展开形式，如：

$$53.1=5\times8^{1}+3\times8^{0}+1\times8^{-1}$$

4. 十六进制数

十六进制数由 0～9 和 A、B、C、D、E、F 共 16 个字符组成，其中 A、B、C、D、

E、F 分别表示数码 10、11、12、13、14、15，如 1B、36.C 等。加法规则是“逢十六进一”，减法规则是“借一当十六”。任何一个十六进制数都可以写成各个位上数字的展开形式，如：

$$36.C=3\times16^{1}+6\times16^{0}+C\times16^{-1}$$

应当指出，二进制、八进制和十六进制都是计算机领域中常用的数制，所以在一定范围内直接写出它们之间的对应表示也是经常遇到的。表 1.1 列出了 0～15 这 16 个十进制数与其他三种数制的对应表示。

表 1.1 各进制数对照表

十进制	二进制	八进制	十六进制	十进制	二进制	八进制	十六进制
0	0000	0	0	8	1000	10	8
1	0001	1	1	9	1001	11	9
2	0010	2	2	10	1010	12	A
3	0011	3	3	11	1011	13	B
4	0100	4	4	12	1100	14	C
5	0101	5	5	13	1101	15	D
6	0110	6	6	14	1110	16	E
7	0111	7	7	15	1111	17	F

一个计数制所包含的数字符号的个数称为该数制的基数，用 R 表示。例如，十进制的基数 R=10，二进制的基数 R=2，八进制的基数 R=8，十六进制的基数 R=16。为了区分不同数制的数，本书约定对于任一 R 进制的数 N，记作（N）$_R$。例如，$(1010)_2$、$(703)_8$、$(AE05)_{16}$，分别表示二进制数 1010、八进制数 703 和十六进制数 AE05。没有括号及下标的数默认为十进制数，如 256。

1.3.3 数制间的转换

1. 非十进制数转换成十进制数

任何一个 R 进制的数都是由一串数码表示的，其中每一位数码所表示的实际值大小，除数码本身的数值外，还与它所处的位置有关，由位置决定的值称为位权，用基数 R 的 i 次幂（R^i）表示。非十进制数转换成十进制数的方法是将非十进制数的数值按权展开，然后把各项相加。

【例 1.1】把二进制数 1011.1 转换成十进制数。

$$(1011.1)_2=1\times2^3+0\times2^2+1\times2^1+1\times2^0+1\times2^{-1}=8+0+2+1+0.5=11.5$$

【例 1.2】把八进制数 127.4 转换为十进制数。

$$(127.4)_8=1\times8^2+2\times8^1+7\times8^0+4\times8^{-1}=64+16+7+0.5=87.5$$

【例 1.3】把十六进制数 5A.4 转换为十进制数。

$$(5A.4)_{16}=5\times16^1+10\times16^0+4\times16^{-1}=80+10+0.25=90.25$$

2. 十进制数转换成非十进制数

将十进制数转换成非十进制数的方法是将该数的整数部分和小数部分分别转换。其中，整数部分采用“除基数取余数”法，小数部分采用“乘基数取整数”法，然后将两部分拼接起来。

“除基数取余数”法的具体做法：将十进制数的整数部分连续地除以要转换成的数制的基数，直到商数为 0 为止。得到的余数（必定小于基数）就是对应非十进制数的整数部分的各位数字。但必须注意，第一次得到的余数为非十进制数的最低位，最后一次得到的余数为非十进制数的最高位。

“乘基数取整数”法的具体做法：将十进制数的小数部分连续地乘以要转换成的数制的基数，直到小数部分为 0 或达到所要求的精度为止（小数部分可能永不为 0），得到的整数就是对应非十进制数的小数部分的各位数字。但必须注意，第一次得到的整数为非十进制数的最高位，最后一次得到的整数为非十进制数的最低位。

【例 1.4】将十进制数 57.24 转换成二进制数。

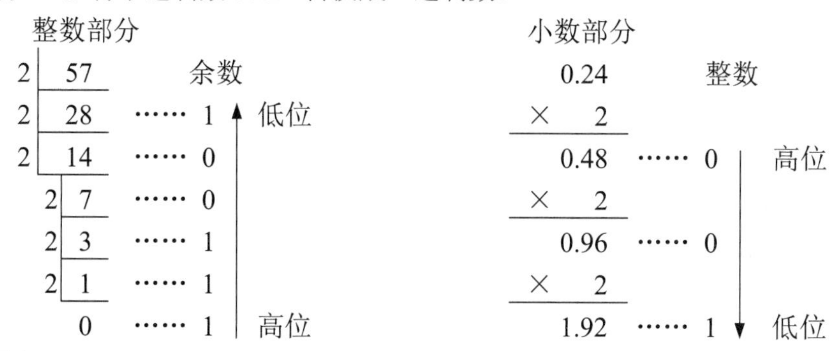

所以，57.24=（111001.001）$_2$。

3. 非十进制数之间的相互转换

（1）八进制数与二进制数之间的转换

由于一位八进制数相当于三位二进制数，因此，要将八进制数转换成二进制数，只需以小数点为界，向左或向右每一位八进制数用相应的三位二进制数取代即可。如果不足三位，可用 0 补足。反之，二进制数转换成相应的八进制数是上述方法的逆过程，即以小数点为界，向左或向右每三位二进制数用相应的一位八进制数取代即可。

【例 1.5】将二进制数 10111101.11 转换成八进制数。

（010 111 101.110）$_2$　（高低位各补一个 0）

↓　↓　↓　↓

（2　7　5 .　6）$_8$

（2）十六进制数与二进制数之间的转换

由于一位十六进制数相当于四位二进制数，因此，要将十六进制数转换成二进制数，只需以小数点为界，向左或向右每一位十六进制数用相应的四位二进制数取代即可。如果不足四位，可用 0 补足。反之，二进制数转换成相应的十六进制数是上述方法的逆过程，即以小数点为界，向左或向右每四位二进制数用相应的一位十六进制数取代即可。

（3）八进制数与十六进制数之间的转换

八进制数与十六进制数之间的转换要借助于二进制数。将八进制数转换成十六进制数时，首先将该八进制数转换成相应的二进制数，然后将转换后的二进制数转换成相应的十六进制数。将十六进制数转换成八进制数时，首先将该十六进制数转换成相应的二进制数，然后将转换后的二进制数转换成相应的八进制数。

1.3.4　文本信息在计算机中的表示

在计算机中，对非数值的文字和其他符号进行处理时，采用二进制编码来标识数字和特殊符号。计算机系统中常用的字符编码方式为ASCII值。

1. ASCII值

ASCII（American Standard Code for Information Interchange）即美国信息交换标准代码。ASCII一个字符占1字节，标准ASCII为7位（最高位为0），如表1.2所示。扩充ASCII为8位。7位二进制数给出了128个编码，表示128个不同的字符，其中95个字符可以显示，包括大小写英文字母、数字、运算符号、标点符号等；另外的33个字符不可显示，它们是控制码，编码值为0～31和127。

例如，A的ASCII值1000001，十六进制表示为41H，回车符的ASCII值为13。

表1.2　标准ASCII字符集

十进制	十六进制	字符	十进制	十六进制	字符	十进制	十六进制	字符	十进制	十六进制	字符
0	00	NUL	18	12	DC2	36	24	$	54	36	6
1	01	SOH	19	13	DC3	37	25	%	55	37	7
2	02	STX	20	14	DC4	38	26	&	56	38	8
3	03	ETX	21	15	NAK	39	27	,	57	39	9
4	04	EOT	22	16	SYN	40	28	(	58	3A	:
5	05	ENQ	23	17	ETB	41	29	)	59	3B	;
6	06	ACK	24	18	CAN	42	2A	*	60	3C	<
7	07	BEL	25	19	EM	43	2B	+	61	3D	=
8	08	BS	26	1A	SUB	44	2C	,	62	3E	>
9	09	HT	27	1B	ESC	45	2D	-	63	3F	?
10	0A	LF	28	1C	FS	46	2E	.	64	40	@
11	0B	VT	29	1D	GS	47	2F	/	65	41	A
12	0C	FF	30	1E	RS	48	30	0	66	42	B
13	0D	CR	31	1F	US	49	31	1	67	43	C
14	0E	SO	32	20	SP	50	32	2	68	44	D
15	0F	SI	33	21	!	51	33	3	69	45	E
16	10	DLE	34	22	"	52	34	4	70	46	F
17	11	DC1	35	23	#	53	35	5	71	47	G

续表

十进制	十六进制	字符	十进制	十六进制	字符	十进制	十六进制	字符	十进制	十六进制	字符
72	48	H	86	56	V	100	64	d	114	72	r
73	49	I	87	57	W	101	65	e	115	73	s
74	4A	J	88	58	X	102	66	f	116	74	t
75	4B	K	89	59	Y	103	67	g	117	75	u
76	4C	L	90	5A	Z	104	68	h	118	76	v
77	4D	M	91	5B	[	105	69	i	119	77	w
78	4E	N	92	5C	\	106	6A	j	120	78	x
79	4F	O	93	5D	]	107	6B	k	121	79	y
80	50	P	94	5E	^	108	6C	l	122	7A	z
81	51	Q	95	5F	-	109	6D	m	123	7B	{
82	52	R	96	60	‘	110	6E	n	124	7C	|
83	53	S	97	61	a	111	6F	o	125	7D	}
84	54	T	98	62	b	112	70	p	126	7E	～
85	55	U	99	63	c	113	71	q	127	7F	DEL

2. 汉字编码

在使用计算机进行信息处理时要用到汉字。为此，首先要解决汉字的编码问题。由于汉字是图形文字，且数量众多，常用的汉字就有3000～5000个，笔画差异很大，再加上同音字等因素，不能只用少数几个确定的符号或像英文那样将汉字拼写出来，汉字必须有其独特的编码方式。由此产生了汉字的国标码、机内码、输入码和字形码等。

（1）汉字的国标码

《信息交换用汉字编码字符集 基本集》（GB/T 2312—1980）是我国于1980年制定的汉字编码国家标准，称为国标码，其中共收集了6763个汉字，是国家规定的用于汉字信息处理的代码依据。在此标准中，每个汉字采用2字节（共16位）表示。

（2）汉字的机内码

汉字的机内码是在计算机系统内部进行数据的存储、处理和传输过程中统一使用的代码，又称为汉字的内部码或汉字内码。目前使用最广泛的为2字节的机内码，俗称变形的国标码。

（3）汉字的输入码

汉字的输入码又称外码，是为了将汉字通过键盘输入计算机而设计的代码。汉字输入编码方案很多，大多用字母、数字或符号表示。输入码的长度也不同，多数为四个字母。外码的类型综合起来可分为区代码、拼音类输入法、拼形类输入法、音形类输入法和电报码等。

（4）汉字的字形码

汉字的字形码是汉字字库中存储的汉字字形的数字化信息，用于汉字的显示和打印。汉字字库是汉字字形数字化后，以二进制文件形式存储在存储器中而形成的汉字字模库。汉字字库可分为软汉字字库和硬汉字字库两类。目前，汉字字形的产生方式大多是数字式，即以点阵方式形成汉字。因此，汉字字形码主要是指汉字字形点阵的代码，存放于汉字字库中。汉字字形点阵中每个点的信息要用一位二进制码表示。例如，16×16点阵的字形码需要用 32（16×16÷8=32）字节表示。

1.3.5 多媒体信息在计算机中的表示

计算机技术的发展使得计算机不仅能处理文字、数据，还能处理图像、声音、视频等多种信息，这些信息称为多媒体信息。在多媒体计算机中，对各种多媒体信息的表示也是基于二进制的，不过其形式要复杂得多。

1. 图像

图像信息同数值和文本信息一样，也是以 0 或 1 的二进制数据表示的，其优点是便于修改、复制和保存。图像可以分为位图和矢量图两种形式。

位图要表示一幅图片或屏幕图形，最直接的方式是“点阵表示”。在这种方式中，图形由排列成若干行、列的像素组成，每个小方格就是一个像素，每个像素需要存储行号、列号和色彩值。像素实际上就是图形中的一个个光点，光点可以是黑白的，也可以是彩色的。假设一个像素只有纯黑、纯白两种可能，那么只用一个二进制位即可表示。假设用 1 字节来表示一个像素的颜色，那么一个像素最多可以有 256 种颜色。

矢量图是以数学方式记录图像的，由软件制作而成。矢量图的优点是信息存储量小，分辨率完全独立，图像的质量不会受图像放大或缩小的影响，而且矢量图是面向对象的，每一个对象都可以任意移动、调整大小或重叠，所以很多 3D 软件都使用矢量图。矢量图的缺点是用数学方程式来描述图像，运算比较复杂，而且图像色彩显示比较单调，图像看上去比较生硬，不够柔和逼真。

2. 声音

计算机中广泛应用的数字化声音文件有两类：一类是专门用于记录乐器声音的 MIDI 文件，另一类是通过采集各种声音的机械振动而得到的波形文件。波形文件其实就是声音模拟信号的数字化结果，可以通过录音获取。波形文件的形成过程是：音源发出的声音（机械振动）通过传声器转换为模拟信号，模拟的声音信号经过声卡的采样、量化、编码，得到数字化的结果。采样率和采样精度是数字化声音的两个最基本要素。

3. 视频

视频是随时间连续变化的一组图像，其中的每一幅称为一帧。当帧速率达到 12f/s 以上时，可以产生连续的显示效果。通常视频还配有同步的声音，所以存储视频信息需要占用巨大的存储空间。常用的视频文件格式有 AVI、MOV 和 MPEG 等几种。

视频分为模拟视频和数字视频两类，数字视频可以通过对模拟视频进行数字化获得。视频数字化和音频数字化过程相似，即在一定的时间内以一定的速度对单帧视频信号进行采样、量化、编码，并通过视频捕捉卡或视频处理软件来实现模/数转换、色彩空间变换和编码压缩等操作。

1.4　计算机信息安全

随着社会信息化的深入，无论是对国家还是个人，信息都是重要的资源，保障信息安全已经成为十分紧迫的任务。随着互联网应用的普及，网络攻击手段层出不穷，而互联网本身又存在安全缺陷，所以对信息安全保护方面提出了更大的挑战。

1.4.1　信息安全的定义与特征

信息安全主要涉及信息存储的安全、信息传输的安全，以及对信息内容授权使用审核方面的安全。其定义为防止信息财产被故意地或偶然地非授权泄露、更改、破坏或使信息被非法系统辨识、控制。即确保信息的完整性、保密性，可用性和可控性。

完整性是指信息未经授权不能被改变的特性，即信息在存储或传输过程中保持不被偶然或蓄意删除、修改、伪造、重放、插入等破坏和丢失的特性。只有得到授权才能够修改信息，并且能够判别出信息是否已被改变。完整性要求信息保持原样，正确地生成、存储和传输。

保密性是指确保信息不泄露给未授权用户、实体或进程，不被非法利用，即信息的内容不能被未授权的第三方获知。这里所指的信息不但包括国家秘密，而且包括各种社会团体、企业组织的工作秘密和商业秘密，还包括个人隐私。

可用性是指信息可被授权实体访问并按需求使用的特性。无论何时，只要被授权者需要，就能够取得所需的信息，攻击者不能占用所有的资源而妨碍被授权者的使用，系统必须是可用的，不能拒绝服务。网络环境中的拒绝服务、破坏网络和破坏系统的正常运行等都属于对可用性的攻击。

可控性是指对信息的传播及内容具有控制能力的特性，即授权机构可以随时控制信息的保密性。

1.4.2　信息安全的威胁

随着信息传输的方式不断增多，人们获取信息的渠道越来越广，信息在存储、处理和交换过程中面临以下几种威胁。

1. 非法窃取信息

非法窃取信息的方式有很多，如信息截取、黑客攻击、利用技术缺陷获取等。

信息截取是通过信道进行信息的监听和截取，直接获取机密信息；或通过对信息的流量和通信频度、长度进行分析，间接获取有用信息。这种方式不破坏信息的内容，不易被发现。

黑客攻击是网络安全的另一个重大隐患。黑客指的是利用技术专长攻击网站或计算机的技术人员。任何网络系统、站点都存在被黑客攻击的可能性，而黑客又善于隐蔽，难以追踪。

在软件系统设计过程中，由于认知能力和技术发展的局限性，系统中会不可避免地存在安全漏洞和后门，因此埋下了信息的安全隐患。常用的操作系统本身也会存在漏洞，黑客可能利用这些漏洞入侵计算机系统。计算机上运行着大量的应用程序，包括邮箱、数据库、各种工具软件等，这些应用程序也面临着严峻的网络安全问题。例如，邮箱因被攻击而无法正常提供服务，甚至导致邮件信息泄露；企业数据库被攻击，造成大量交易信息或用户信息泄露等。

2. 恶意代码

恶意代码，顾名思义是一段对计算机系统实施破坏的程序，可通过各种传播途径植入计算机系统，伺机展开破坏或非法获取信息等。常见的恶意代码有病毒、木马等。

病毒是狭义的恶意代码，是指插入计算机程序中，破坏计算机功能或数据的代码。计算机病毒具有复制能力，能够快速蔓延，又常常难以根除。病毒能将自身附着在各种类型的文件上，当文件被复制或从一个用户传送到另一个用户时，病毒就随同文件一起蔓延开来。

计算机病毒具有破坏性、传染性、潜伏性以及隐蔽性等特点。根据病毒存在的载体，病毒可以划分为网络病毒、文件病毒和引导型病毒。网络病毒通过计算机网络传播，感染网络中的可执行文件，文件病毒感染计算机中的文件（如 COM、EXE、DOC 格式文件等），引导型病毒感染启动扇区和硬盘的系统引导扇区，还有这三种情况的混合型，如多型病毒可感染文件和引导扇区，这样的病毒通常具有复杂的算法，它们使用非常规的办法侵入系统，同时使用了加密和变形算法。

木马与一般的病毒不同，它们不会自我繁殖，也并不刻意地感染其他文件，一般通过伪装自身来吸引用户下载执行。一旦木马被运行，被植入木马的系统将会有一个或几个端口被打开，攻击者便可以肆意毁坏、窃取被植入者的文件，甚至远程操控被植入者的计算机系统。不法分子开发或购买木马程序，伪装成其他类型的文件，通过邮件、即时通信工具或文件下载等途径进行传播。普通用户在不经意间下载并执行该文件后，就有可能被窃取账号与密码等敏感信息。

3. 拒绝服务攻击

拒绝服务攻击是通过某种方法耗尽被攻击方的网络设备或服务器资源，使其不能正常提供服务的一种攻击手法。拒绝服务攻击分为直接攻击和间接攻击两种。

随着网络应用的深入，网络信息安全威胁在规模、严重程度及复杂性等方面有增无减，网络犯罪手段多样化、信息隐私的监管力度亟待加强、企业信息安全防范意识薄弱和手段缺失等各种现状对信息安全保护提出了更大的挑战。

1.4.3 杀毒软件

现在的杀毒软件众多，以 360 杀毒软件为例进行说明。360 杀毒是 360 安全中心出品的一款免费的云安全杀毒软件，具有查杀率高、资源占用少、升级迅速等优点。如图 1.14 所示是 360 杀毒软件的界面。

图 1.14 360 杀毒软件的界面

360 杀毒软件提供实时分析能力，可跟踪分析病毒入侵系统的链路，锁定病毒最常利用的目录、文件、注册表位置，阻止病毒利用，免疫流行病毒。同时，漏洞修复功能可有效、及时修补系统漏洞，堵住隐患风险点。

360 杀毒提供了四种手动病毒扫描方式：全盘扫描、快速扫描、自定义扫描及右键扫描。其中前两种扫描方式已经在 360 杀毒主界面中作为快捷任务列出，只需单击相关按钮就可以开始扫描。扫描到病毒后，360 杀毒会首先尝试清除文件所感染的病毒，如果无法清除，则会提示用户删除感染病毒的文件。木马由于并不采用感染其他文件的形式，而是其自身即为恶意软件，因此会被直接删除。

本 章 小 结

本章介绍了有关计算机的产生与发展过程，计算机的特点、分类与应用，计算机系统的组成与工作原理，进位计数制及其相互转换，信息在计算机中的表示以及计算机的安全防护等内容。这些内容是学习后面内容的基础。

第2章 操作系统及应用

操作系统（operating system，OS）是计算机系统中最重要的系统软件，为计算机系统提供基础支撑，每个用户都是通过操作系统来使用计算机的。没有操作系统，任何应用软件都无法运行。操作系统为用户和计算机建立了沟通的桥梁，为用户提供了方便使用计算机的接口；同时，有效控制和管理计算机所有的软件和硬件资源，保证计算机的正常运行。

2.1 操作系统概述

操作系统是一组功能强大的系统软件，是合理组织计算机各部分协调工作，负责管理系统资源并为用户提供操作界面的系统软件的集合。它是用户和计算机之间的桥梁，也是计算机系统的内核与基石。用户可以根据需要进行合理有效的资源分配，使计算机充分发挥其强大的功能。

操作系统的主要功能：一是中央处理器管理，管理中央处理器的分配调度，包括进程控制、进程调度、进程同步和进程通信；二是存储器管理，包括内存分配与回收、地址映射与转换、内存保护与扩充；三是进程管理，调整多个进程；四是设备管理，包括设备分配和输入/输出操作控制；五是文件管理，包括文件存储空间的管理、文件的操作、目录管理和存取控制。

2.1.1 操作系统的分类

随着计算机硬件技术和体系结构的发展，操作系统的功能日益完善，按操作环境和功能特征不同，操作系统可分为单用户操作系统、批处理操作系统、分时操作系统、嵌入式操作系统、实时操作系统、分布式操作系统和网络操作系统等。

1. 单用户操作系统

单用户操作系统（single user operating system，SUOS）是早期使用的操作系统，每次只能将一个任务（程序）调入内存执行，CPU 和内存只为一个任务服务，资源的调度和管理相对简单。单用户操作系统的最大特点是独占计算机的所有资源，目前基本已被淘汰。

2. 批处理操作系统

批处理操作系统（batch processing operating system，BPOS）的工作方式是，用户提交的作业先存放在外存上并排成一个队列，称为后备队列；由作业调度程序按照一定的调度算法从后备队列中选择若干个作业调入内存，使它们共享 CPU 和系统中的其他资源。批处理操作系统具有多道和成批处理的特征，提高了资源的利用率和系统的吞吐量。

3. 分时操作系统

分时操作系统（time sharing operating system，TSOS）的工作方式是，系统将 CPU 的时间分成时间片，操作系统轮流将时间片分给各个终端，每个终端有一个用户在使用，一次运行一个时间片。用户通过交互的方式向系统提出命令请求，系统接受每个用户的命令，采用时间片轮转方式处理服务请求，并在终端上向用户显示结果。由于时间片很小，每个用户都感觉主机在为自己服务。分时操作系统具有多路性、交互性、独占性和及时性等特征。

4. 嵌入式操作系统

嵌入式操作系统（embedded operating system，EOS）是运行在嵌入式系统环境中，对整个嵌入式系统及其所操作、控制的各种部件装置等资源进行统一协调、调度、指挥和控制的系统软件，可使整个系统高效地运行。

5. 实时操作系统

实时操作系统（real time operating system，RTOS）是指使系统能够及时响应外部事件的请求，严格在规定的时间内完成对该事件的处理，并控制所有实时设备和实时任务协调一致地工作。实时操作系统追求的目标是，对外部请求严格在时间范围内做出反应，有高可靠性和完整性。

6. 分布式操作系统

分布式操作系统（distributed operating system，DOS）是指通过高速网络将多个处理单元（包括具有自治功能的数据处理系统或计算机系统）互连起来，实现信息交换和资源共享，能直接对系统中各类资源进行动态分配和管理，使其协作完成任务。

7. 网络操作系统

网络操作系统（network operating system，NOS）是基于计算机网络，在各种计算机操作系统上按网络体系结构协议标准开发的软件。网络操作系统具有一般操作系统的所有功能。同时，还具有在计算机网络环境下提供网络通信和网络服务的功能。

2.1.2 主流操作系统

操作系统是随着计算机硬件的发展，围绕着如何提高计算机系统资源的利用率和改善用户界面的友好性而形成、发展和不断完善的。最初的计算机没有操作系统，人们通过各种控制按钮来控制计算机。汇编语言出现后，人们可以通过编写程序来解决应用问题，但随之带来的问题是这些计算机设备和程序都不能共享。为了解决这些问题，人们开发了操作系统。下面简要介绍几个主流的操作系统。

1. DOS

DOS（disk operating system，磁盘操作系统）是个人计算机上的第一代操作系统，常见的DOS有三种：Microsoft公司的MS-DOS、IBM公司的PC-DOS和Novell公司的DR-DOS。这三种DOS是兼容的，但有一些区别，其中使用最多的是MS-DOS。

在Windows 95出现以前，DOS是个人计算机最基本的配备，而MS-DOS是使用最普遍的个人计算机通用操作系统。MS-DOS一般使用命令行界面来接收用户的指令，不过在后期的MS-DOS版本中，DOS程序也可以通过调用相应的DOS中断来进入图形模式，即DOS下的图形界面程序。

DOS经过多次版本升级，不断地改进完善，但始终没有脱离单用户、单任务、字符界面和16位操作系统。目前，DOS逐渐退出了主流操作系统的舞台，只在计算机维护维修领域有少量的应用。

2. Windows

Microsoft Windows是为个人计算机和服务器用户设计的操作系统，也称视窗操作系统。Microsoft Windows 1.0是Microsoft公司第一次对个人计算机操作平台进行用户图形界面的尝试，并从本质上宣告了MS-DOS操作系统的终结，使个人计算机进入图形用户界面的时代。Windows操作系统是一个具有多窗口及多任务的操作系统，具有强大的内存管理功能，并加入了鼠标的操作，使计算机的操作更加简单。

Microsoft Windows 1.0于1985年开始发行，其间经历了几次版本升级。1994年，Windows 3.2版本发布，同时推出了相应的中文版。

（1）Windows 95

Windows 95是一个全新的32位操作系统，是Microsoft公司推出的第一个完全独立的操作系统，集成了网络功能和“即插即用”功能。

（2）Windows 98

Windows 98不但改良了Windows 95硬件标准的支持，还整合了Microsoft公司的Internet浏览器技术，使得访问Internet资源非常方便。

（3）Windows 2000

Windows 2000是Microsoft公司于2000年发行的Windows NT系列的纯32位图形的视窗操作系统。它包含新的NTFS文件系统，并增强了硬件支持。

（4）Windows XP

Windows XP是Microsoft公司于2001年发布的一款视窗操作系统，与以前的Windows桌面系统相比，其稳定性有所提高，并开发了防火墙、媒体播放器（Windows Media Player）、即时通信软件（Windows Messenger）。

（5）Windows Server 2003

Windows Server 2003发布于2003年，改进了许多服务器的功能，对.net技术的完善和支持进一步扩展了服务器的应用范围。

（6）Windows 7

Windows 7 发布于 2009 年 10 月，借鉴了 Windows XP 和其他操作系统的优点，能更快地浏览计算机，占用更少的内存储器空间，只在需要时才运行后台服务，并支持各种设备，操作中心还可以控制各种维护和安全消息。

（7）Windows 8

Windows 8 发布于 2012 年 10 月，采用全新的用户界面，各种应用程序以动态方块的样式呈现在屏幕上，为用户提供了高效、便捷的工作环境。

（8）Windows 10

Microsoft 公司于 2015 年 7 月发布 Windows 10 操作系统，该操作系统在易用性和安全性方面有了极大的提升，还对固态硬盘、生物识别、高分辨率屏幕等硬件进行了优化完善与支持。

（9）Windows 11

Windows 11 发布于 2021 年 6 月，提供了全新的桌面样式，多窗口、多屏显示等功能，侧重于在灵活多变的全新体验中提高最终用户的工作效率。

3. UNIX

UNIX 由 Kenneth Thompson 和 Dennis Ritchie 于 1969 年在 AT&T 的贝尔实验室开发，是一个强大的多用户、多任务分时系统，即允许多个用户通过各自终端使用同一台主机，共享主机系统的资源，每个用户程序又可以分为若干个可并发执行的任务。UNIX 系统具有强大的可移植性，适合多种硬件平台，具有良好的用户界面、树形分级结构的文件系统、字符流式文件、丰富的核外系统程序及非常完备的程序设计环境。UNIX 操作系统技术成熟、可靠性高、网络和数据库功能强、伸缩性突出和开放性好，已经成为各行各业主要的工作站平台和重要的企业操作平台。

4. Linux

Linux 操作系统诞生于 1991 年 10 月 5 日，由芬兰赫尔辛基大学计算机系学生 Linus Benedict Torvals 开发，是一套免费使用和自由传播的操作系统，能够实现 UNIX 的全部功能，具有多用户、多任务能力，提供具有内置安全措施的分层文件系统及 shell 命令解释程序和编程语言；具有完备的网络功能，提供完整网络集成，可轻松地与 TCP/IP、LAN Manager、Windows for Workgroups、Novel NetWare、Windows NT 集成；具有内置的 TCP/IP，可通过 LAN 或调制解调器连接到 Internet 充当服务器；可以提供 FTP、Telnet、WWW、电子邮件等服务。

目前流行的 Linux 发行版有 Debin、Gentoo、Ubuntu、RedHat、GentOS 等，这些版本的 Linux 虽然基于同样的内核，但在界面、应用程序等方面各有不同，在服务器领域占据了大量的市场份额。由于 Linux 下的软件和 Windows 下的软件不能通用，而且 Linux 的使用方法、易用性与 Windows 有很大的差别，所以在个人计算机领域使用较少。

5. macOS

macOS 是一套运行于苹果公司 Power Macintosh 机及 Macintosh 一族计算机上的操作系统，是首个在商用领域成功的图形用户界面操作系统，具有较强的图形图像处理能力，广泛应用于平面出版和多媒体应用领域。现行最新的系统版本是 macOS Big Sur，由于 macOS 只能运行在苹果计算机的硬件平台上，不能在 Windows 平台上使用，影响了它的普及与发展。

6. 智能移动设备操作系统

随着智能手机和平板电脑的发展，其功能与个人计算机的差距越来越小。智能手机和平板电脑的操作系统以 Google 的 Android 和苹果的 iOS 为主。

Android 是 Google 于 2007 年 11 月发布的一款基于 Linux 的自由及开放源代码的操作系统，Google 不生产手机，只为其他手机生产商开发 Android 操作系统。Android 操作系统具有开放性、丰富的硬件选择、开源免费和无缝结合的 Google 应用等特点，目前已占据全球最大的智能移动设备市场份额。

iOS 是苹果公司于 2007 年 6 月基于苹果公司的硬件产品定制开发的，主要供 iPhone、iPad 和 iPod Touch 使用。iOS 拥有简单易用的操作界面，功能稳定，且基于 iOS 的软件只能在苹果公司的 Apple Store 下载，安全性更高。

2.2 Windows 7 操作系统的基本操作

Windows 7 是目前最流行的操作系统之一，稳定性高、兼容性好。本节主要介绍 Windows 7 操作系统的基本操作，包括在文件管理、任务管理和设备管理等方面的基本用法。

2.2.1 Windows 7 的启动与退出

1. 启动 Windows 7

当计算机中安装了 Windows 7 操作系统后，启动计算机时就会自动进入 Windows 7 操作系统的桌面。如果用户设置了用户名和密码，需要选择用户名并且输入正确的密码才能登录系统，登录后显示 Windows 桌面。

2. 退出 Windows 7

在关闭计算机电源之前，要确保退出应用程序，否则可能会破坏一些没有保存的文件和正在运行的程序。在“开始”菜单中单击“关机”按钮，如图 2.1 所示，系统即停止运行，保存设置后退出，主机电源自动关闭。如果不想关闭计算机，而是重新启动计算机或者进行注销、切换用户、锁定等操作，可单击相应的按钮，如图 2.2 所示。

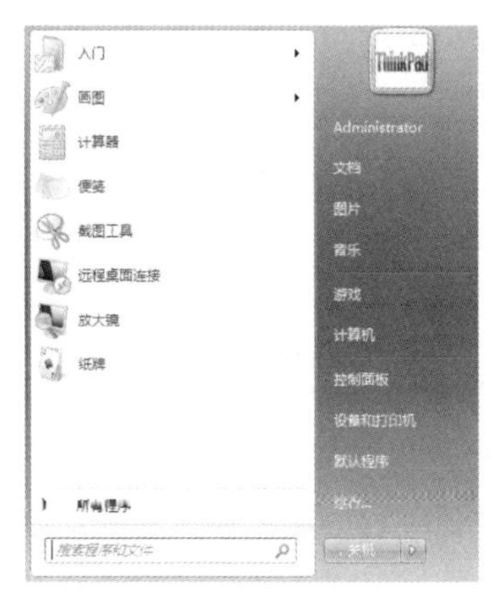

图 2.1　关闭 Windows 7

图 2.2　“关机”按钮的其他选项

2.2.2　Windows 7 的桌面

启动计算机登录到 Windows 7 操作系统后，显示的整个屏幕界面称为桌面，如图 2.3 所示。

图 2.3　Windows 7 的桌面

桌面主要由桌面背景、桌面图标、任务栏组成。

1. 桌面背景

屏幕主体部分显示的图像称为桌面背景，它的作用是美化屏幕，用户可以设置自己喜欢的背景图片，方法为：选择“开始”→“控制面板”→“外观和个性化”→“个性化”→“桌面背景”命令，单击想要设置的桌面背景图片后，单击“保存修改”按钮，如图 2.4 所示。

图 2.4　设置 Windows 7 的桌面背景

2. 桌面图标

桌面图标由图形和图形下面的文字说明组合而成，通常位于桌面左侧，每个图标代表一个对象。初次安装 Windows 7 操作系统之后，计算机桌面上默认只有“回收站”一个图标，用户可以根据需要添加所需要的程序的图标。双击桌面图标或者在图标上右击，选择“打开”命令，可以启动相应的应用程序。Windows 7 操作系统中常用的图标有以下几个。

（1）计算机

访问“计算机”，可以看到本台计算机上的所有硬件设备、软件资源及用户建立的文件数据等，并可以对它们进行管理和使用。它与“资源管理器”的功能十分接近。

（2）Administrator

文档、图片和其他文件的默认保存位置。每个登录到该计算机的用户都有各自唯一的 Administrator 文件夹。在 Administrator 文件夹中，有“我的文档”“我的视频”“我的音乐”“我的图片”“收藏夹”“联系人”等子文件夹。

（3）网络

通过“网络”，可以管理无线网络、更改适配器设置、更改高级共享设置、设置 Internet 选项和 Windows 防火墙、配置本地网络连接、映射网络驱动器和断开网络驱动器等。

（4）回收站

用于存放被用户删除的文件。能够在回收站中将被误删除的某个文件恢复到原来的位置；一旦清空回收站，便不能再恢复。

（5）Internet Explorer

Windows 7 操作系统自带的浏览器，是用户上网的工具之一。

以上图标是系统提供的常用图标，除此以外，用户也可以在桌面上添加其他应用程序的快捷方式图标。例如，右击“开始”→“所有程序”→“Internet Explorer”，在弹出的快捷菜单中选择“发送到”→“桌面快捷方式”命令，如图 2.5 所示，就可以在桌面建立 Internet Explorer 应用程序的快捷方式图标，如图 2.6 所示。除使用命令外，也可以直接用鼠标拖动的方式来完成快捷方式图标的建立。快捷方式图标仅仅是和应用程序之间建立了一个链接，删除快捷方式图标并不会删除和影响原来的程序。

图 2.5　创建桌面快捷方式

图 2.6　快捷方式图标

如果想恢复 Windows 7 系统默认的图标，可以在桌面的空白处右击，在弹出的快捷菜单中选择“个性化”命令，在打开的窗口中选择“更改桌面图标”命令，系统弹出“桌面图标设置”对话框，依次单击“还原默认值”→“应用”按钮，关闭该对话框，此时就能在桌面上看到系统默认的图标。

3. 任务栏

任务栏是位于屏幕底部的水平长条，从左到右依次有“开始”菜单按钮、快速启动区、当前任务按钮、通知区域和“显示桌面”按钮。任务栏用于快速启动和切换应用程序，只要单击相应按钮，即可使其代表的程序成为当前活动窗口。

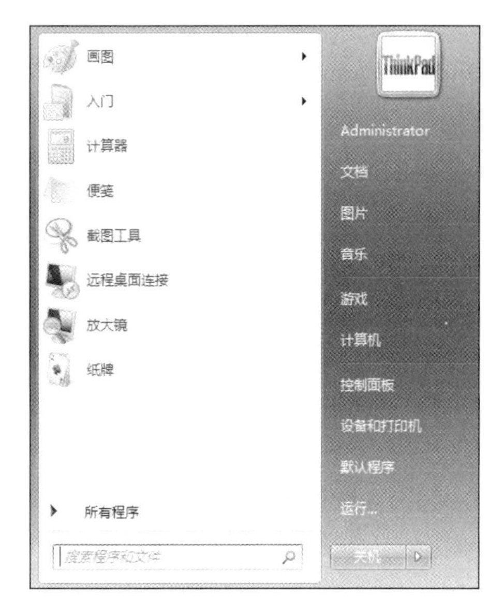

图 2.7 “开始”菜单

（1）“开始”菜单按钮

单击“开始”菜单按钮可以打开“开始”菜单，该按钮通常位于桌面底部任务栏的最左侧。“开始”菜单中包含 Windows 7 系统的全部功能命令以及正常安装在该系统下的所有程序，如图 2.7 所示。

在“开始”菜单的右上角显示的是当前登录的用户名，图 2.7 中的用户名为 Administrator。

“开始”菜单左下方是“所有程序”子菜单，显示所有安装在该计算机中的应用程序。当把鼠标指针指向“所有程序”时，会弹出所有程序的菜单，包括其子菜单，单击某个程序名，该程序就会启动。

“开始”菜单右下方是计算机控制部分，包括一个“关机”按钮，用户可以通过该按钮完成切换用户、进入睡眠模式，以及注销、锁定和重启计算机等操作。

（2）快速启动区

快速启动区为最常用的程序提供快速启动功能，单击快速启动区中的按钮，就可以启动相应的程序。

（3）当前任务按钮

任务栏的中间是当前任务按钮，显示已打开的程序和文件，每一个运行的程序和文件在任务栏中都有相应的按钮，单击按钮可以在它们之间进行切换。

（4）通知区域

通知区域位于任务栏右边，通常包含当前的时间、语言提示、音量等按钮，还包括一些告知特定程序和计算机设置状态的图标。

（5）“显示桌面”按钮

Windows 7 操作系统任务栏的最右侧增加了既方便又常用的“显示桌面”按钮，作用是快速地将所有已打开的窗口最小化，方便查找桌面文件及桌面图标。

任务栏有自己的工具栏，其中显示的内容可以调整。任务栏的大小和位置也可以调整。

2.2.3 鼠标和键盘的操作

Windows 7 是一个图形化的操作系统，通过鼠标和键盘来执行相关操作，熟练掌握鼠标和键盘的操作可以提高工作效率。

1. 鼠标操作

鼠标是操作计算机的过程中必不可少的一种硬件输入设备，利用它可以完成对象的指向、单击、双击、拖动以及右击等操作，具体如下。

1）指向：挪动鼠标位置，可以将鼠标指针移到操作对象上。

2）单击：也称左键单击，是指按下鼠标左键并立即释放的操作，一般用于选定一个操作对象。

3）双击：是指将鼠标指针指向桌面上的对象图标，连续两次快速按下鼠标左键并释放的操作，一般用于启动该对象图标对应的应用程序。

4）拖动：是指将鼠标指针指向桌面上的对象图标，按住鼠标左键进行拖动，直到将该对象移动到指定位置，再释放左键的操作。

5）右击：是指将鼠标指针指向桌面上的对象图标，按下鼠标右键，随之立即释放的操作，一般用于打开快捷菜单。

6）【Shift】键+单击：选定连续的对象。先选定第一个对象，再按住【Shift】键并单击最后一个对象，就会把这两个对象间的所有对象都选中。

7）【Ctrl】键+单击：选定不连续的对象。按住【Ctrl】键，再单击对象，则单击的对象被选中，再次单击已经选定的对象，则取消选中。

8）【Alt】键+拖动：选定矩形区域内的文本对象。

9）滚动滚轮：上下滚动鼠标的中间滚轮，可向上或向下滚动屏幕显示的内容。

2. 鼠标指针的形状及其功能

鼠标指针的形状可以通过设置而采取不同的方案，Windows 7 操作系统下默认的鼠标指针的常见形状及作用如表 2.1 所示。

表 2.1　鼠标指针的常见形状及作用

指针形状	作用
↖	正常鼠标指针形状，用来选择操作对象
↔ 或 ↕	双向箭头指针，用于水平调整或垂直调整对象大小
↘ 或 ↗	斜向箭头指针，用于沿对角线调整对象大小
✥	四头箭头指针，用于移动选定的对象
⌛	漏斗指针，表示系统正忙，需要用户等待
I	I 形指针，用于在文字编辑区内指示编辑位置
☝	手形指针，链接选择，用于打开一个链接
⊘	不可用，禁止用户操作
↖?	获取帮助
+	精确选择
↖⌛	后台应用程序处于繁忙状态，可操作前台程序

3. 鼠标的设置

鼠标一般包括左、右两个按键和中间的一个滚轮，在 Windows 7 操作系统下一般使用鼠标进行对象的选择。因此，鼠标性能的好坏直接影响工作的效率。选择“开始”→“控制面板”→“硬件和声音”→“鼠标”命令，打开“鼠标 属性”对话框，如图 2.8 所示，可以设置鼠标属性。

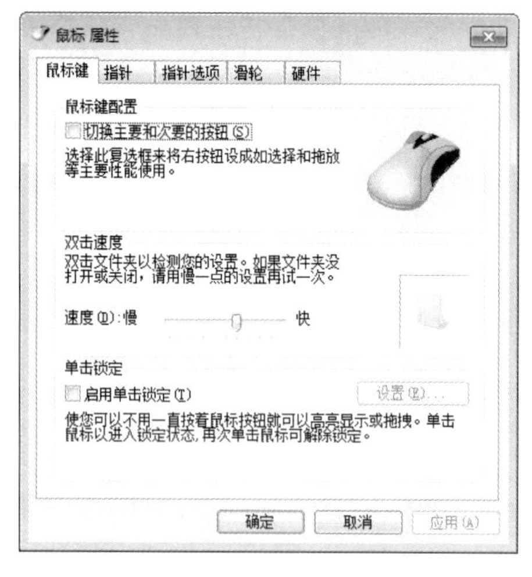

图 2.8 “鼠标 属性”对话框

鼠标的主要属性设置如下。

1）切换主要和次要的按钮：用于选择左手型鼠标和右手型鼠标，如果习惯用左手操作，可以选中此复选框。

2）双击速度：用于调节鼠标的双击间隔，可以双击右侧的文件夹图标进行双击速度的测试。

3）启用单击锁定：用于调整锁定的时间。

4）“指针”选项卡：用于设置各种状态鼠标指针的外观。

5）“指针选项”选项卡：可以设置鼠标指针移动速度和打字时是否隐藏指针等。

6）“滑轮”选项卡：可以设置鼠标滚轮移动的行数和一次滚动显示的字符数量。

4. 键盘操作

键盘操作可以分为输入操作和命令操作两种。输入操作是用户通过键盘向计算机输入信息，如文字、数据、符号等。命令操作的目的是向计算机发出命令，使计算机执行指定的操作，由系统的组合键来完成。Windows 7 中常用的组合键及功能如表 2.2 所示。

表 2.2 常用组合键及功能

组合键	功能
Ctrl+A	选中所有（或窗口）的显示对象
Ctrl+X	剪切选中对象
Ctrl+C	复制选中对象
Ctrl+V	粘贴对象
Ctrl+Z	撤销对象
Alt+Tab	在当前打开的任务之间进行切换
Ctrl+Tab	在不同选项卡之间进行切换
PrintScreen	复制当前屏幕图像到剪贴板
Alt+PrintScreen	复制当前窗口、对话框或其他对象到剪贴板
Alt+F4	关闭当前窗口或退出应用程序
Shift+Delete	直接删除一个对象而不是将其放到回收站中
Ctrl+Shift	切换输入法
Ctrl+Space	切换中英文
Ctrl+Alt+Delete	打开任务管理器

2.2.4 窗口

Windows 操作系统中，英文 Windows 的中文意思是“窗口”，故 Windows 操作系统就是窗口操作系统，窗口的操作是 Windows 中最基本、最重要的操作。当用户打开一个文件或应用程序时，都会出现一个窗口。窗口是用户进行操作的重要组成部分，熟练地对窗口进行操作，能提高工作效率。窗口是桌面上用于查看应用程序和文档等信息的一块矩形区域，可以把对话框理解为一种特殊的窗口。

1. 窗口的组成

窗口一般由标题栏、菜单栏、工具栏等部分组成。如图 2.9 所示是一个标准的窗口，不同应用程序的窗口略有不同。

1）标题栏：位于窗口的最上方，用于标识窗口的应用程序名或当前文件名、文件夹名。窗口左侧有控制菜单按钮，右侧有“最小化”、“最大化”/“向下还原”及“关闭”按钮。

2）菜单栏：不同应用程序的菜单栏有不同的菜单项，其中包括该程序特定的命令，通过菜单栏可以实现应用程序的绝大部分功能。单击一个菜单项，会打开相应的下拉菜单，可以在下拉菜单中选择这个菜单提供的全部功能。

3）工具栏：以图形按钮的方式实现菜单栏中某些常用菜单项的功能。不同应用程序的工具栏各不相同。

4）状态栏：在窗口的最下方，标明了当前操作对象的一些基本情况，包括当前所选定对象的有关信息以及目前正在进行的操作信息。可通过选择“查看”→“状态栏”命令来设置状态栏的显示与隐藏。

5）地址栏：主要出现在文件夹窗口和 IE 浏览器窗口，在文件夹窗口，显示当前操作的位置；在浏览器窗口，输入一个网址，按【Enter】键后，系统会自动连接该网址并打开。

6）工作区：是用户实际工作的区域，在窗口中所占的比例最大，显示了应用程序界面或文件中的全部内容。

7）导航区：位于窗口左侧，一般包括“收藏夹”“库”“计算机”“网络”“家庭组”5 个项目，单击这 5 个项目前面的▷按钮可展开这些项目。展开后，再单击项目前面的◢按钮则隐藏项目下面的内容。

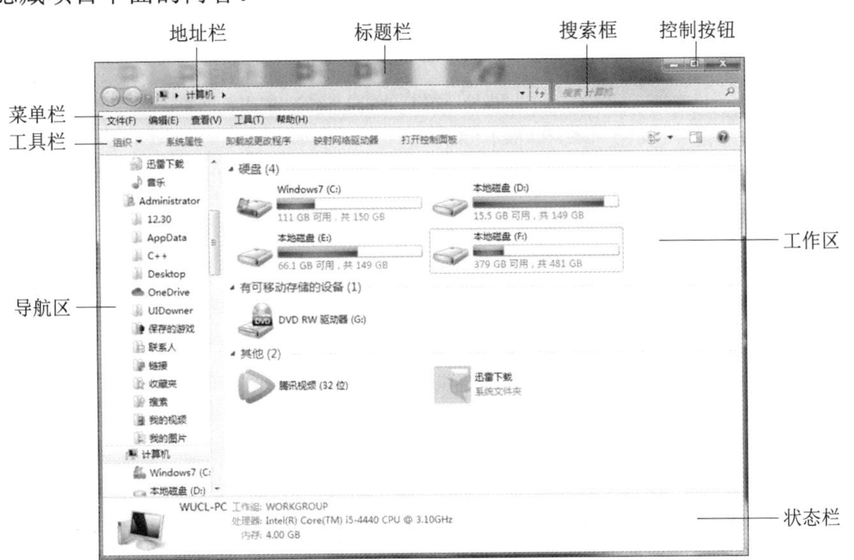

图 2.9 标准的窗口

2. 窗口的基本操作

窗口操作在 Windows 系统中很重要，不但可以通过鼠标使用窗口上的各种命令来操作，而且可以通过键盘使用组合键来操作。窗口的基本操作包括打开、移动、缩放等。

（1）打开窗口

当需要打开一个窗口时，可以通过下面几种方式来实现。

1）选中要打开窗口的图标，然后双击。

2）右击要打开窗口的图标，在弹出的快捷菜单中选择“打开”命令。

（2）移动窗口

打开一个窗口后，不但可以通过鼠标来移动窗口，而且可以通过鼠标和键盘的配合来完成。

移动窗口时，只需要在标题栏上按住鼠标左键拖动，移动到合适的位置后释放鼠标左键即可。

（3）调整窗口大小

不但可以移动窗口到桌面上的任何位置，而且可以随意改变窗口的大小。将鼠标指针放在窗口的垂直边框或水平边框上，当鼠标指针变成双向箭头时，任意拖动鼠标即可调整窗口大小。

（4）切换窗口

在 Windows 中能够同时打开不同的任务窗口，当前操作的窗口称为活动窗口，其他窗口称为非活动窗口。切换窗口最简单的方法是单击任务栏中的窗口图标按钮，也可以使用切换窗口的组合键【Alt+Tab】或【Alt+Esc】。

（5）最小化/最大化/还原/关闭窗口

用户在对窗口进行操作的过程中，可以根据自己的需要，把窗口最小化、最大化等。

1）最小化窗口：当暂时不需要对窗口进行操作时，可把窗口最小化以节省桌面空间。单击标题栏中的“最小化”按钮，窗口会以按钮的形式缩小到任务栏。

2）最大化窗口：窗口最大化时铺满整个桌面，这时不能再移动或缩放窗口。单击标题栏中的“最大化”按钮即可使窗口最大化。

3）还原窗口：当把窗口最大化后，若想恢复打开时的初始状态，单击“向下还原”按钮即可实现对窗口的还原。

4）关闭窗口：完成对窗口的操作后，可关闭窗口，有下面几种方式。

① 单击标题栏中的“关闭”按钮。

② 双击控制菜单按钮。

③ 单击控制菜单按钮，在弹出的控制菜单中选择“关闭”命令。

④ 按【Alt+F4】组合键。

如果打开的窗口是应用程序，选择“文件”→“关闭”命令，同样能关闭窗口。

（6）排列窗口

若打开了多个窗口，并且窗口都处于非最大化的状态，可以右击任务栏，在弹出的快捷菜单中选择排列方式，对窗口进行排列，包括层叠窗口、堆叠显示窗口、并排显示窗口，如图 2.10 所示。

工具栏(T)
层叠窗口(D)
堆叠显示窗口(T)
并排显示窗口(I)
显示桌面(S)
启动任务管理器(K)
√ 锁定任务栏(L)
属性(R)

图 2.10　窗口排列菜单

2.2.5　对话框

对话框是人与计算机系统之间进行信息交流的界面，用户可以通过对话框的提示来完成对象属性的修改或者设置。

1. 对话框的组成

对话框的组成和窗口有相似之处，如都有标题栏，不同的是对话框没有菜单栏、工具栏和控制菜单按钮，比窗口更简洁、更直观、更侧重于与用户的交流。对话框的大小是固定的，不能改变。对话框一般包含标题栏、选项卡，选项卡中包含单选按钮、复选框、命令按钮、文本框、列表框、滑块等，用于进行各种设置，如图 2.11 所示。

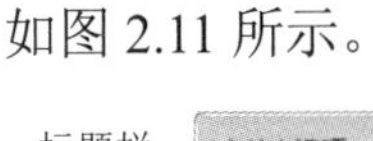

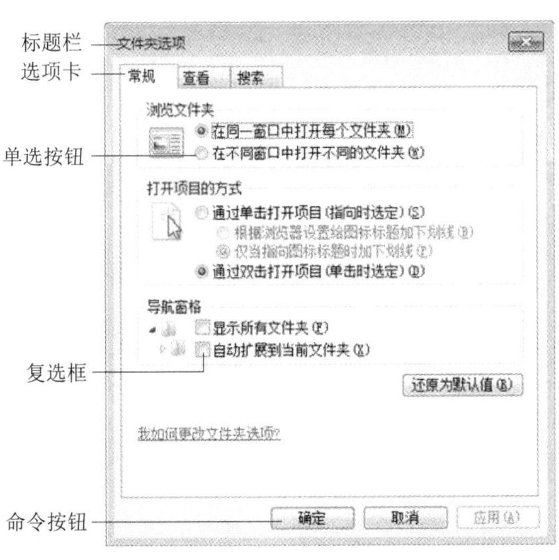

图 2.11　对话框

1）标题栏：位于对话框的最上方，系统默认的是半透明显示，左侧标明了该对话框的名称，右侧有“关闭”按钮。用鼠标拖动标题栏可以移动对话框。

2）选项卡：在系统中有很多对话框都是由多个选项卡构成的，其中各个选项卡相互重叠，减少了对话框所占用的空间。选项卡上写明了标签名，以便区分。单击不同的选项卡，可以在各个选项卡之间进行切换。

3）单选按钮：通常显示为小圆形，其后面有相关的文字说明，选中后，在圆形中间会出现一个绿色的小圆点。在对话框中，通常一个组中包含多个单选按钮，但在一组中只能选择一项。

4）复选框：通常显示为小正方形，在其后面也有相关的文字说明。用户可以根据需要选中一个或多个复选框，当复选框被选中后，在正方形中间会出现一个绿色的“√”标志，再次单击被选中的复选框将取消选中，“√”消失。

5）命令按钮：指对话框中显示为圆角矩形并且带有文字的按钮，单击命令按钮可以立即执行一个命令，如果命令按钮呈灰色，表示该命令按钮不可用。常用的命令按钮有“确定”“应用”“取消”等。

6）文本框：用来输入文本信息的矩形区域，当光标定位在文本框时，用户可以手动输入文本内容，还可以对已经输入的文本内容进行修改和删除操作。

7）列表框：有些对话框在组下列出了多个选项，用户可以从中选取一个或者多个选项。

8）滑块：又称滑动按钮，使用鼠标拖动滑块或按键盘上的左、右方向键可以改变滑块代表数值的大小，一般用于调整参数。

2. 对话框的操作

对话框的操作包括对话框的移动、关闭，对话框中选项卡的切换及在对话框中移动焦点等，与窗口的操作类似。这里只简单介绍几种操作。

1）在对话框中移动焦点：要在不同组之间移动焦点，可以使用【Tab】键进行。移动时将产生一个虚线框（也就是焦点），虚线框到达某个位置，表示激活了对应的选项。名称后带有字母的选项或命令，可以通过按【Alt+字母】组合键来使用。

2）关闭对话框：单击对话框中的“确定”按钮或者“应用”按钮，可以在关闭对话框的同时保存用户在对话框中所做的修改。

2.2.6 Windows 7 的系统设置

1. 任务栏的设置

在任务栏的空白处右击，在弹出的快捷菜单（图 2.12）中选择“属性”命令，打开“任务栏和「开始」菜单属性”对话框，如图 2.13 所示。

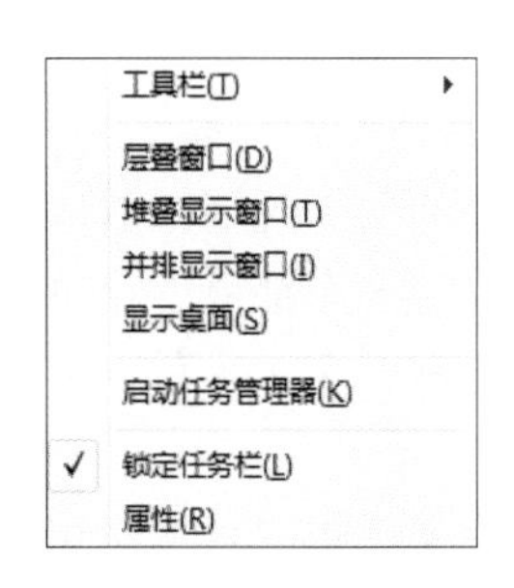

图 2.12 任务栏快捷菜单

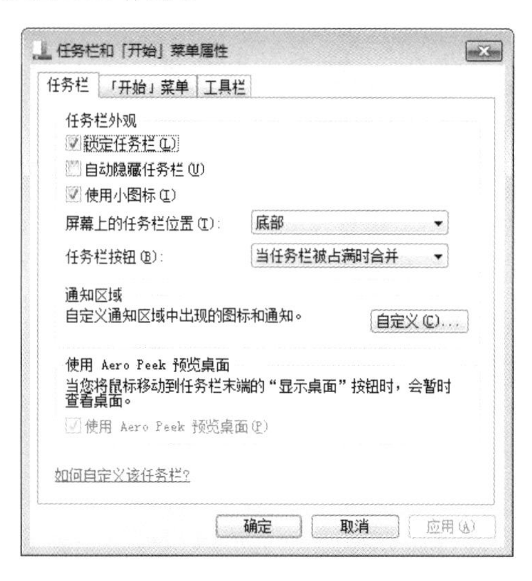

图 2.13 “任务栏和「开始」菜单属性”对话框

任务栏外观设置包括“锁定任务栏”“自动隐藏任务栏”“使用小图标”“屏幕上的任务栏位置”“任务栏按钮”等。

另外，任务栏的大小和位置是可以根据需要进行调整的。调整任务栏的大小和位置时，必须取消选中“锁定任务栏”复选框。

2. “开始”菜单的设置

在“任务栏和「开始」菜单属性”对话框中单击“「开始」菜单”选项卡，可以设置“开始”菜单，如图 2.14 所示。用户可以单击“自定义”按钮，自定义“开始”菜单

中的链接、图标以及菜单的外观和行为；也可以设置隐私信息，包括是否存储并显示最近在“开始”菜单中打开的程序及在“开始”菜单和任务栏中打开的项目。

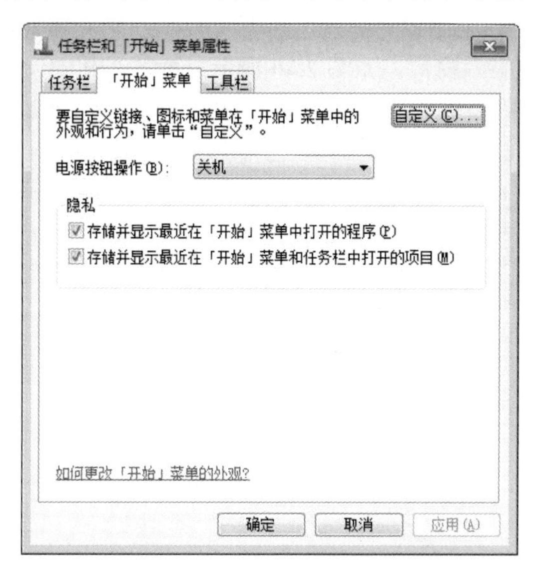

图 2.14　“「开始」菜单”选项卡

3. 个性化的设置

Windows 7 提供了个性化设置的功能。个性化是隶属于控制面板的一项设置，在桌面的空白位置右击，在弹出的快捷菜单中选择“个性化”命令，打开“个性化”窗口，如图 2.15 所示，可以在其中对主题、桌面图标、鼠标指针和账户图片等进行设置。

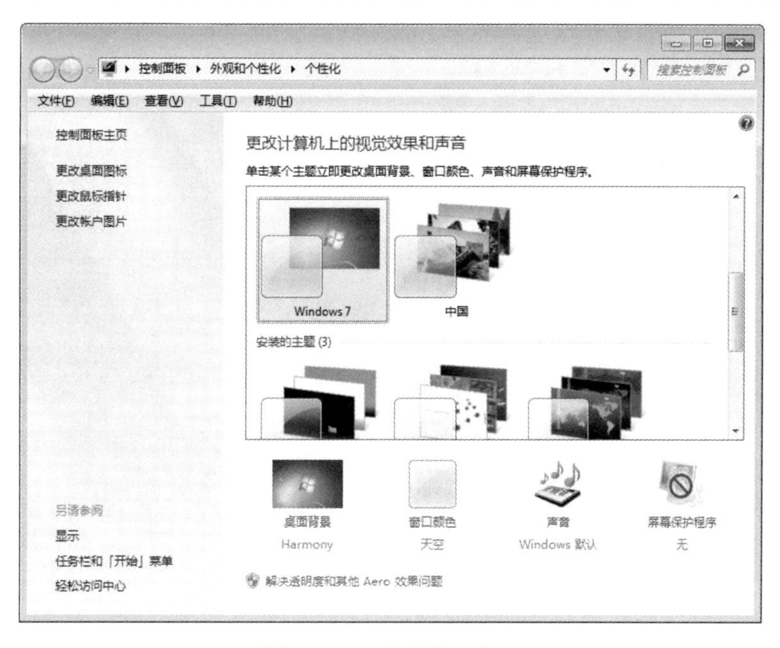

图 2.15　“个性化”窗口

4. 声音的设置

选择“开始”→“控制面板”命令，打开“控制面板”窗口，双击“硬件和声音”图标，打开“硬件和声音”窗口，如图 2.16 所示，可以在其中调整系统音量、更改系统声音以及管理音频设备等。

图 2.16 “硬件和声音”窗口

5. 语言、日期和时间的设置

选择“开始”→“控制面板”命令，打开“控制面板”窗口，双击“时钟、语言和区域”图标，打开“时钟、语言和区域”窗口，如图 2.17 所示，可以在其中设置语言、时区、时间和日期等。

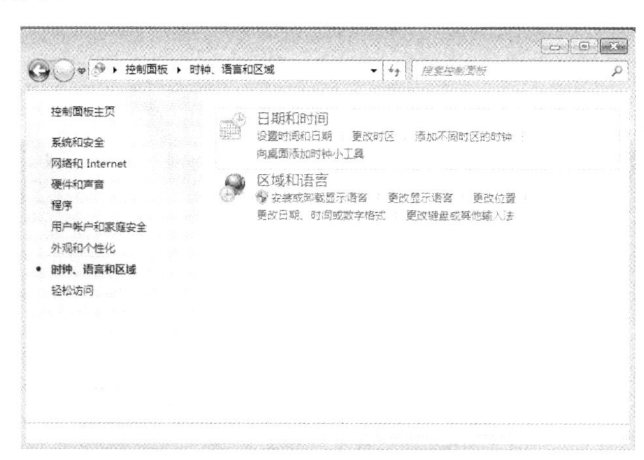

图 2.17 “时钟、语言和区域”窗口

6. 账户的设置

（1）创建账户

Windows 7 系统安装完成后，打开计算机，默认进入名为 Administrator 的账户中，如果需要创建新账户，可按照下面的步骤进行操作。

选择“开始”→“控制面板”命令，打开“控制面板”窗口，单击“用户帐户和家庭安全”组中的“添加或删除用户帐户”链接，打开“管理帐户”窗口，单击“创建一个新帐户”，打开“创建新帐户”窗口，如图 2.18 所示。在文本框中输入新账户名，选择账户类型是标准用户还是管理员，其中标准用户可以使用大多数软件以及更改不影响其他用户和计算机安全的系统设置；管理员则具有计算机的完全访问权限，可以对计算机的所有设置进行修改。设置完成后，单击“创建帐户”按钮。

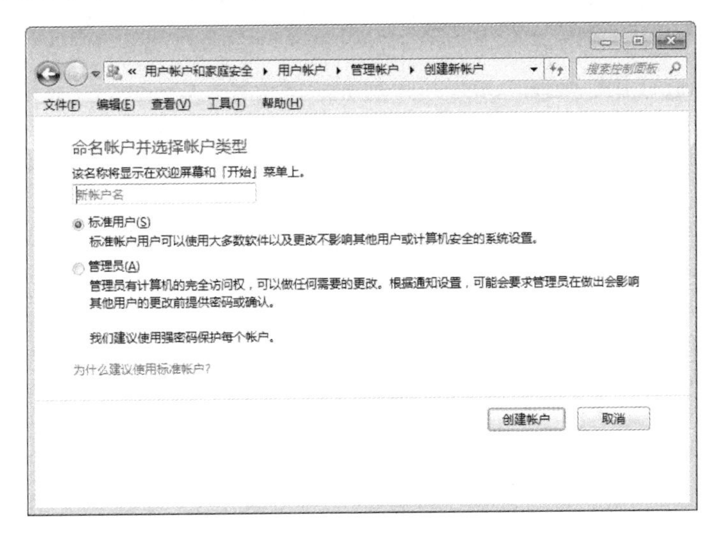

图 2.18　“创建新帐户”窗口

（2）更改账户设置

创建账户后，可以选择“开始”→“控制面板”命令，打开“控制面板”窗口，单击“用户帐户和家庭安全”组中的“添加或删除用户帐户”链接，打开“管理帐户”窗口，单击要更改的账户，打开“更改帐户”窗口，如图 2.19 所示，可以在其中更改账户名称、创建密码、更改图片、设置家长控制等。

图 2.19　“更改帐户”窗口

2.3 资源管理器

资源管理器是一项系统服务，负责管理数据库、持续消息队列或事务性文件系统中的持久性或持续性数据，存储数据并执行故障恢复。资源管理器是 Windows 系统提供的资源管理工具，可用于查看本台计算机的所有资源，特别是其提供的树形文件系统结构，可使用户更清楚、直观地认识计算机中的文件和文件夹。从资源管理角度分析，文件系统是计算机系统最主要且与用户关系最密切的一种系统资源。另外，在资源管理器中还可以对文件进行各种操作，如打开、复制、移动等。Windows 7 系统资源管理器的窗口如图 2.20 所示，其与其他窗口相似，不同的是在窗口左侧多了一个结构窗格，清晰地显示了计算机中的资源。

图 2.20　Windows 资源管理器的窗口

打开 Windows 7 的系统资源管理器有两种方式：第一种是通过“开始”菜单打开，即在 Windows 7 系统桌面任务栏中右击“开始”菜单图标，选择“打开 Windows 资源管理器”命令，如图 2.21 所示。第二种是通过“计算机”窗口打开，即双击“计算机”图标，打开“计算机”窗口，单击左侧的“库”，如图 2.22 所示。

2.3.1 文件和文件夹的管理

1. 文件

计算机的各种相关数据都以一种集合的形式存储在计算机中的磁盘上，即文件。用户可以对文件进行重命名操作。

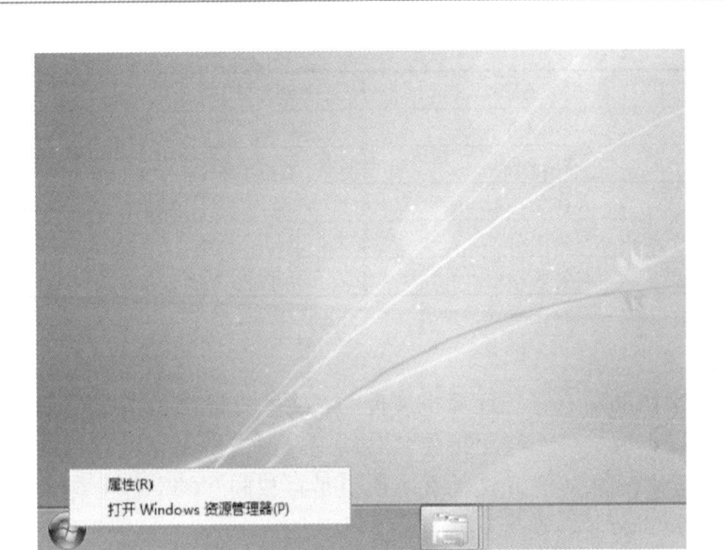

图 2.21　通过“开始”菜单打开

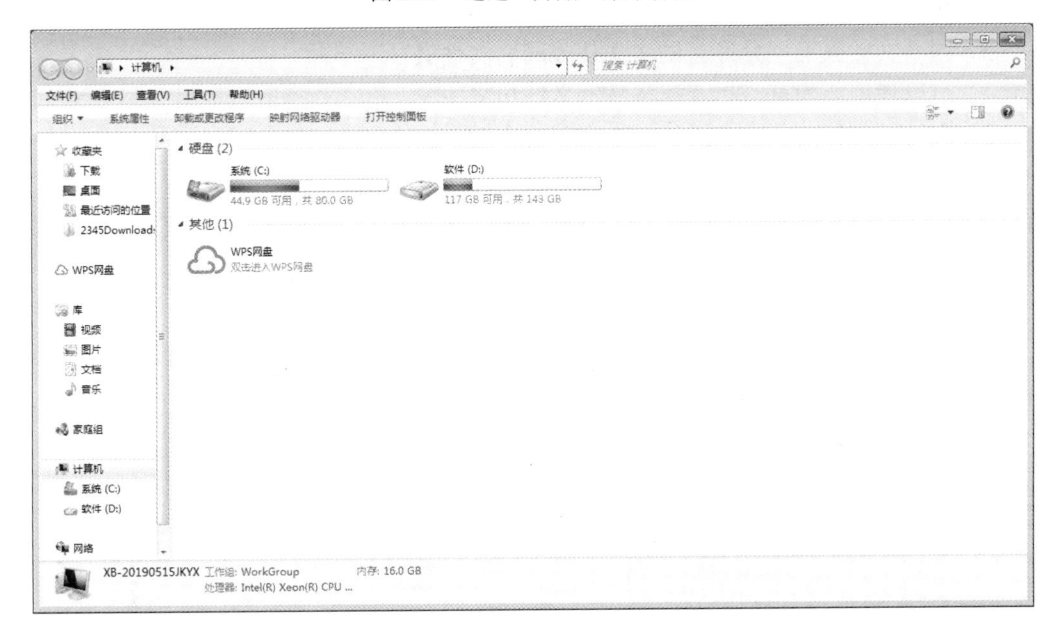

图 2.22　通过“计算机”窗口打开

为了方便管理和使用，文件必须有一个标识，即文件名。文件名由两部分组合而成，即主文件名和扩展名，二者之间需要用“.”隔开。扩展名通常由三个字符组成，不同的扩展名代表不同类型的文件，常见的文件类型如表 2.3 所示。

表 2.3　常见文件类型

扩展名	文件类型	扩展名	文件类型
.sys	系统文件	.avi	视频文件
.ini	配置文件	.doc/.docx	Word 文件

续表

扩展名	文件类型	扩展名	文件类型
.dat	数据文件	.xls/.xlsx	Excel 文件
.hlp	帮助文件	.ppt	PowerPoint 文件
.com	可执行文件	.txt	文本文件
.exe	可执行文件	.bmp	位图文件
.bat	批处理文件	.wav	声音文件

2. 文件夹

文件夹是用来协助用户管理计算机文件的。文件夹提供了指向对应空间的地址，它没有扩展名，所以不像文件那样用扩展名来标识。但文件夹可以有几种类型，如文档、图片、相册、音乐、音乐集等。文件夹本质上是存放同一类文件的容器。

文件和文件夹的命名规则如下。

1）英文字母不区分大小写。

2）某些特殊字符不能出现在文件和文件夹名称中，如\，/，:，*，?等。

3）同一文件夹下不允许有同名文件或同名文件夹。

4）可以使用通配符?或*查找与显示文件和文件夹。

5）支持长文件名，最多可达 255 个英文字符。

2.3.2　文件和文件夹的操作

1. 创建文件和文件夹

（1）使用菜单创建文件或文件夹

选择“文件”→“新建”→“文件夹”命令或相应的文件类型，如图 2.23 所示，即可在磁盘目录下新建文件夹或相应类型的文件。

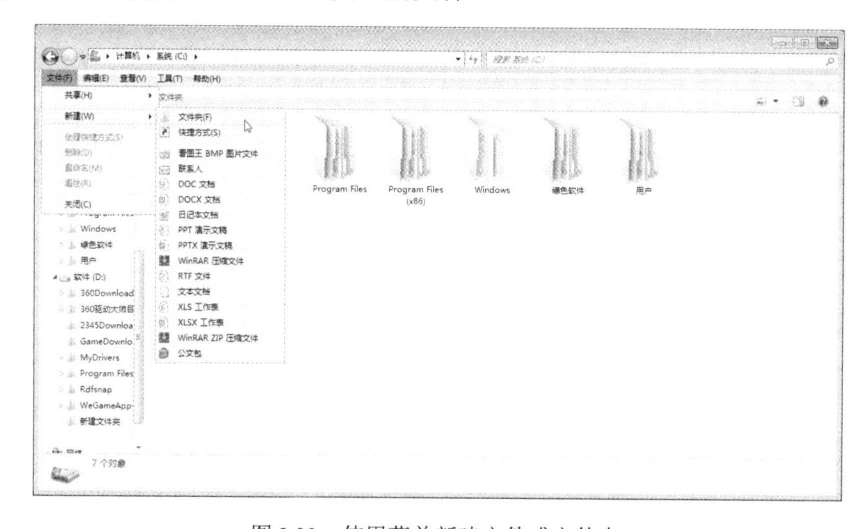

图 2.23　使用菜单新建文件或文件夹

新建的文件或文件夹默认的名称是“新建××”或“新建文件夹”，如果需要重新命名新创建的文件或文件夹，可以单击要重命名的文件或文件夹，然后再次单击文件或文件夹的名称，使其处于可编辑状态，如图2.24所示，进行重命名操作；也可以在文件或文件夹图标上右击，在弹出的快捷菜单中选择“重命名”命令来给文件或文件夹更名。

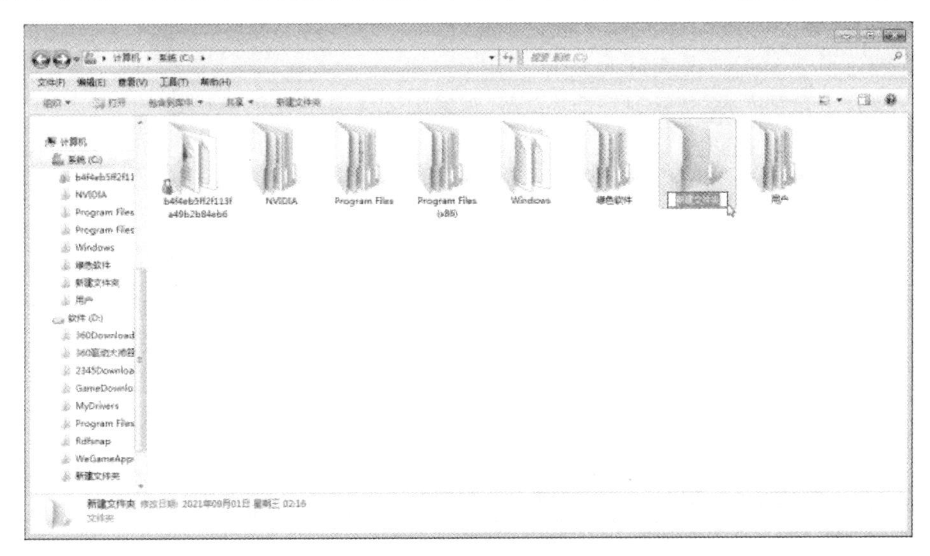

图2.24 重命名新建文件夹

（2）使用快捷菜单创建文件或文件夹

直接在要创建文件或文件夹的目标驱动器或目标文件夹下的空白处右击，在弹出的快捷菜单中选择“新建”→“文件夹”命令或相应的文件类型，如图2.25所示，即可创建文件夹或相应文件。

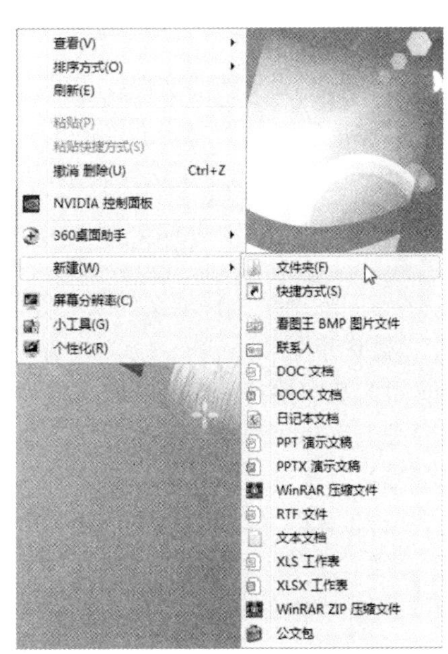

图2.25 使用快捷菜单新建文件或文件夹

2. 选定文件和文件夹

选定文件和文件夹主要包括以下操作。

1）选定一个文件或文件夹：单击该文件或文件夹。

2）选定多个连续的文件或文件夹：单击第一个文件或文件夹，然后按住【Shift】键不放，单击最后一个文件或文件夹。

3）选定多个不连续的文件或文件夹：单击第一个文件或文件夹，然后按住【Ctrl】键不放，单击其他要选定的文件或文件夹。

4）选定全部文件或文件夹：按【Ctrl+A】组合键，可以实现全部选定。

3. 复制文件和文件夹

计算机中的剪贴板是一种特殊的短期存储机制，通常用于复制和粘贴操作。

（1）使用菜单复制文件或文件夹

操作步骤如下。

1）选定要复制的文件或文件夹。

2）选择“编辑”→“复制”命令，将要复制的内容放到剪贴板中。

3）双击进入目标驱动器或目标文件夹。

4）选择“编辑”→“粘贴”命令，将已复制的内容进行粘贴。

（2）使用组合键复制文件或文件夹

操作步骤如下。

1）选定要复制的文件或文件夹。

2）按【Ctrl+C】组合键，将要复制的内容放到剪贴板中。

3）双击进入目标驱动器或目标文件夹。

4）按【Ctrl+V】组合键，将已复制的内容进行粘贴。

（3）使用鼠标左键复制文件或文件夹

操作步骤如下。

1）选定要复制的文件或文件夹。

2）按住【Ctrl】键不放，用鼠标左键将要复制的文件或文件夹拖动到目标驱动器或目标文件夹下。

（4）使用鼠标右键复制文件或文件夹

操作步骤如下。

1）选定要复制的文件或文件夹。

2）按住鼠标右键将要复制的文件或文件夹拖动到目标驱动器或目标文件夹下，释放鼠标右键后弹出一个快捷菜单，选择“复制到当前位置”命令即可完成复制。

4. 移动文件和文件夹

（1）使用菜单移动文件或文件夹

操作步骤如下。

1）选定要移动的文件或文件夹。

2）选择“编辑”→“剪切”命令，将要移动的内容放到剪贴板中。

3）双击进入目标驱动器或目标文件夹。

4）选择“编辑”→“粘贴”命令，将剪贴板中的内容进行粘贴。

（2）使用组合键移动文件或文件夹

操作步骤如下。

1）选定要移动的文件或文件夹。

2）按【Ctrl+X】组合键，将要移动的内容放到剪贴板中。

3）双击进入目标驱动器或目标文件夹。

4）按【Ctrl+V】组合键，将剪贴板中的内容进行粘贴。

（3）使用鼠标左键移动文件或文件夹

操作步骤如下。

1）选定要移动的文件或文件夹。

2）按住【Shift】键不放，用鼠标左键将要移动的文件或文件夹拖动到目标驱动器或目标文件夹下。

（4）使用鼠标右键移动文件或文件夹

操作步骤如下。

1）选定要移动的文件或文件夹。

2）按住鼠标右键将要复制的文件或文件夹拖动到目标驱动器或目标文件夹下，释放鼠标右键后弹出一个快捷菜单，选择“移动到当前位置”命令即可完成移动。

5. 查找文件和文件夹

Windows 7 系统提供了强大的搜索功能，能够保证用户在计算机中准确地找到所需的文件。搜索文件的步骤如下。

1）双击桌面的“计算机”图标，打开“计算机”窗口，右上方为搜索文本框，如图 2.26 所示。

2）在搜索文本框中输入文件名称或者关键词，单击“搜索”按钮开始搜索。

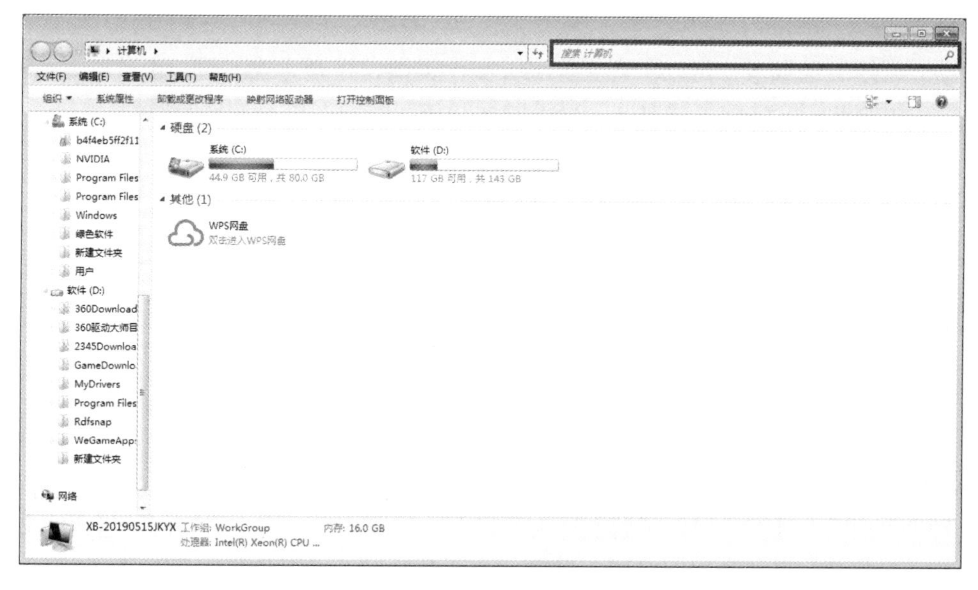

图 2.26　搜索文本框

6. 删除文件和文件夹

1）使用菜单删除文件或文件夹：选定要删除的文件或文件夹，选择“文件”→“删除”命令，可将文件或文件夹放入回收站。

2）使用鼠标删除文件或文件夹：选定要删除的文件或文件夹，用鼠标左键将其拖动到回收站中。

3）使用快捷键删除文件或文件夹：选定要删除的文件或文件夹，按【Delete】键，可将文件或文件夹放入回收站。

如果要永久删除文件或文件夹，即不把文件或文件夹放入回收站，而是直接从计算机中删除，则在按住【Shift】键的同时进行上面的删除操作。须注意的是，如果要删除的对象在U盘上，那么删除时系统会将该对象永久删除。

回收站中的文件或文件夹可以恢复到原来的位置，具体的操作是：双击“回收站”图标，在“回收站”窗口中选择要恢复的文件，右击，在弹出的快捷菜单中选择“还原”命令。如果要彻底删除文件或文件夹，则必须将文件或文件夹在回收站中删除。回收站满了以后，后来进入的文件会自动将最早进入的文件挤出去，即最早进入的文件会被永久地删除。如果一次删除的文件总量过大，超出回收站空间，那么系统将会打开询问是否永久删除的对话框。

7. 文件和文件夹的属性

文件和文件夹的属性可通过相应的属性对话框进行设置。在文件或文件夹图标上右击，在弹出的快捷菜单中选择“属性”命令，可打开文件或文件夹的属性对话框。

（1）文件属性对话框

文件属性对话框包括“常规”“安全”“详细信息”“以前的版本”四个选项卡，如图2.27所示。

1）“常规”选项卡：可以了解文件名、文件类型、打开方式（可以更改）、位置、大小、占用空间，文件的创建时间、修改时间和访问时间，以及文件的属性。

在Windows 7系统中，文件属性有以下两种。

① 只读：表示该文件只能读取，不能修改和删除。

② 隐藏：表示在目录显示时文件名不显示出来。

2）“安全”选项卡：可设置计算机每个用户对文件的权限。

3）“详细信息”选项卡：包含文件的详细信息。

4）“以前的版本”选项卡：查看文件早期版本的相关信息。

（2）文件夹属性对话框

文件夹属性对话框与文件属性对话框略有不同，其包括“常规”“共享”“安全”“以前的版本”“自定义”五个选项卡。

1）“常规”选项卡：可以了解文件夹的类型、位置、大小、占用空间、包含的文件及文件夹的数量，以及创建的时间、属性。属性有两种，分别是只读和隐藏。

2）“共享”选项卡：可以完成共享设置。

3）“安全”选项卡：可设置计算机每个用户对文件夹的权限。

4）“以前的版本”选项卡：查看文件夹早期版本的相关信息。

5）“自定义”选项卡：可以优化文件夹，设置文件夹图片和更改文件夹图标等。

如果文件或文件夹的属性被设置成“隐藏”，文件或文件夹在正常情况下是不可见的。如果想看到被隐藏的文件或文件夹，可以在资源管理器中选择“工具”→“文件夹

选项”命令，在打开的“文件夹选项”对话框中的“查看”选项卡中选中“显示隐藏的文件、文件夹或驱动器”单选按钮，如图 2.28 所示，单击“确定”按钮，则被设置成隐藏的文件或文件夹将用灰色图标显示出来。

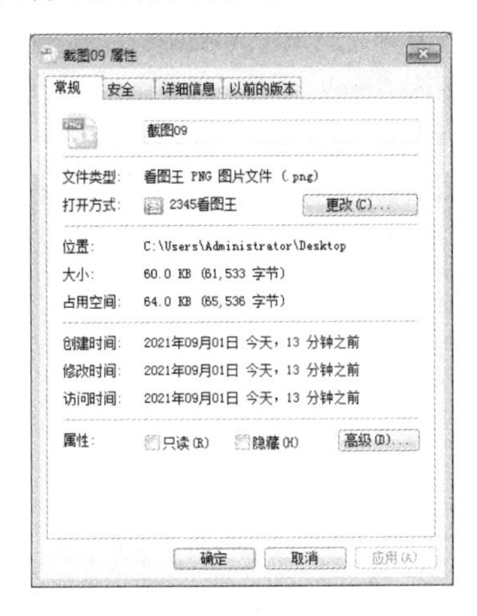

图 2.27　文件属性对话框

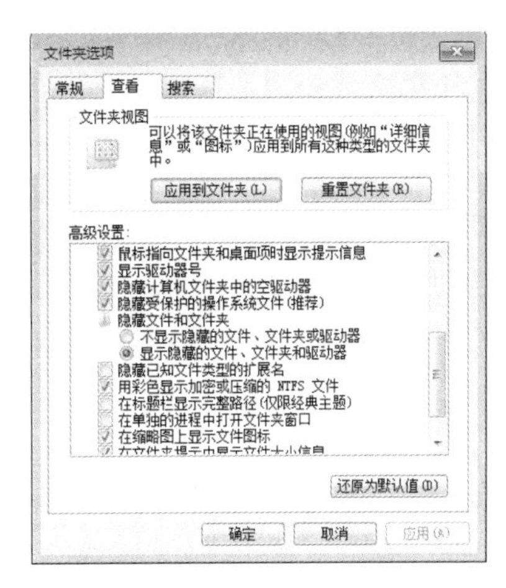

图 2.28　“查看”选项卡

2.3.3　中文输入法

Windows 7 系统默认安装了美式键盘和微软拼音中文输入法等，用户也可以根据需要安装其他输入法或删除不使用的输入法。在这里主要以搜狗拼音输入法为例简单介绍中文输入法。

搜狗拼音输入法（简称“搜狗输入法”或“搜狗拼音”）是 2006 年 6 月由搜狐公司推出的一款 Windows 平台下的汉字拼音输入法。搜狗拼音输入法是基于搜索引擎技术的、特别适合中文用户使用的、新一代的输入法产品，用户可以通过互联网备份自己的个性化词库和配置信息。搜狗拼音输入法的最大特点是联想输入。该输入法会自动更新自带热门词库，这些词库源自搜狗搜索引擎的热门关键词。这样，用户自造词的工作量减少，提高了打字效率。

1. 中英文输入状态的转换

单击任务栏中的输入法指示器，会弹出选择输入法的菜单。选择某种要使用的中文输入法，即可切换到该中文输入法状态下。也可以使用键盘操控输入法，按【Ctrl+Space】组合键，可以启动或关闭中文输入法；按【Ctrl+Shift】组合键，可以在英文及各种中文输入法之间切换。

选择一种中文输入法后，屏幕上就会出现一个对应的输入法状态栏。下面以搜狗拼音输入法状态栏为例说明输入法状态栏的使用，如图 2.29 所示。

图 2.29　搜狗拼音输入法状态栏

1）中英文切换按钮：用于切换中英文输入法，也可以按【Shift】键进行切换。

2）全角/半角切换按钮：用于切换英文和数字的全角和半角输入。全角字符状态下输入的字符占一个汉字位置（两个字符），半角状态下输入的字符占一个字符位置。状态栏中的月亮状按钮就是全角（满月）和半角（弯月）字符切换按钮。

3）中英文标点切换按钮：要输入中文标点，状态栏应处于中文标点输入状态，即句号应是空心的。利用键盘切换的方式是按【Ctrl+.】组合键。

4）语音输入按钮：可以使用语音进行输入。

5）输入方式按钮：可以实现语音输入方式、手写输入方式的选择，还可以使用软键盘输入及选择特殊符号输入。

6）工具箱：提供了一些其他工具，如数学公式等。

2. 输入法的设置

Windows 7 操作系统提供了多种输入法，选择“开始”→“控制面板”命令，打开“控制面板”窗口，单击“区域和语言”图标，打开的“区域和语言”对话框如图 2.30 所示。单击“键盘和语言”选项卡中的“更改键盘”按钮，打开“文本服务和输入语言”对话框，如图 2.31 所示，可以从中对输入法进行设置。

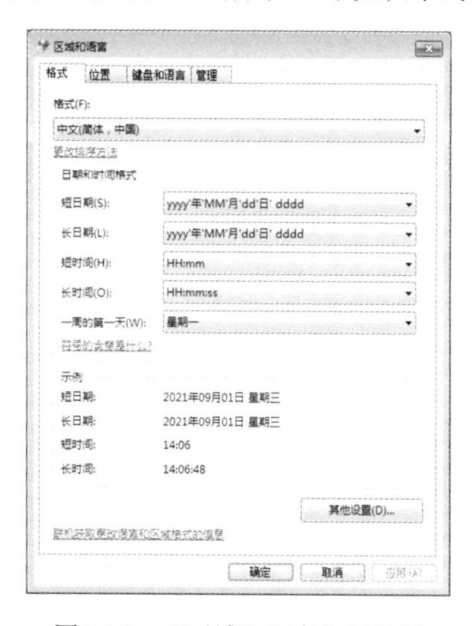

图 2.30 “区域和语言”对话框

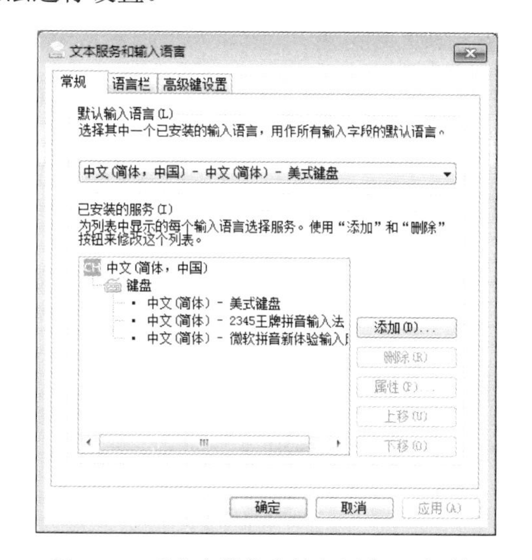

图 2.31 “文本服务和输入语言”对话框

2.3.4 磁盘的管理

有很多工具可以调整计算机的磁盘空间，这里简单介绍Windows 7自带的磁盘工具。使用该工具可以进行简单的磁盘管理，包括磁盘格式化、磁盘清理、磁盘扫描和磁盘碎片整理等。

1. 磁盘格式化

磁盘格式化是给磁盘划出磁道和扇区，磁盘格式化后原来的数据会全部丢失，所以不要轻易尝试，特别是对于硬盘，更不能随意进行格式化。

磁盘格式化的步骤如下。

1）双击“计算机”图标，打开资源管理器，在要格式化的驱动器上右击，在弹出的快捷菜单中选择“格式化”命令。

2）在弹出的格式化磁盘对话框中进行选项设置，如图2.32所示。

3）单击“开始”按钮对磁盘进行格式化。

2. 磁盘清理

磁盘清理的目的是清理磁盘中的垃圾文件。磁盘清理程序可以搜索用户的驱动器，列出临时文件、Internet 缓存文件和可以安全删除的不需要的程序文件等，用户可以根据情况删除这些文件，释放其占用的磁盘空间。在待清理的磁盘上右击，在弹出的快捷菜单中选择“属性”命令，在打开的磁盘属性对话框中单击“磁盘清理”按钮即可，如图2.33所示。

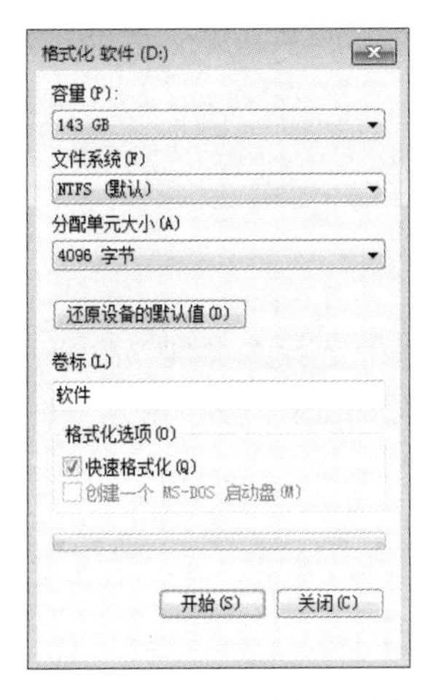

图2.32　格式化磁盘对话框

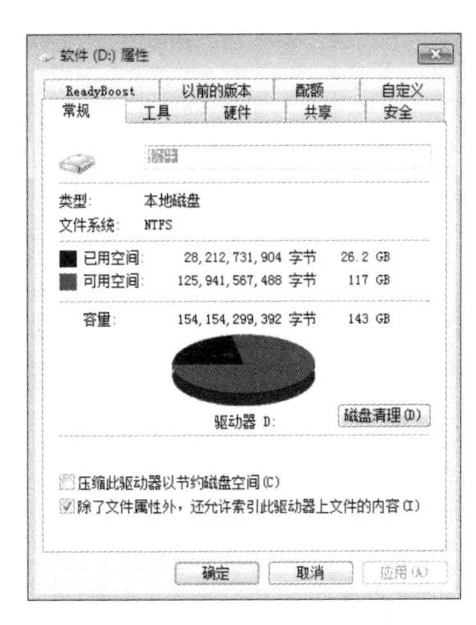

图2.33　磁盘属性对话框

3. 磁盘扫描

当磁盘文件系统出现错误或者有损坏的扇区时，可以利用磁盘扫描工具对磁盘的表面进行扫描，检查文件系统的错误，修复被损坏的扇区。

4. 磁盘碎片整理

由于反复写入和删除程序，磁盘中会产生许多存储区域的碎片，空闲扇区会分散到整个磁盘中不连续的物理位置上，从而使文件不能存在连续的扇区里。这将影响系统读取数据的速度，引起系统性能下降，甚至缩短硬盘寿命。因此，过一段时间就需要对磁盘碎片进行整理。

在磁盘属性对话框中单击“工具”选项卡，单击“立即进行碎片整理”按钮，打开“磁盘碎片整理程序”窗口，如图2.34所示，选中要进行碎片整理的磁盘，单击“分析磁盘”按钮，对磁盘进行碎片分析。分析结束后，系统将弹出报告，显示该磁盘碎片化的百分比，如果需要，单击“磁盘碎片整理”按钮即可进行磁盘碎片整理工作。

图 2.34 “磁盘碎片整理程序”窗口

另外，在“计算机”图标上右击，在弹出的快捷菜单中选择“管理”命令，打开“计算机管理”窗口，在左边的窗格中选择“磁盘管理”选项，如图 2.35 所示，在这里可以对磁盘进行多种操作。

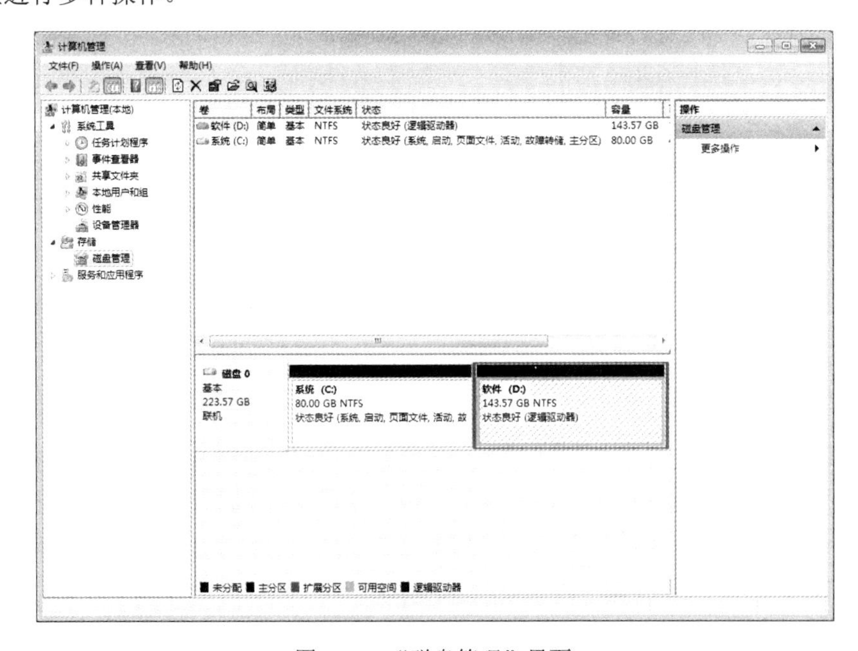

图 2.35 “磁盘管理”界面

2.4　附　　件

Windows 7 系统为用户提供了丰富的应用程序，如写字板、画图、记事本、计算器、截图工具、录音机等，都放在“附件”中。选择“开始”→“所有程序”→“附件”命令，即可找到这些应用程序，如图 2.36 所示。

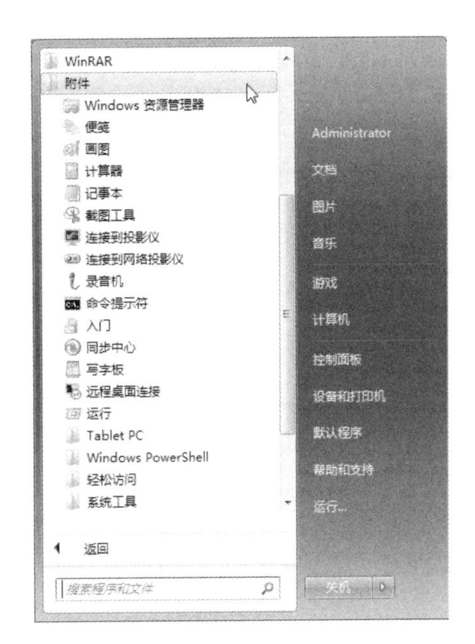

图 2.36　“附件”命令

2.4.1　写字板

写字板是 Windows 系统下的文字处理程序，可以编辑简单的文档，具有文字处理软件的基本功能，文件的扩展名默认为.rtf。编辑和保存的文档可以设置不同的字体和段落格式，还可以插入图形，支持图文混排。写字板支持多种格式的文档，兼容性很强。选择“开始”→“所有程序”→“附件”→“写字板”命令，即可打开“写字板”窗口，如图 2.37 所示。

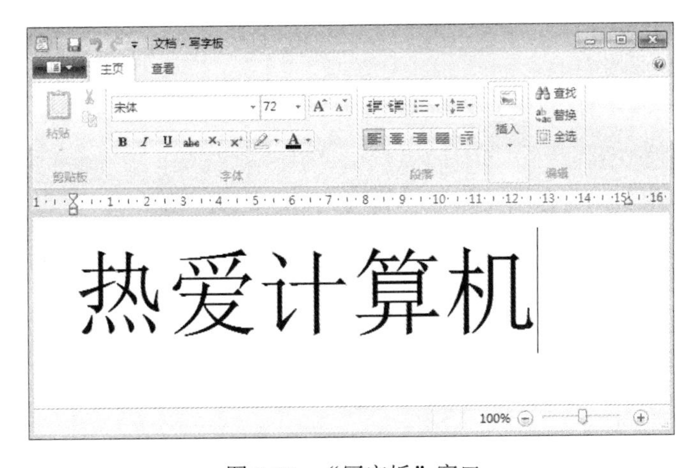

图 2.37　“写字板”窗口

2.4.2　画图

画图是一个小应用程序，可以对图形进行简单的处理。其所创建的文件可保存为 PNG、JPEG、BMP、GIF 等格式。

选择“开始”→“所有程序”→“附件”→“画图”命令，即可打开“画图”窗口，如图 2.38 所示。

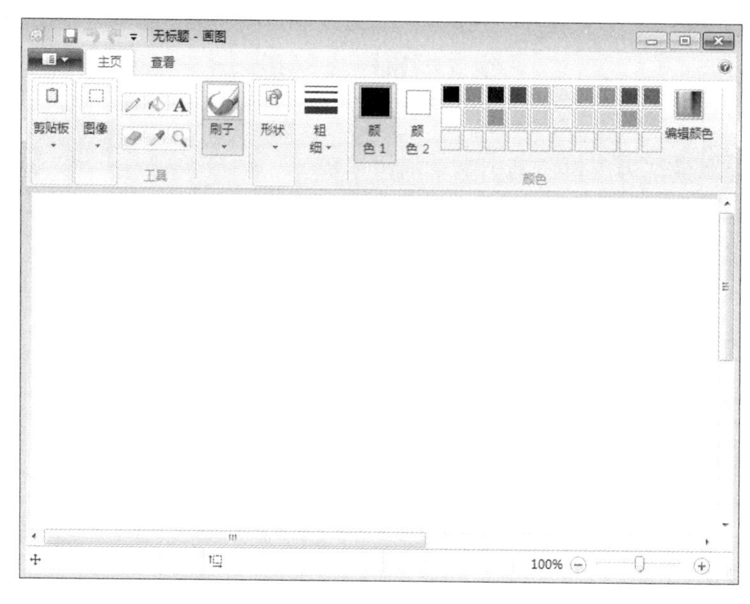

图 2.38 “画图”窗口

2.4.3 记事本

在 Windows 操作系统中，记事本是一个小的应用程序，采用一个简单的文本编辑器进行文字信息的记录和存储。文本中的字符只能是文字和数字，不含格式信息，仅支持少数几种字体。其存储文件的扩展名为.txt，文件属性没有任何格式标签或者风格，所以适合在 DOS 环境中编辑。

选择“开始”→“所有程序”→“附件”→“记事本”命令，即可打开“记事本”窗口，如图 2.39 所示。

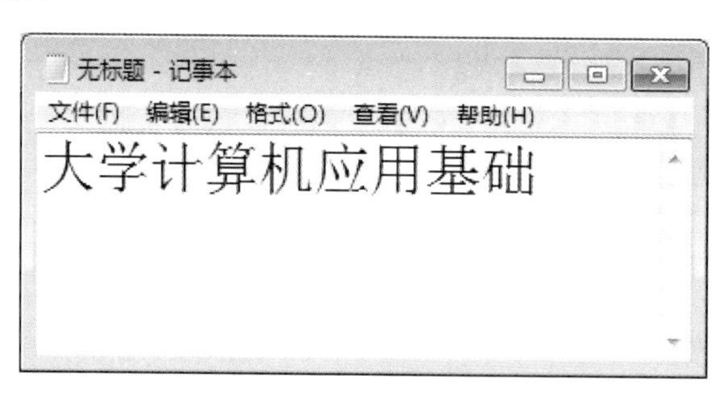

图 2.39 “记事本”窗口

2.4.4 计算器

Windows 系统自带计算器应用小程序，其包含四种操作模式：标准型、科学型、程序员、统计信息，其中比较常用的为标准型和科学型，如图 2.40 和图 2.41 所示。标准型计算器用于完成一般的加、减、乘、除计算；科学型计算器可进行较为复杂的函数计算，以及不同进制数的转换。可以在“查看”菜单中进行模式切换。计算完结果之后，可在“计算器”窗口选择“编辑”→“复制”命令，在目标位置粘贴，把结果复制到目标位置。

选择“开始”→“所有程序”→“附件”→“计算器”命令，即可打开“计算器”窗口。

图 2.40　“计算器”标准型窗口

图 2.41　“计算器”科学型窗口

本 章 小 结

操作系统提供了一个让用户与系统交互的操作界面。通过本章的学习，读者可以充分理解操作系统的含义和分类，熟练掌握 Windows 7 系统的基本操作，熟知资源管理器的作用以及附件中各应用程序的操作方法，为后续章节的学习打下坚实的基础。

第3章　文字编辑软件的使用

Office 2016 是 Microsoft 公司于 2015 年 9 月推出的办公软件集合，其中包括 Word、Excel、PowerPoint、OneNote、Outlook、Skype、Project、Visio 及 Publisher 等组件和服务。与以前的 Office 版本相比，Office 2016 的主要特性体现在增强了云服务、支持实时多人协作、增加 Tell Me 功能助手、数据分析快捷等方面。

Word 2016 是 Microsoft Office 2016 的组件之一，采用基于图形界面的窗口式操作，方便易学，是目前个人计算机使用较普遍的文字处理软件。Word 2016 具有强大的文字编辑、表格处理及图文混排等多种功能，可以帮助用户编辑论文、信函、报告等，能满足各种文档排版和打印需求，充分体现了“所见即所得”的排版功能，并且与 Office 的其他组件有良好的交互性。Word 2016 中的任务窗格更加易于设置格式、创建协作文档。本章主要介绍 Word 2016 的一些基本知识和使用方法，包括 Word 2016 的工作环境、文档的创建与编辑、排版、页面的设置与打印、表格制作、图文混排、插入艺术字、绘制图形、使用模板与样式等。

3.1　Word 2016 概述

本节主要介绍 Word 2016 的启动和退出，以及界面。

3.1.1　Word 2016 的启动与退出

1. *Word 2016 的启动*

可以通过下面几种方法启动 Word 2016。

1）选择“开始”→“所有程序”→“Microsoft Office”→“Microsoft Office Word 2016”命令，打开如图 3.1 所示的窗口，即启动了 Word 2016 应用程序。用户创建的第一个文档以“文档 1”命名，每创建一个文档便打开一个独立的窗口。

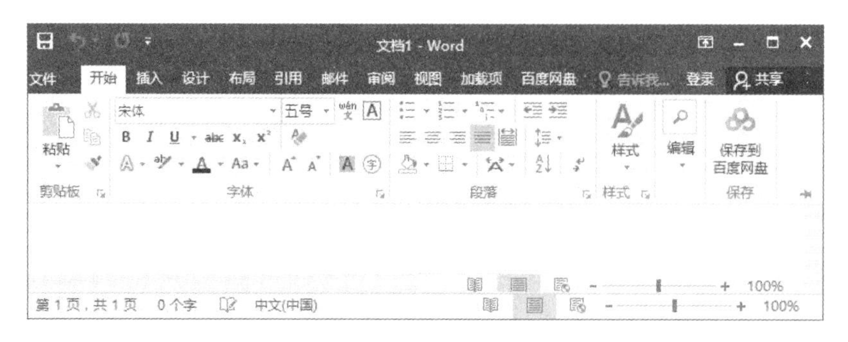

图 3.1　Word 2016 窗口

2）如果在 Windows 桌面上创建了 Word 2016 快捷方式，直接双击快捷方式图标即可启动 Word 2016 应用程序。

3）双击已有的 Word 2016 文档，系统就会启动 Word 2016，并打开该 Word 文档。

2. Word 2016 的退出

退出 Word 2016 时，可以采用下面几种方法。

1）选择“文件”→“关闭”命令。

2）单击 Word 2016 窗口右上方的“关闭”按钮。

3）按【Alt+F4】组合键。

4）单击标题栏最左侧，在弹出的菜单中选择“关闭”命令。

3.1.2 Word 2016 窗口的组成与操作

Word 2016 窗口由标题栏、快速访问工具栏、功能区、文本编辑区、导航窗格、状态栏等部分组成。下面介绍几个主要部分。

1. 标题栏

标题栏位于 Word 窗口的最顶端，左侧为快速访问工具栏，中间显示了当前编辑的文档名称、文档是否为兼容模式，右侧为“功能区显示选项”、“最小化”、“最大化”/“向下还原”和“关闭”按钮。

2. 快速访问工具栏

快速访问工具栏位于标题栏的左侧，用户可以在此处放置一些常用的命令按钮，如新建、保存、撤销、打印等。快速访问工具栏与以前版本中的工具栏类似，其中的命令按钮不会动态变换。

用户可以非常灵活地增减快速访问工具栏中的按钮，只需单击快速访问工具栏右边的“自定义快速访问工具栏”下拉按钮，在弹出的下拉列表中选中或取消选中选项即可。如果选中“在功能区下方显示”选项，快速访问工具栏就会出现在功能区下方。

3. 功能区

功能区位于标题栏下方，其上显示若干个选项卡，单击选项卡会切换到与之相对应的功能区面板。Word 2016 的选项卡包括“开始”“插入”“设计”“布局”“引用”“邮件”“审阅”“视图”等，每个选项卡根据操作对象的不同又分为若干个组，每个组集中了功能相近的选项。“开始”选项卡左侧是“文件”菜单，类似于 Word 2007 中的 Office 按钮，用下拉式菜单方式呈现，提供了另一种风格的显示方式。

单击标题栏右侧的“功能区显示选项”按钮，选择其中的“自动隐藏功能区”“显示选项卡”“显示选项卡和命令”选项，可实现功能区的隐藏或显示。如果用户在浏览、操作文档内容时选择“自动隐藏功能区”选项，可以增加文档显示的空间。按【Ctrl+F1】组合键也可以实现功能区的最小化操作，再按一次【Ctrl+F1】组合键可将功能区还原到默认设置。

4. 文本编辑区

文本编辑区是输入、编辑文档的区域，在此区域可输入文档内容，并进行编辑排版。

5. 导航窗格

Word 中的导航方式有标题导航、页面导航、关键字（词）导航和特定对象导航。选中“视图”→“显示”→“导航窗格”复选框，打开“导航”任务窗格，可以轻松查找和定位到想查阅的段落或特定的对象，通过拖放标题重新组织文档，迅速处理长文档。

6. 状态栏

状态栏位于窗口的底部，单击状态栏的不同区域，可以进行不同操作。例如，可以查找、替换和定位，还可以查看文档的字数、发现校对错误、设置语言、改变视图方式和文档显示比例等。

3.2 文档的创建与编辑

要使用 Word 2016，首先需要创建一个空白文档，这是所有工作的基础，然后进行编辑排版工作，最后将文档以文件的形式保存起来。

3.2.1 创建新文档

启动 Word 后，会自动建立一个新文档，也可以选择“文件”→“新建”命令或单击快速访问工具栏中的“新建”按钮来创建文档，新建的文档默认名为“文档 1”，文件扩展名为.docx。

3.2.2 输入文本

输入文本时，文本编辑区内闪烁的竖形光标称为插入点，它标识着文字输入的位置。随着文字的不断输入，插入点自动右移，至行尾时会自动换行。需要开始新的一段时，按【Enter】键会产生一个段落标记，插入点移到下一行行首。单击“开始”→“段落”→“显示/隐藏编辑标记”按钮，可显示或隐藏段落标记。

如果在输入过程中出现了错误，按【Backspace】键可以删除插入点前面的一个字符，按【Delete】键可以删除插入点后面的一个字符。当需要在已输入完成的文本中插入文字时，需将鼠标指针指向新的位置并单击，然后输入文字，这样新输入的文字就会出现在插入点位置。

输入文本时，需要经常删除字符或词组，常用的按键使用方法如下。

1）按【Delete】键，可将选中文本删除，也可删除插入点后面的一个字符。

2）按【Backspace】键，可将选中文本删除，也可删除插入点前面的一个字符。

3）按【Ctrl+Delete】组合键，可将插入点后面的一个词组删除。

4）按【Ctrl+Backspace】组合键，可将插入点前面的一个词组删除。

3.2.3　插入特殊符号

在输入文本时，可能经常需要输入一些键盘上没有的特殊符号，如①、☆、⊙等。操作步骤如下。

1）在文本编辑区中，将插入点定位到需要插入字符的位置。

2）单击“插入”→“符号”→“符号”下拉按钮，弹出符号下拉列表，如图3.2所示，可以选择显示的特殊符号插入文档中。

3）选择符号下拉列表中的“其他符号”选项，会打开“符号”对话框，如图3.3所示。

图3.2　符号下拉列表

图3.3　“符号”对话框

4）选择要插入的字符，单击“插入”按钮，即可在插入点处输入字符。

插入特殊符号也可以使用输入法状态栏的软键盘实现。

3.2.4　保存文档

文本输入完毕，需要保存文档到指定的磁盘中，操作步骤如下。

1）选择“文件”→“保存”命令或单击快速访问工具栏中的“保存”按钮，打开“另存为”界面，选择其中的“浏览”选项，打开“另存为”对话框，如图3.4所示。

2）选择文件的保存位置，在“文件名”文本框中输入新文件名，单击“保存”按钮，完成文档的保存操作。

Word 2016提供了“自动保存”功能来应对断电或死机等意外事故。所谓“自动保存”，是指在指定时间间隔中自动保存文档的功能。具体操作为选择“文件”→“选项”命令，在打开的“Word 选项”对话框中选择“保存”选项，指定自动保存时间间隔，系统默认为10min。

图 3.4 “另存为”对话框

选择“文件”→“另存为”命令，在打开的“另存为”对话框中选择文件夹并输入新的文件名，可将该文档另存为备份，这样在原来文档的基础上产生了一个新文档。

3.2.5 保护文档

Word 通过设置文档的安全性来实现文档保护功能。如果用户所编辑的文档不希望被其他用户查看或修改，则可以为文档设置打开时的密码和修改时的密码，操作步骤如下。

1）在需要保护的文档编辑窗口中选择“文件”→“信息”命令，出现文档的“信息”界面。

2）单击其中的“保护文档”下拉按钮，在弹出的下拉列表中选择“用密码进行加密”选项，在打开的“加密文档”对话框中设置相应的密码，如图 3.5 所示。

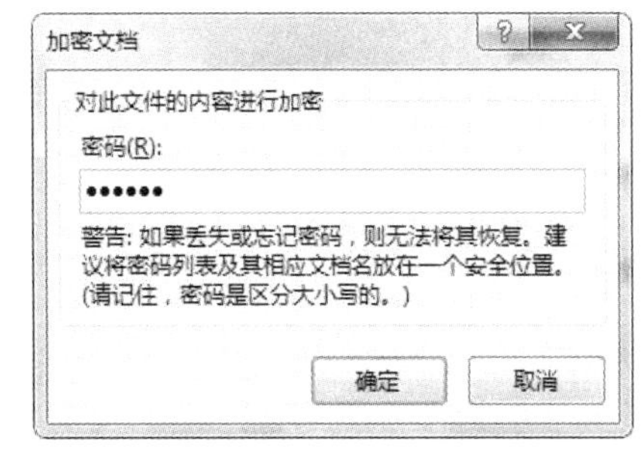

图 3.5 “加密文档”对话框

3）单击“确定”按钮，打开“重新输入密码”对话框。再次输入所设置的密码，然后单击“确定”按钮，完成密码设置。

3.2.6 关闭文档

选择“文件”→“关闭”命令，或者单击窗口右上角的“关闭”按钮，即可关闭文档。

3.2.7 打开文档

如果想打开已有的文档，可以按以下步骤操作。

1）选择“文件”→“打开”命令，可以在“打开”界面中选择最近曾打开过的文件，也可以选择“浏览”选项，打开“打开”对话框。

2）在“打开”对话框左侧选择要打开文件所在的路径，然后选中要打开的文件，单击“打开”按钮，即可打开文档。

3.2.8　编辑文档

文档的编辑是指对文档内容进行选定文本、删除文本、插入或修改文本等操作。要对文档中的内容进行操作，一般遵循“先选定、后操作”的原则，即先选定要处理的内容，再选择要操作的选项。

1. 选定文本

编辑文档前，要选定准备编辑的文本内容，被选定的文本呈反相显示。

选定文本的一般方法如下。

1）将鼠标指针定位到选定文本的起始位置，单击并拖动到要标记文本的结束位置后松开鼠标，鼠标经过的文本区域被选定。

2）将鼠标指针移动到文档某段落中，连续单击三次，则可选定该段落。

3）将鼠标指针移动到需要选定的字符前，按住【Alt】键的同时单击并拖动鼠标，可选定鼠标经过的矩形区域内的文本。

4）Word 2016 窗口中，文字左侧的空白区域称为选定栏，将鼠标指针移到该栏内，指针将变为向右指向的空心箭头状。在选定栏中单击可选定一行文字，拖动可选定连续多行文字，双击会选中鼠标指针所在的段落，连续单击三次可选中整篇文档。

5）按住【Ctrl】键拖动鼠标，可以选择不连续的多个区域。

如果要取消选定的文本，在文档中单击任意位置即可。

2. 删除文本

删除文本的一般方法如下。

1）删除单个字符：按【Backspace】键删除插入点前面的字符，按【Delete】键删除插入点后面的字符。

2）手工用新文本替换选定的文本：先选定要被替换的文本，然后输入新的文本，则新文本自动替换选定的文本。

3. 插入或修改文本

在 Word 2016 中插入或修改文本时，应注意当前编辑状态是“插入”还是“改写”。在“插入”状态下，将插入点定位到新位置后，即可在该位置输入字符，当前插入点位置的字符自动向后移动。若在“改写”状态下，输入字符则替代当前插入点位置的字符。

单击状态栏中的“插入”按钮或按【Insert】键，可以实现“改写”状态和“插入”状态的切换。

如果要将其他文档的内容插入当前文档中，如实现两个文件的合并，操作步骤如下。

1）将鼠标指针移动到要插入文件的位置，并单击定位插入点，单击“插入”→“文本”→“对象”下拉按钮，在弹出的下拉列表中选择“文件中的文字”选项，打开“插入文件”对话框。

2）选择文件路径和指定文档，单击“确定”按钮，即可完成插入文件操作。

4. 复制与移动文本

复制与移动文本可使用剪贴板来完成。Office 剪贴板是系统专门开辟的一块区域，可以在应用程序间交换数据。剪贴板不仅可以存放文字，还可以存放表格、图形等对象。

复制文本是指将被选定的文本内容复制到指定位置，原文本保持不变；移动文本是指将被选定的文本内容移动到指定位置，原文本被删除。

选定要复制或移动的文本内容，单击“开始”→“剪贴板”→“复制”/“剪切”按钮，将鼠标指针移动到目标位置，单击“开始”→“剪贴板”→“粘贴”下拉按钮，即可实现文件的复制或移动。连续执行粘贴操作，可将一段文本复制或移动到文档的多个地方。

用鼠标拖动也可以移动或复制文本。选定要移动或复制的文本内容，将鼠标指针移动到选定目标，此时鼠标指针变成空心箭头状，按住鼠标左键拖动文本到目标位置即可完成移动操作，如果在拖动时按住【Ctrl】键，则可执行复制操作。

5. 撤销与重复

如果在编辑中出现错误操作，可单击快速访问工具栏中的“撤消键入”按钮恢复原来的状态；单击“重复键入”按钮则可将撤销的操作重新执行。撤销的组合键是【Ctrl+Z】。

6. 查找与替换

文本的查找与替换是 Word 2016 中常用的操作，二者类似。查找文本的操作步骤如下。

1）将插入点移至要查找的起始位置，单击“开始”→“编辑”→“查找”下拉按钮，在弹出的下拉列表中选择“高级查找”选项。

2）在“查找内容”文本框中输入要查找的内容，单击“更多”按钮，可设置搜索的范围、查找对象的格式、查找的特殊字符等。单击“查找下一处”按钮依次查找，被找到的字符反相显示。

3）完成操作后，关闭“查找和替换”对话框。

替换功能是查找功能的扩展，适用于替换多处相同的内容。在“查找和替换”对话框中单击“替换”选项卡，在“替换为”文本框中输入要替换的内容即可。系统既可以每次替换一处查找内容，也可以一次性全部替换。

7. 拼写及语法检查

单击“审阅”→“校对”→“拼写和语法”按钮，可对已输入的文本进行拼写和语法检查，并利用 Word 2016 的自动更正功能将某些单词更正为正确的形式。

3.3　文档的排版

为了使文档更加美观、清晰，便于阅读，需要进行版面的设置及格式化。

3.3.1　字符格式化

字符格式化包括文档中的字体、字号、加粗、倾斜、大小写格式、上标、下标、字符间距及字体颜色等格式设置操作。

1. 设置字符格式

操作步骤如下。

1）选定要格式化的文字，然后单击“开始”→“字体”→“字体”按钮，打开如图 3.6 所示的“字体”对话框。

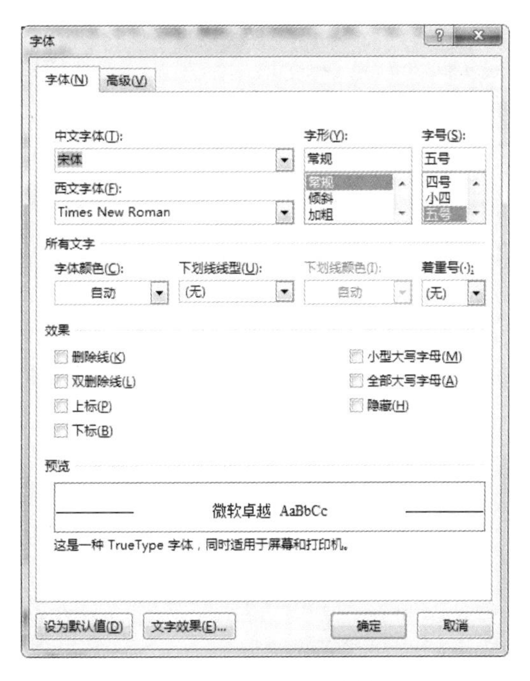

图 3.6　“字体”对话框

2）在对话框中设置各选项，完成后单击“确定”按钮。

使用组合键可以很方便地格式化文本，常用的组合键如下。

1）【Ctrl++】组合键：设置下标。

2）【Ctrl+Shift++】组合键：设置上标。

3）【Ctrl+B】组合键：设置加粗。

4）【Ctrl+I】组合键：设置斜体。

单击“开始”选项卡中的按钮是一种方便、简单、快速的格式设置方法。只要选中文本，就可从“字体”组中分别选择所需要的字体、字号、字形、颜色等。“开始”选项卡“段落”组中的“左对齐”“居中”“右对齐”“两端对齐”“分散对齐”等按钮，则用于设置段落的对齐格式。

2. 复制文本格式

如果要复制某段文本的格式，“格式刷”是最有效的工具，操作步骤如下。

1）选定已设置好格式的一段文本，单击“开始”→“剪贴板”→“格式刷”按钮，当鼠标指针变成小刷子状时，拖动鼠标选择要进行格式复制的文本，鼠标指针经过的文本会变为所要的文本格式。

2）若要将格式复制到多处，应双击“格式刷”按钮，再拖动鼠标选中文本进行多次格式的复制，操作完成后再次单击“格式刷”按钮，取消复制格式状态。

3.3.2 段落格式化

1. 段落缩进

段落是进行文档排版的基本单位，每个段落结尾都有一个段落标记。单击“开始”→“段落”→“段落设置”按钮，打开“段落”对话框，如图 3.7 所示。“段落”对话框包括“缩进和间距”“换行和分页”“中文版式”三个选项卡。在该对话框中可对段落进行排版。

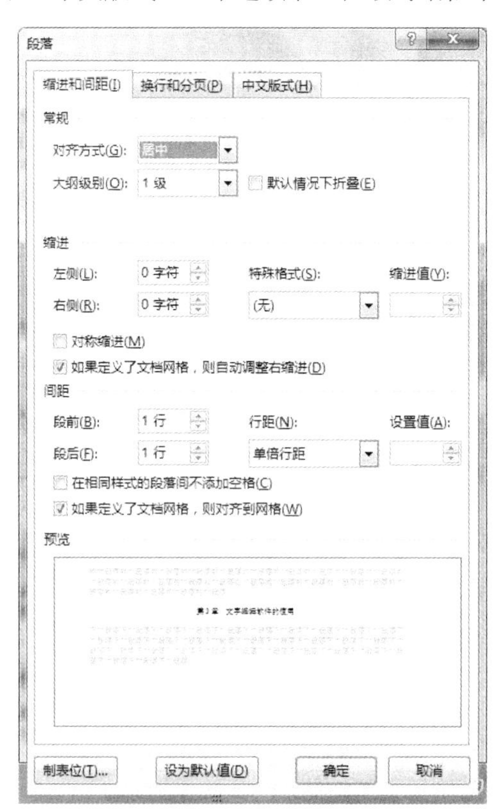

图 3.7 “段落”对话框

段落缩进是指文档中为突出某个段落所设置的、在段落两边留出的空白位置，如规定文章每段的首行缩进两个字符。利用标尺和“段落”对话框可以进行段落缩进的设置。

段落缩进包括首行缩进、悬挂缩进、左缩进和右缩进。首行缩进是指在段落中第一行第一个字符的位置缩进，悬挂缩进是指在段落中除首行以外的其他行的起始位置缩进，左、右缩进分别是指在段落的左、右边界的位置缩进。

2. 段落对齐

对齐方式是指文档段落中文字的对齐方式。Word 2016 提供了左对齐、居中、右对齐、两端对齐和分散对齐五种对齐方式。左对齐使选定文本靠左边界对齐；居中使选定文本左右居中显示，适用于标题；右对齐使选定文本靠右边界对齐；两端对齐可使文本的左端和右端的文字沿段落的左右边界对齐，段落的最后一行左对齐，适用于一般文本；分散对齐使选定文本平均分散在一行中。在文本的一段只有一行的情况下，两端对齐和左对齐的功能相同。

3. 段落间距

段落间距包括段落中行与行之间的距离、段落与段落之间的距离，可以在“段落”对话框中进行调整。“行距”有“单倍行距”“1.5 倍行距”“2 倍行距”“最小值”“固定值”“多倍行距”六个选项可供选择。在“段前”“段后”组中可设置所选段落与前后段落之间的距离。

3.3.3 边框和底纹

给文字添加边框和底纹是对文档内容进行修饰，可以使文档的内容更加醒目，实现段落的特殊效果。设置边框和底纹可以通过单击“开始”→“段落”→“边框”/“底纹”按钮实现，也可以单击“设计”→“页面背景”→“页面边框”按钮，在打开的“边框和底纹”对话框中设置。

实现如图 3.8 所示的边框效果的操作过程如下。

第一代计算机通常称为电子管计算机，其逻辑元件采用电子管，内存储器采用水银延迟线，外存储器有纸带、卡片、磁带、磁鼓等。其内存容量仅有几千字节，输入、输出方式也很落后，不仅运算速度低，且体积巨大，成本很高。↵

图 3.8 边框的设置效果

1）选中要设置边框的文本。

2）单击“设计”→“页面背景”→“页面边框”按钮，打开“边框和底纹”对话框。单击“边框”选项卡，在“设置”列表中选择边框为“方框”；选择线型“样式”为单线线型；设置“宽度”为“1.5 磅”，如图 3.9 所示。

3）单击“底纹”选项卡，设置底纹的填充颜色。

4）单击“确定”按钮，完成设置。

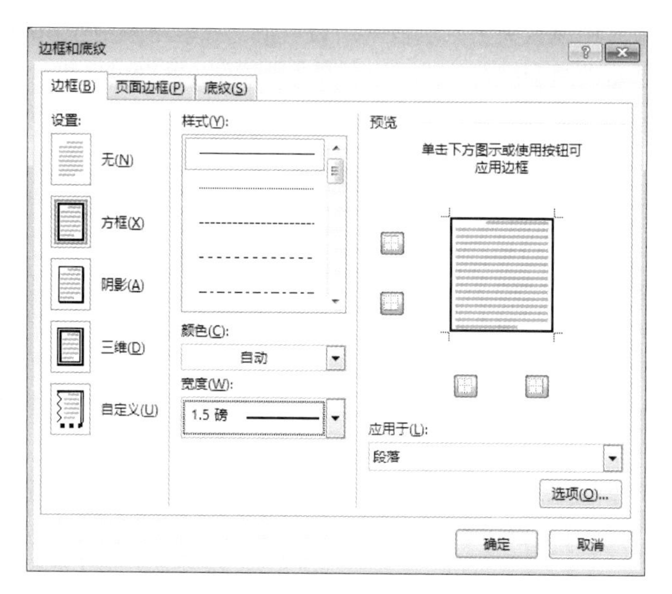

图 3.9 “边框和底纹”对话框

3.3.4 项目符号和编号

在 Word 2016 中，对于一些需要分类阐述或按顺序阐述的条目，可以添加项目符号和编号，使文档层次更加清晰，操作步骤如下。

1）打开 Word 2016 文档，选定需要添加项目符号和编号的段落。

2）单击“开始”→“段落”→“项目符号”/“编号”按钮，完成设置。

3.3.5 分栏排版

分栏就是将文章分几列排版，常用于论文、报纸和杂志的排版中。可以对整个文章进行分栏操作，也可以只对某个段落进行分栏操作，实现如图 3.10 所示分栏效果的操作步骤如下。

随着第二次世界大战的爆发，各国科学研究的重点都转向为军事服务。为了设计更先进的武器，提高计算工具的计算速度和精度成为人们开发新型计算工具的突破口。真正具有现代意义的计算机于 1946 年 2 月 15 日，在美国宾夕法尼亚大学，由物理学家约翰·莫克利博士领导的研制小组为精确测算炮弹的弹道特性而制成。它是世界上第一台真正能自动运行的电子数字计算机，名称为 ENIAC。

图 3.10 分栏效果

1）选定要分栏的段落，单击“布局”→“页面设置”→“栏”下拉按钮，在弹出的下拉列表中选择“更多栏”选项，打开“栏”对话框，如图 3.11 所示。

2）在对话框中设置栏参数后，单击“确定”按钮完成分栏操作。

需要注意的是，若要使栏宽不相等，应取消选中“栏宽相等”复选框，在“宽度”和“间距”组中指定各栏的宽度和间距。选取分栏的段落时，不要选择段落后的段落标记，否则可能得不到预期效果。若要取消分栏，则选择已分栏的段落，在“栏”对话框中选择“一栏”选项即可。

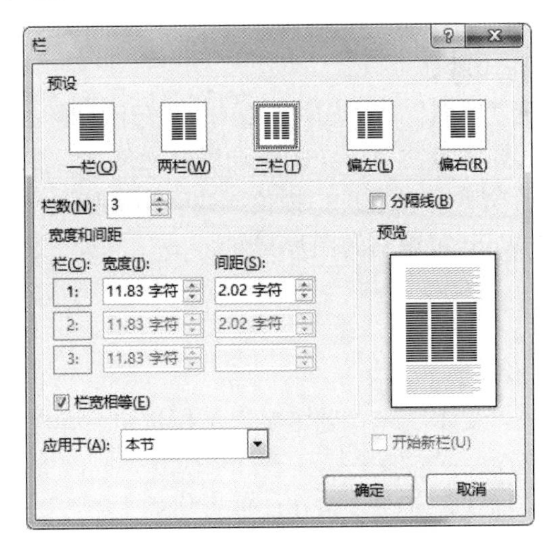

图 3.11　“栏”对话框

3.3.6　首字下沉

首字下沉是指文章段落的第一个字符放大显示。采用首字下沉可以使段落更加醒目，使文章的版面别具一格。

设置首字下沉的操作步骤如下。

1）将插入点移到要设置首字下沉的段落，单击“插入”→“文本”→“首字下沉”下拉按钮，在弹出的下拉列表中选择“首字下沉选项”选项，打开“首字下沉”对话框，如图 3.12 所示。

2）在“位置”组中选择“下沉”选项，在“字体”下拉列表中设置首字字体，在“下沉行数”文本框中输入下沉的行数。

3）单击“确定”按钮，完成首字下沉操作。

图 3.12　“首字下沉”对话框

3.4　图文混排

在文章中插入一些图形，实现图文混排，可以提高文章的可读性。Word 2016 文档中可以插入图形文件和艺术字等。

3.4.1　插入图片

插入图片的操作方法是，将插入点移至要插入图片的位置，单击“插入”→“插图”

组中的相关按钮，再选择对应的选项。

1. 插入图形文件

插入图形文件的操作步骤如下。

1）单击“插入”→“插图”→“图片”按钮，打开“插入图片”对话框。

2）在该对话框中选择图片文件所在的驱动器及文件夹，然后选择文件，实现图片文件的插入。插入的图片文件可以通过扫描仪或数码相机获取，如.bmp、.jpg、.png、.gif等类型的图片文件都是Word可识别的图片文件。

2. 插入艺术字

插入艺术字的操作步骤如下。

1）单击“插入”→“文本”→“艺术字”下拉按钮，弹出含有各种艺术字样式的列表。

2）选择一种艺术字样式，并在“请在此放置您的文字”处输入文字内容，即可在文档中插入艺术字。

3.4.2 编辑图片

对图片的许多操作需要使用图片工具来完成，选中需要编辑的图片就会出现“图片工具”面板，可以通过其“格式”功能区（图3.13）完成图片的编辑工作。

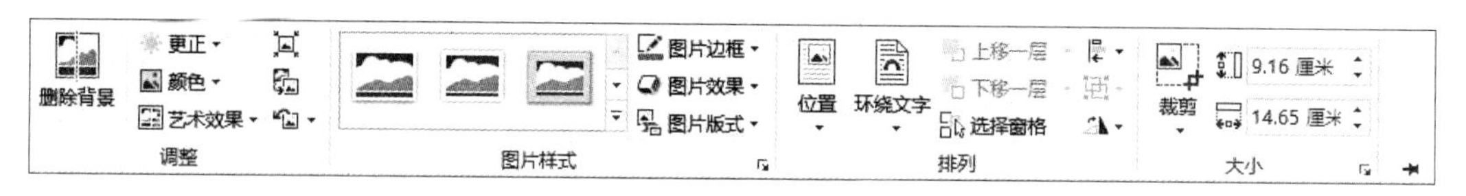

图3.13 “格式”功能区

对于插入文档中的图片，可以进行放大或缩小、移动或复制、剪裁与删除等编辑操作。

要对图片进行操作，首先要选中图片。单击图片，其四周将显示8个控制点，表示图片已被选中。

如果要放大或缩小图片，选中图片，将鼠标指针移到四周的控制点上，当鼠标指针变为双向箭头时，拖动鼠标即可自由放大或缩小图形。

如果要移动图片，将鼠标指针移动到图片上，按住鼠标左键拖动，可实现移动操作。如果拖动时按住【Ctrl】键，则可实现复制操作。

如果要将图片移动或复制到其他文件或页面，选中图片，单击“开始”→“剪贴板”→“剪切”/“复制”按钮，将鼠标定位到目标位置，单击“开始”→“剪贴板”→“粘贴”按钮。

如果要剪裁图片，选中图片，单击“格式”→“大小”→“裁剪”下拉按钮，在弹出的下拉列表中选择“裁剪”选项出现剪裁光标，移动鼠标指针到图片四周的控制点上，向图形的中心拖动即可剪裁图片。

如果要删除图片，选中图片后按【Delete】键，或单击“开始”→“剪贴板”→“剪切”按钮，即可将图片删除。

3.4.3　设置图片的环绕方式

插入文档中的图片与文字存在位置关系与叠放次序的问题，可以为插入文档中的图片设置环绕的方式和与文字的层次关系，操作步骤如下。

1）选中图片后，出现“图片工具”面板，单击“格式”→“排列”→“位置”下拉按钮，弹出各种文字环绕格式，选择“其他布局选项”选项，打开“布局”对话框，如图 3.14 所示。

图 3.14　“布局”对话框

2）该对话框包括三个选项卡，在“文字环绕”选项卡中可以进行环绕方式设置。如果选择图片的环绕方式为“衬于文字下方”，则该图片成为文本的背景。

3.5　表　　格

表格操作是文字处理软件中一项重要的内容，使用 Word 2016 可以创建样式美观的表格。

3.5.1　创建表格

创建表格主要使用以下两种方法。

1. 利用菜单创建

单击“插入”→“表格”→“表格”下拉按钮，在弹出的下拉列表中选择“插入表格”选项，在打开的对话框中输入表格的列数和行数，单击“确定”按钮，即可完成表格的创建。

2. 用绘表工具创建

对于不规则的表格，可以使用绘制表格工具创建。

单击“插入”→“表格”→“表格”下拉按钮，在弹出的下拉列表中选择“绘制表格”选项，此时鼠标指针变成笔状，可以绘制任何形式的表格。

表格绘制完成后，在功能区出现“表格工具”面板，包括“设计”和“布局”两个选项卡，提供了制作、编辑和格式化表格的常用选项，如图3.15所示，使制表工作变得更加方便、轻松、自如。

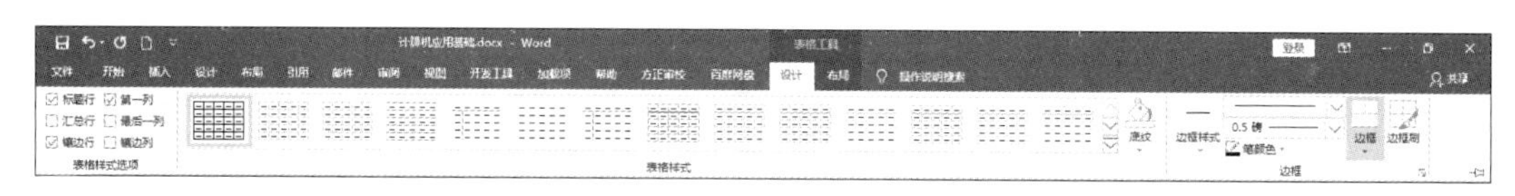

图3.15 “表格工具”面板中的“设计”选项卡

3.5.2 编辑表格

对表格进行操作前要先选定表格中的行、列或者单元格。单元格是表格中行和列交叉所形成的框。

单击“表格工具”→“布局”→“选择”下拉按钮，在弹出的下拉列表中可以选择整个表格、行、列或单元格，也可以用鼠标拖动选择。

在“表格工具”面板中，常见的插入和删除操作如下。

1）单击“表格工具”→“布局”→“行和列”组中的相应按钮，可以在表格中插入整行、整列或单元格。如果选中若干行或列，那么选中的行或列的数目是将要插入的行数或列数。

2）如果要在表尾快速增加行，移动鼠标指针到表尾的最后一个单元格中，按【Tab】键，或移动鼠标指针到表尾的最后一个单元格外，按【Enter】键，均可增加新的表行。

3）如果要删除表格，可以选定要删除的表格、行、列或单元格，单击“表格工具”→“布局”→“行和列”→“删除”下拉按钮，在弹出的下拉列表中选择相应的选项，即可删除指定的表格、行、列或单元格。

3.5.3 合并或拆分单元格

1. 合并单元格

选中要合并的单元格，单击“表格工具”→“布局”→“合并”→“合并单元格”

按钮，可将选中的相邻的两个或多个单元格合并为一个单元格。

2. 拆分单元格

选中要拆分的单元格，单击“表格工具”→“布局”→“合并”→“拆分单元格”按钮，打开“拆分单元格”对话框，输入要拆分的行数和列数，即可将选定单元格分隔成多个单元格。

3.5.4　绘制斜线表头

若为表格添加斜线，选中表格内的任一单元格，单击“表格工具”→“设计”→“边框”→“边框”下拉按钮，在弹出的下拉列表中选择“斜下框线”选项，如图 3.16 所示。

完成合并单元格、拆分单元格和插入斜线表头的表格效果如图 3.17 所示。注意，在为表格绘制斜线表头时，绘制斜线表头的单元格要有足够的行高和列宽，否则无法看到表头的全部内容。

下框线(B)
上框线(P)
左框线(L)
右框线(R)
无框线(N)
所有框线(A)
外侧框线(S)
内部框线(I)
内部横框线(H)
内部竖框线(V)
斜下框线(W)
斜上框线(U)
横线(Z)
绘制表格(D)
查看网格线(G)
边框和底纹(O)...

图 3.16　边框列表

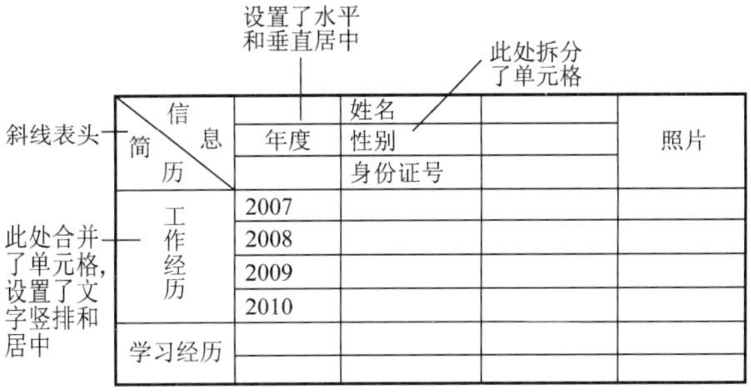

设置了水平和垂直居中
此处拆分了单元格
斜线表头
此处合并了单元格，设置了文字竖排和居中

信息 / 简历		姓名		照片
	年度	性别		
		身份证号		
工作经历	2007			
	2008			
	2009			
	2010			
学习经历				

图 3.17　表格效果图

3.5.5　移动表格或调整表格的大小

将鼠标指针移动到表格内，在表格左上角会出现表格移动控制点，可拖动控制点到文档中的任意处。若将表格拖动到文字中，文字就会环绕表格。

将鼠标指针移动到表格内，在表格右下角会出现尺寸控制点。将鼠标指针移动到控制点上，当其变为双向箭头时，可拖动控制点改变表格大小。

单击表格移动控制点选中表格，可使用“复制”和“粘贴”命令将表格复制到其他位置。

3.5.6 表格的格式化

表格的格式化是指对表格中的字体、字号、对齐方式及边框和底纹等进行设置，以达到美化表格、使表格内容更加清晰的目的。

1. 表格文本的格式化

表格中文字的字体、字号可以通过“开始”选项卡中的选项来设置，文字的对齐方式可以通过“表格工具”面板“布局”选项卡“对齐方式”组中的选项来设置。

2. 调整表格的行高和列宽

调整表格的行高和列宽，可以通过鼠标拖动来完成，也可以通过选择功能区中的选项实现。选中要调整的行或列并右击，在弹出的快捷菜单中选择“表格属性”命令，在打开的“表格属性”对话框中的“行”或“列”选项卡中分别填写“指定高度”或“指定宽度”数值，即可精确地调整行高和列宽。

如果需要表格具有相同的行高或列宽，选中要平均分布的行与列并右击，在弹出的快捷菜单中选择“平均分布各行”或“平均分布各列”命令即可，也可以通过单击“布局”→“单元格大小”组中的按钮来实现。

设置表格边框和底纹可以选中要设置边框的表格，单击“表格工具”→“设计”→“边框”→“边框”下拉按钮，在弹出的下拉列表中选择“边框和底纹”选项，在打开的“边框和底纹”对话框中的“边框”或“底纹”选项卡中进行设置。

3.5.7 表格的排序

在表格中，可以按照升序或降序对表格的内容进行排序。为使排序有意义，要求表格应比较规范。对图3.18所示表格按“数量”排序的操作如下。

1）将插入点定位到“数量”列。

2）单击“表格工具”→“布局”→“数据”→“排序”按钮，打开“排序”对话框，如图3.19所示。

书名	单价	数量
医学统计	30	458
英语听力	14	248
高等数学	23	220
计算机基础	26	156
化学	19	358

图3.18 待排序表格

3）在“主要关键字”下拉列表中选择“数量”选项，选中“降序”和“有标题行”单选按钮。

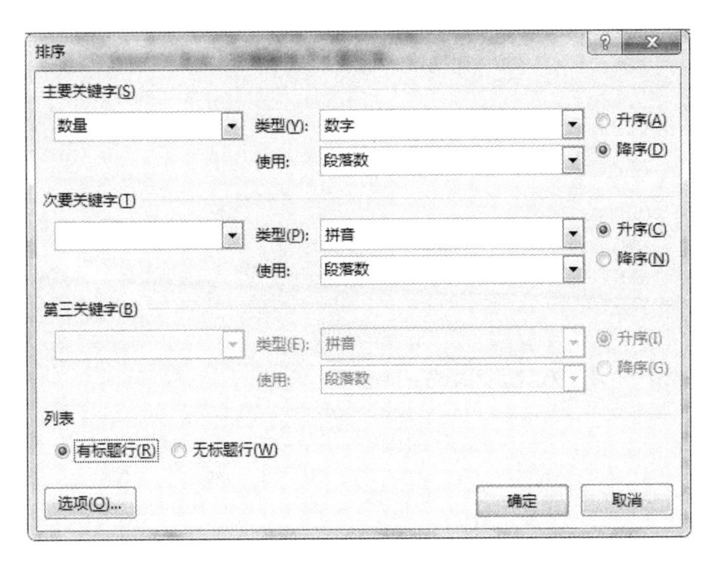

图 3.19　“排序”对话框

4）单击“确定”按钮，表格将按“数量”降序排序。

在 Word 中，最多可以指定按三个关键字排序。如果要取消排序，可以按【Ctrl+Z】组合键。

3.6　Word 2016 的其他应用

3.6.1　Word 2016 的拼音指南功能

中文版 Word 2016 提供了为汉字添加拼音的功能，使用该功能可以方便地为汉字添加拼音。如图 3.20 所示为给汉字添加拼音的效果，操作步骤如下。

wèi rén mín fú wù
为人民服务

图 3.20　为汉字添加拼音示例

1）在 Word 2016 文档中输入文字。

2）单击“开始”→“字体”→“拼音指南”按钮，打开“拼音指南”对话框，如图 3.21 所示。在该对话框中适当调整偏移量和字号。

3）单击“确定”按钮，完成拼音添加。

为了得到较好的添加拼音效果，可以在文字中间加入空格或加大字间距，并设置为 5 号字。同时，适当加大拼音的偏移量和字号。

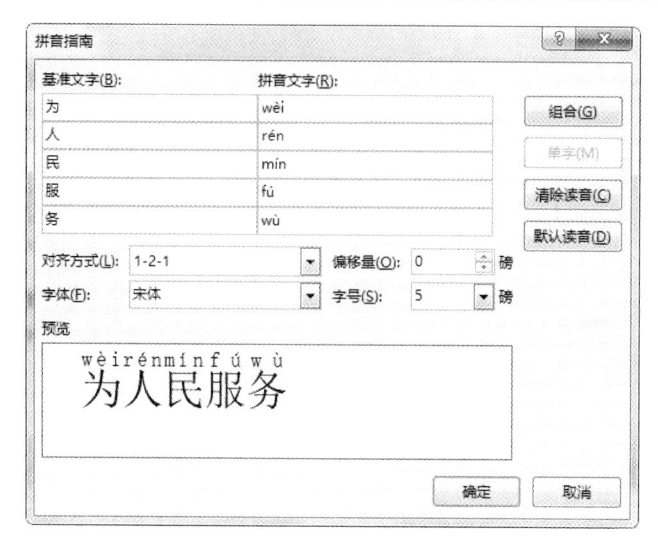

图 3.21 “拼音指南”对话框

3.6.2 插入脚注和尾注

文档编辑有时需要给文档内容加上一些注释，如果这些注释出现在当前页面的底部，则称为脚注；如果这些注释出现在文档末尾，则称为尾注。如图 3.22 所示为给文档添加脚注的效果，操作步骤如下（给文档添加尾注的操作与此类似）。

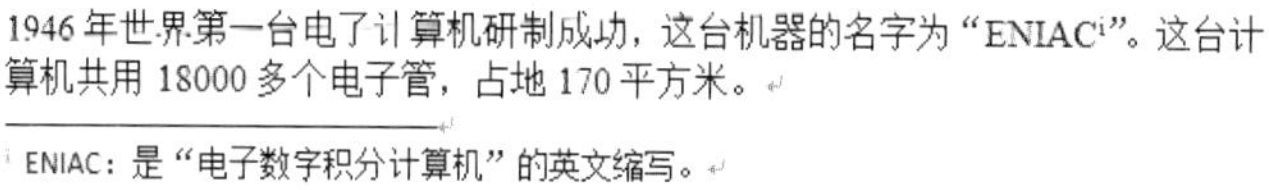

1946 年世界第一台电子计算机研制成功，这台机器的名字为“ENIAC[i]”。这台计算机共用 18000 多个电子管，占地 170 平方米。

i ENIAC：是“电子数字积分计算机”的英文缩写。

图 3.22 给文档添加脚注的效果

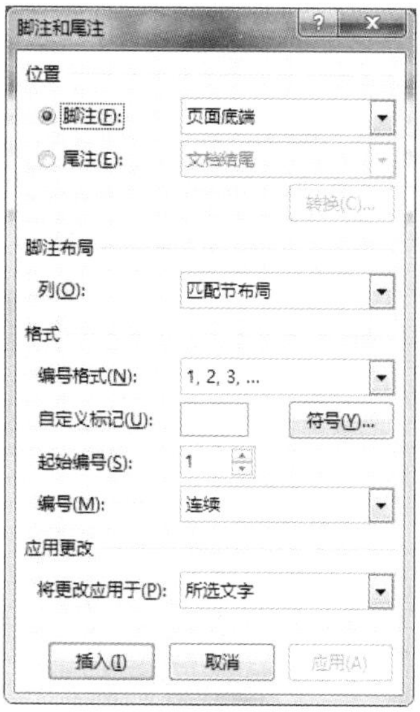

图 3.23 “脚注和尾注”对话框

1）选中需要添加脚注的文本，这里选中“ENIAC”。

2）单击“引用”→“脚注”→“脚注和尾注”按钮，打开“脚注和尾注”对话框，如图 3.23 所示。

3）选中“脚注”单选按钮，在“格式”组中设置“编号格式”“起始编号”等选项，单击“插入”按钮。

4）在出现的脚注编辑区输入脚注内容。

如果要删除脚注文本，只需要删除文档中的脚注编号即可。

3.6.3 批注和修订

有时在修改其他人的电子文档时，用户需要在文档中加上自己的修改意见，但又不能影响原有文档的内容和格式，这时可以插入批注。插入批注的操作步骤如下。

1）选中需要添加批注的文本。

2）单击“审阅”→“批注”→“新建批注”按钮，在出现的“批注”文本框中输入批注信息，为文本添加批注后的文档效果如图 3.24 所示。

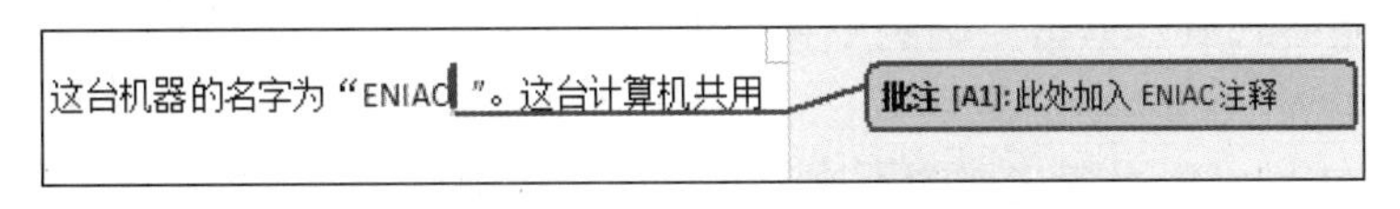

图 3.24　文档中加入批注的效果

3）如果要删除批注，可以右击批注文本框，在弹出的快捷菜单中选择“删除批注”命令。

3.6.4　使用样式

样式是字体、字号和缩进等格式设置的组合。在 Word 中，创建和应用样式可以提高文档排版的效率。Word 中的样式分为内置样式和自定义样式，内置样式显示在“开始”选项卡“样式”组中。用户创建的自定义样式也显示在该组的列表中。Word 提供的内置样式，如标题 1、标题 2、正文等是自动生成目录的基础。

下面是创建新样式 heading3 的操作步骤，该样式基于内置样式“标题 3”。

1）单击“开始”→“样式”→“样式”按钮，打开“样式”窗口，如图 3.25 所示。

2）单击“新建样式”按钮，打开“根据格式设置创建新样式”对话框，如图 3.26 所示。在该对话框中输入自定义的样式名称“heading3”，并按照要求设置样式基于“标题 3”，这样，样式“heading3”便继承了默认的内置样式“标题 3”的格式。

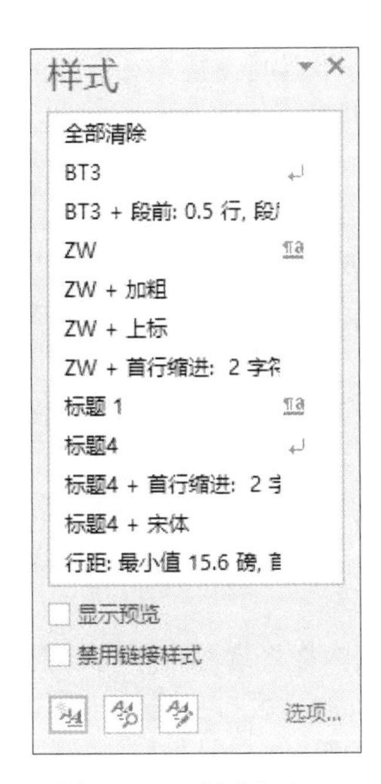

图 3.25　“样式”窗口

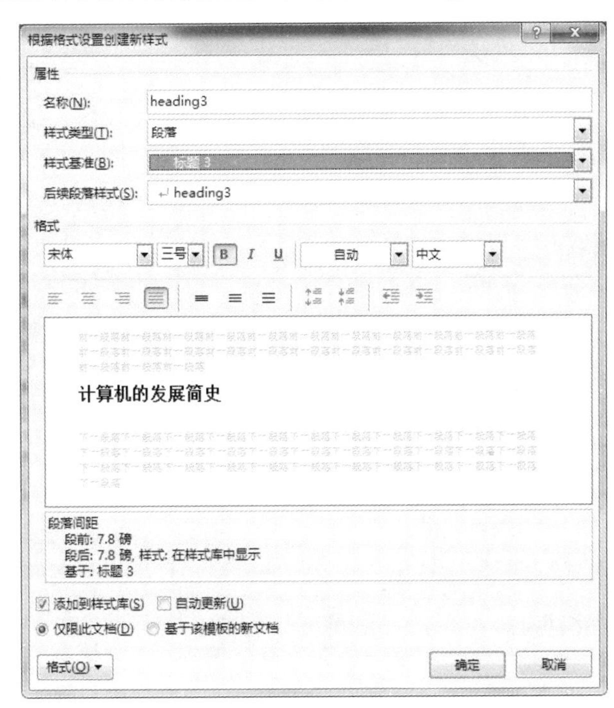

图 3.26　“根据格式设置创建新样式”对话框

3)单击“格式”下拉按钮,在弹出的下拉列表中选择相应的选项,分别设置“heading3”样式的字体、段落或边框等格式，这些格式也可以通过工具栏设置。

4）设置完格式后，单击“确定”按钮返回文档窗口，创建的样式出现在“样式”窗口中。

创建的样式可以应用到文档的不同位置。先选中要应用样式的文本，再在“样式”列表中选择样式名称，选中的文字则应用了建立的样式。

如果要修改样式，可以在“样式”窗口中选择样式后右击，在弹出的快捷菜单中选择“修改”命令，然后在打开的“修改样式”对话框中完成样式的修改工作。

3.7 页面设置与打印

文档经过编辑、排版后，还需要进行页面设置、打印预览，才能打印输出。

3.7.1 页面设置

打印 Word 2016 文档之前需要进行页面设置，包括对纸张大小、页边距、字符数及行数、纸张来源等进行设置。在文档编辑过程中，使用的是 Word 2016 默认的页面设置，可以根据需要重新设置或随时修改设置。如果不使用 Word 2016 的默认设置，则应当在文档排版之前进行页面设置，以避免由于页面重新设置而导致排版版式的变化。

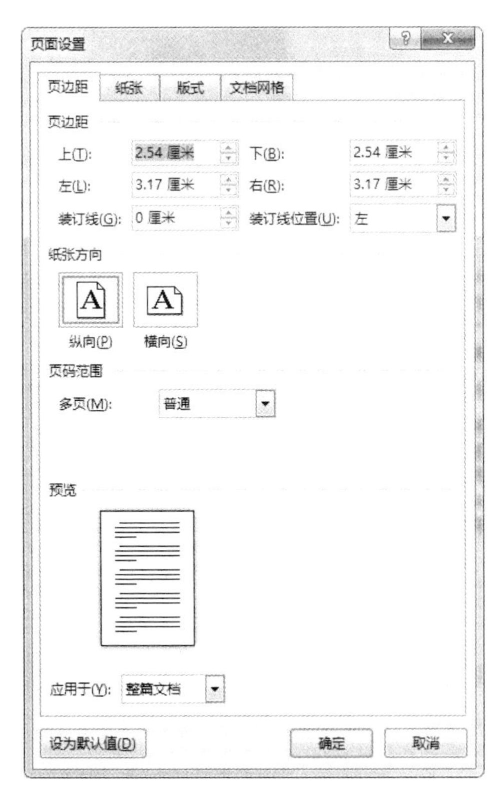

图 3.27 “页面设置”对话框

单击“布局”→“页面设置”→“页面设置”按钮，打开“页面设置”对话框，如图 3.27 所示，可以在该对话框中进行以下设置。

1）在“页边距”选项卡中设置页边距、纸张方向（纵向或横向）、页码范围，以及页面设置的应用范围（整篇文档或文档的当前节）等。

2）在“纸张”选项卡中可设置纸张大小（如 A4、B5、16 开）、纸张来源等。

3）在“版式”选项卡中可设置页眉和页脚的编排形式、页眉和页脚与页边线之间的距离等。

4）在“文档网格”选项卡中可设置文字排列方向、每页的行数与字符数、绘图网格尺寸、默认字体等。

3.7.2　打印预览

利用打印预览功能，可以在正式打印之前看到文档的打印效果，如果不满意，还可以进行修改。

与页面视图相比，打印预览可以更真实地表现文档外观。在“打印”界面右侧预览区域可以查看 Word 2016 文档的打印效果，如纸张方向、页面边距等。用户还可以通过调整预览区域下面的滑块改变预览视图的大小。

3.7.3　打印输出

打印文档之前，必须将打印机准备就绪。打印文档的操作步骤如下。

1）在文档编辑状态下，选择“文件”→“打印”命令，弹出打印设置选项，如图 3.28 所示。

2）在“打印机”下拉列表中选择要使用的打印机名称，一般系统使用默认打印机。

3）在“份数”文本框中输入要打印文本的份数，系统默认打印 1 份。

4）在“设置”下拉列表中选择打印范围：“打印所有页”选项是指打印文档的全部文本，“打印当前页面”选项是指只打印光标所在的一页，“自定义打印范围”选项是指打印文档中所选定的部分文本。

5）在“页数”文本框中输入要打印的准确页码。如果要打印某一页，则直接输入该页页码。如果要打印连续的几页，则在起始页页码与末尾页页码之间加一个连字符“-”。如果要打印不连续的多页，则中间加逗号间隔。

6）还可以设置打印方向、纸张类型、边距等内容。

设置完成后，单击“打印”按钮，即可开始打印文档。

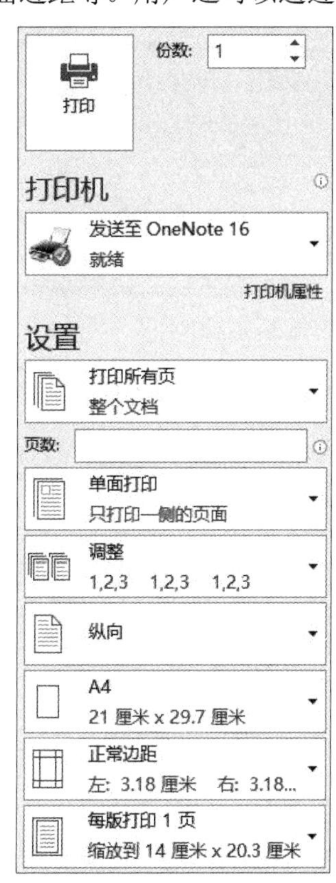

图 3.28　打印设置选项

本 章 小 结

本章介绍了 Word 2016 的基本功能和用法，读者可以将理论学习与上机实践相结合，掌握 Word 2016 中文档的格式设置、表格处理和图形处理方法，并通过自我学习，掌握与 Word 2016 类似的办公自动化软件的使用方法。

第4章　电子表格软件的使用

Excel 2016 是 Microsoft Office 2016 组件中的电子表格软件，集电子表格、图表、数据库管理于一体，是用于数据处理的一款功能强大、使用方便的软件，还支持文本和图形编辑，具有功能丰富、用户界面良好等特点。

4.1　Excel 2016 概述

本节主要介绍启动和退出 Excel 2016 的方法、Excel 2016 的窗口组成及 Excel 2016 中的基本概念。

4.1.1　Excel 2016 的启动与退出

1. Excel 2016 的启动

启动 Excel 2016 有多种方法，通常采用以下三种方式。

1）选择“开始”→“所有程序”→“Microsoft Office”→“Microsoft Office Excel 2016”命令。

2）双击桌面上的 Excel 2016 快捷方式图标。

3）双击已有的 Excel 2016 文档，启动 Excel 2016 的同时，也可将该文档打开。

2. Excel 2016 的退出

当完成电子表格的编辑以后，需要保存并退出。一种方法是选择“文件”→“关闭”命令；另一种方法是直接单击 Excel 2016 窗口标题栏右侧的“关闭”按钮。

4.1.2　Excel 2016 窗口组成

启动 Excel 2016 后将打开其用户界面。Excel 2016 窗口的风格与 Word 2016 相似，主要由标题栏、快速访问工具栏、菜单栏、功能区、编辑栏、工作表编辑区、工作表标签等组成，默认打开一个空工作簿文档，而工作簿又由若干个工作表组成，如图 4.1 所示为 Excel 2016 的基本操作界面。

1. 标题栏

标题栏位于窗口的最上边，用于显示应用程序标题和当前工作簿名称。当新建一个空白的工作簿时，系统默认的名称为“工作簿 1”。标题栏右侧的四个按钮分别是“功能区显示选项”、“最小化”、“最大化”/“向下还原”和“关闭”按钮。

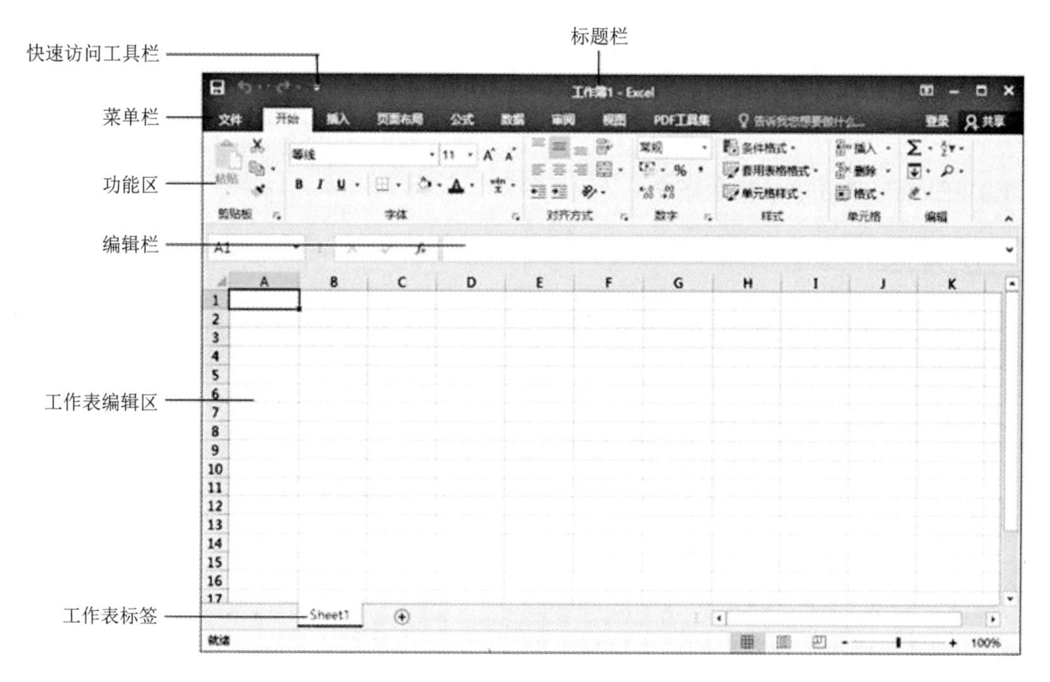

图 4.1　Excel 2016 窗口

2. 快速访问工具栏

快速访问工具栏位于工作界面的左上角，包含一组使用频率较高的工具。快速访问工具栏用于快速执行一些操作，默认情况下包括三个按钮，分别是“保存”、“撤消键入”和“恢复键入”按钮。用户可以单击快速访问工具栏右侧的“自定义快速访问工具栏”按钮，在展开的列表中选择要在其中显示或者隐藏的工具按钮。

3. 编辑栏

编辑栏主要用来输入、编辑单元格或图表中的数据，也可以显示活动单元格中的数据或公式。编辑栏由名称框、“取消”按钮、“输入”按钮、“插入函数”按钮和数据编辑栏组成。名称框用于显示当前活动单元格的地址或单元格区域名，“插入函数”按钮用于在公式中使用函数，数据编辑栏用于显示活动单元格的数据或公式。当在数据编辑栏中输入数据后，单击“输入”按钮或按【Enter】键，可以确定该单元格此次输入的内容；单击“取消”按钮，则取消前面输入的数据。

4. 工作表编辑区

窗口中间的区域称为工作表编辑区，用于显示或编辑工作表中的数据。其中每一个小格称为单元格。每个单元格由所在表格的列标与行号定位，构成单元格地址。

5. 工作表标签

工作表标签位于窗口的左下角，默认名称为 Sheet1、Sheet2、Sheet3 等，单击不同的工作表标签可以在工作表间进行切换。

4.1.3 Excel 2016 中的基本概念

1. 工作簿

在 Excel 2016 中，用来存储并处理数据的一个或多个工作表的集合称为工作簿，文件扩展名为.xlsx。

Excel 2016 的工作簿包括若干个工作表。当第一次打开 Excel 2016 时，默认工作簿文件名为“工作簿 1”，由一个工作表组成，以 Sheet1 命名。单击工作表标签，可以在同一工作簿的不同工作表之间进行切换。也可以根据需要随时插入新的工作表或删除已有的工作表。

2. 工作表

工作表位于工作簿窗口的中央区域，Excel 2016 中的所有操作都是在工作表中进行的。位于工作表左侧的数字为各行的行号，位于工作表上方的字母为各列的列标。每个工作表是由列和行交叉区域所构成的单元格组成的，最多可以有 1048576 行、16384 列，工作表的名称默认用 Sheet1、Sheet2 等标识。

3. 单元格

在 Excel 2016 中，由列和行所构成的单元格组成了工作表。单元格是组成工作表的最小单位。输入的所有数据都显示在单元格中，这些数据可以是一个字符串、一组数字、一个公式、一个图形或声音文件等。每个单元格都有其固定的地址，如 A 列与第 2 行交叉位置上的单元格表示为 A2。同样，一个地址也唯一地表示一个单元格，如 E3 指的是 E 列与第 3 行交叉位置上的单元格。当前正在使用的单元格称为活动单元格，输入的数据会保存在该单元格中。

当单击一个单元格后，这个单元格即由粗框线标注，表示该单元格被选中，是当前活动的单元格，同时在名称框中显示该单元格的地址。

选定单元格是电子表格的常用操作，以下为常用的选定单元格的方式。

1）选定一个单元格：单击要选定的单元格。

2）选定单元格区域：单击单元格区域的左上角，拖动鼠标至区域的右下角。

3）选定不连续的单元格：先选定一个单元格，再按住【Ctrl】键，选定其他要选定的单元格。按住【Ctrl】键的同时拖动鼠标，可以选定不连续的单元格区域。

4）选定整行或整列：单击行首或列首。

5）选定连续的行或列：用鼠标指针拖动过行号或列标。

6）选定不连续的行或列：选定第一行（列）后，按住【Ctrl】键选定其他行（列）。

7）选定整个工作表：单击工作表左上角的行、列交叉点，或按【Ctrl+A】组合键。

4.2　Excel 2016 工作表的操作

在 Excel 2016 中，建立工作簿时系统默认建立一个工作表，用户可以根据需要设定工作表的数目，对工作表进行插入、删除、移动、复制及重命名等操作，这些操作均属于 Excel 工作簿的管理。

4.2.1　Excel 2016 工作簿的管理

1. 插入工作表

插入工作表的方法有以下三种。

1）在工作表标签上右击，在弹出的快捷菜单中选择“插入”命令，打开“插入”对话框，如图 4.2 所示，选择“工作表”选项，单击“确定”按钮，完成新工作表的插入。

图 4.2　“插入”对话框

2）单击已有工作表标签右侧的“新工作表”按钮，即可新建一个工作表。

3）单击“开始”→“单元格”→“插入”下拉按钮，在弹出的下拉列表中选择“插入工作表”选项，可以完成工作表的插入操作。

2. 删除工作表

删除工作表的方法有以下两种。

1）在选定的工作表标签上右击，在弹出的快捷菜单中选择“删除”命令，可以删除该工作表。

2）选定工作表标签，单击“开始”→“单元格”→“删除”下拉按钮，在弹出的下拉列表中选择“删除工作表”选项，则删除选定的工作表。

3. 移动或复制工作表

移动或复制工作表的方法有以下两种。

1）用鼠标拖动工作表标签可以改变工作表的位置，即为移动工作表；如果想要完成复制工作表的操作，只需要在拖动工作表的同时按住【Ctrl】键。

2）在要移动或复制的工作表标签上右击，在弹出的快捷菜单中选择“移动或复制”命令，打开“移动或复制工作表”对话框，如图 4.3 所示，进行设置，完成工作表的移动或复制操作。注意，复制工作表时要选中“建立副本”复选框。

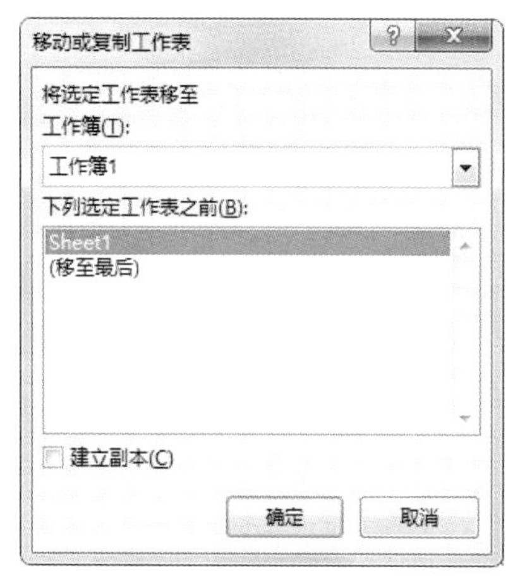

图 4.3 “移动或复制工作表”对话框

4. 重命名工作表

重命名工作表的方法有以下两种。

1）在需要重命名的工作表标签上右击，在弹出的快捷菜单中选择“重命名”命令，输入新名称即可重命名工作表。

2）双击工作表标签，工作表名反相显示，输入新的工作表名称即可。

4.2.2 数据的输入

Excel 2016 单元格中可输入数值、文本或日期和时间等类型的数据。输入数据时，首先应选定单元格，然后输入数据，最后确认。

1. 输入数据的方法

可以用以下方法向单元格中输入数据。

1）单击要输入数据的单元格，直接输入数据。

2）双击要输入数据的单元格，单元格内出现插入光标，移动光标到适当位置后输入数据，也可修改单元格中的内容。

3）单击要输入数据的单元格，再单击编辑栏，在编辑栏中输入数据或编辑单元格的内容。

2. 数值的输入

数值可以是整数、小数、分数或科学记数形式。

数值不仅包括 0～9，还包括符号，如+，-，*，/，^，(，)等。

数值数据在单元格中默认的对齐方式是右对齐。如果数据的宽度超过单元格的宽度，将自动采用科学记数的方式显示数值，但在编辑栏中仍将以完整的数据格式显示。例如，输入 3000000000010 时，单元格中显示为 3E+12，编辑栏中显示为数值本身。

3. 文本的输入

文本包括汉字、字母、数字和符号等。

文本数据在单元格中默认的对齐方式是左对齐。如果宽度超过单元格，则超过部分自动溢出到右边的单元格内，如果右边的单元格内有内容，则溢出的数据不显示。

如果文本全部由数字组成，如电话号码、身份证号等，为了避免被 Excel 2016 认定为数值型数据，输入文本前先输入单撇号“'”。

4. 日期和时间的输入

在 Excel 2016 的单元格中输入可识别的日期和时间数据时，单元格的格式会自动从通用格式转换成相应的“日期”或“时间”格式。Excel 2016 中常见的日期和时间格式为 mm/dd/yy、hh:mm（AM/PM）、dd-mm-yy 等。

5. 数据填充

Excel 2016 的数据自动填充功能为输入有规律的数据提供了很大的方便。有规律的数据是指等差、等比、系统预定义的数据序列及用户自定义的数据序列。数据填充有以下两种方法。

1）利用鼠标填充：选定包含源数据的单元格，将鼠标指针放到该单元格右下角的填充柄上，当鼠标指针变成黑色十字形时，拖动鼠标指针到目标单元格。

2）单击“开始”→“编辑”→“填充”下拉按钮，在弹出的下拉列表中选择相应的选项完成填充操作。在使用公式计算 Excel 2016 中的数据时，将自动填充功能和公式结合使用，可以很方便地对表格中的数据进行计算。

4.3　工作表的编辑

在 Excel 2016 中，可以十分方便地用键盘或鼠标对工作表中的单元格、行或列等选择区域进行编辑。

4.3.1　插入操作

插入操作主要包括在工作表中插入空白的单元格、单元格区域、整行或整列等。

1. 插入单元格

插入单元格的方法有以下两种。

1）先选中要插入单元格的位置，单击“开始”→“单元格”→“插入”下拉按钮，在弹出的下拉列表中选择“插入单元格”选项，打开“插入”对话框，如图 4.4 所示，根据需要进行选择，单击“确定”按钮完成插入单元格的操作。

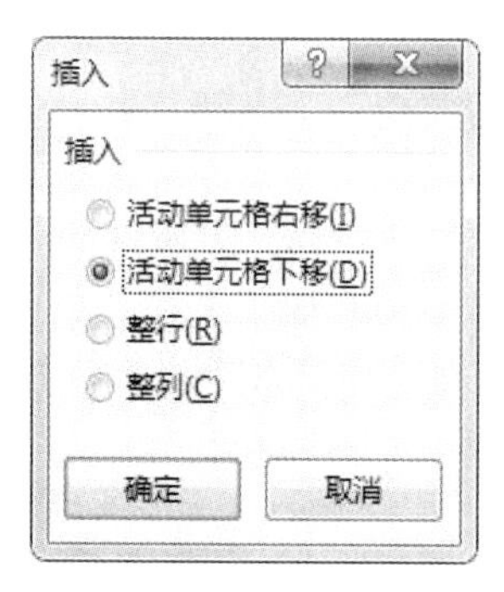

图 4.4 “插入”对话框

2）在选定的单元格上右击，在弹出的快捷菜单中选择“插入”命令，打开“插入”对话框，选择相应选项进行插入单元格的操作。

如果要插入一个单元格区域，则在选择插入位置时，根据需要选定单元格区域，再进行插入操作。

2. 插入行或列

插入行或列的方法有以下两种。

1）在要插入的行或列中选中单元格，单击“开始”→“单元格”→“插入”下拉按钮，在弹出的下拉列表中选择“插入工作表行”或“插入工作表列”选项。

2）在选定的行或列上右击，在弹出的快捷菜单中选择“插入”命令，打开“插入”对话框，选择相应选项进行插入行或列的操作。

4.3.2 删除与恢复数据

1. 清除单元格

在单元格中输入数据以后，如果想清除单元格中的数据，可以选定要清除数据的单元格，按【Delete】键清除单元格内容。如果要清除单元格或单元格区域中的格式或批注，则应先选定单元格或单元格区域，然后单击“开始”→“编辑”→“清除”下拉按钮，根据需要在弹出的下拉列表中选择相应的选项。各选项功能如下。

1）全部清除：清除选定单元格的内容、格式和批注。

2）清除格式：清除选定单元格的格式，内容和批注均不改变。

3）清除内容：清除选定单元格的内容，格式和批注均不改变。

4）清除批注：清除选定单元格的批注，内容和格式均不改变。

5）清除超链接：清除选定单元格的超链接，其余不变。

清除单元格不同于删除单元格，删除单元格将使单元格的位置发生变化，清除单元格保持单元格不变。

2. 恢复数据

如果操作错误导致数据出现问题，可以单击快速访问工具栏中的“撤消键入”按钮，使用撤销功能恢复数据。

3. 删除操作

选定要删除的单元格、行或列，单击“开始”→“单元格”→“删除”下拉按钮，在弹出的下拉列表中选择“删除单元格”选项，打开“删除”对话框，如图 4.5 所示，根据具体的情况选择删除方式。当删除一行时，所删除行下面的行上移以填充空间；当删除一列时，右边的列向左移。

删除命令和清除命令不同，清除命令只能清除单元格的内容，而删除命令将同时移走单元格的内容与空间。删除行或列后，其余的行或列将按顺序重新编号。

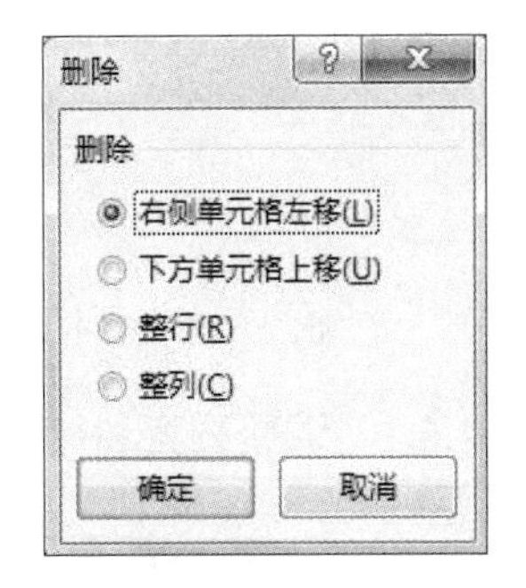

图 4.5　“删除”对话框

4.3.3　移动与复制数据

单元格中的数据可以移动或复制到同一个工作表的其他地方、另一个工作表或另一个应用程序中。该功能对于设计表格是十分重要的。

1. 使用鼠标移动与复制数据

1）选定要移动或复制的单元格区域。

2）将鼠标指针指向选定区域的边框线，拖动到新位置，即可完成移动数据的操作。

3）要想完成复制数据的操作，则在拖动的同时按住【Ctrl】键。

2. 使用“开始”选项卡移动与复制数据

1）选定要移动或复制的单元格区域。

2）单击“开始”→“剪贴板”→“剪切”按钮。

3）选择要放置数据的单元格，单击“开始”→“剪贴板”→“粘贴”下拉按钮，在弹出的下拉列表中选择相应的选项即可完成移动数据的操作。

4）要想完成复制数据的操作，则在步骤 2）中，单击“开始”→“剪贴板”→“复制”下拉按钮。

3. 使用快捷菜单移动与复制数据

1）选定要移动或复制的单元格区域。

2）右击选定区域，在弹出的快捷菜单中选择“剪切”命令。

3）选择要放置数据的单元格，右击选定区域，在弹出的快捷菜单中选择“粘贴”命令，即可完成移动数据的操作。

4）要想完成复制数据的操作，则在步骤 2）中，右击选定区域，在弹出的快捷菜单中选择“复制”命令。

4. 使用组合键移动与复制数据

1）选定要移动或复制的单元格区域。

2）按【Ctrl+X】组合键。

3）选择要放置数据的单元格区域，按【Ctrl+V】组合键，即可完成移动数据的操作。

4）要想完成复制数据的操作，则在步骤 2）中按【Ctrl+C】组合键。

4.4 工作表的格式化

在 Excel 2016 中，可以对工作表进行格式化，修饰和美化工作表。

4.4.1 调整列宽和行高

1. 调整列宽

在 Excel 2016 中，用户可以根据需要调整列宽，方法如下。

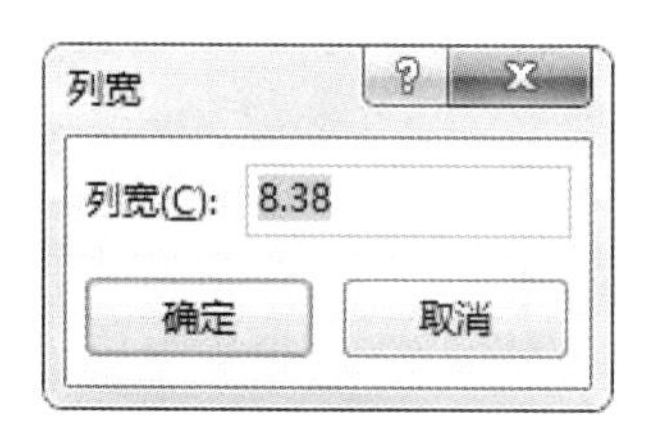

图 4.6 “列宽”对话框

1）选定需要调整列宽的区域。

2）单击“开始”→“单元格”→“格式”下拉按钮。

3）在弹出的下拉列表中选择“列宽”选项，打开“列宽”对话框，如图 4.6 所示，输入设定的列宽，单击“确定”按钮，完成对列宽的调整。

也可以用鼠标直接完成对列宽的调整，方法为将鼠标指针指向列标号之间的格线，拖动鼠标，调整至需要的宽度。

2. 调整行高

调整行高的方法如下。

1）选定需要调整行高的区域。

2）单击“开始”→“单元格”→“格式”下拉按钮。

3）在弹出的下拉列表中选择“行高”选项，打开“行高”对话框，如图 4.7 所示，输入设定的行高，单击“确定”按钮，完成对行高的调整。

也可以用鼠标直接完成对行高的调整，方法是将鼠标指针指向行标号之间的格线，拖动鼠标，调整至需要的高度。

图 4.7 “行高”对话框

4.4.2 设置数字的格式

在 Excel 2016 中，可以设置多种数据格式，包括常规、数值、货币、会计专用、日期、时间、百分比、分数、科学记数、文本和特殊等，用户还可以根据需要定义数据格式。

1. 改变数字格式

用户可以对单元格内数字的格式进行设置，操作步骤如下。

1）选定要设置格式的单元格区域。

2）单击“开始”→“单元格”→“格式”下拉按钮，在弹出的下拉列表中选择“设置单元格格式”选项，打开“设置单元格格式”对话框，单击“数字”选项卡，如图 4.8 所示。

3）在“分类”列表框中，选择需要的格式类型。在对话框的右边，会根据选择的格式类型出现不同的解释内容，用户可根据解释内容进行设定。

图 4.8　“设置单元格格式”对话框的“数字”选项卡

4）设置结束后，单击“确定”按钮。

2. 自定义格式

在 Excel 2016 中，有许多定义好的数字格式。此外，用户还可以根据需要对数字的格式进行自定义设置，操作步骤如下。

1）在“设置单元格格式”对话框中单击“数字”选项卡，在“分类”列表框中选择“自定义”选项，如图 4.9 所示。

图 4.9　“自定义”选项

2）根据需要在“类型”列表框中输入或者编辑数字格式。

3）设置结束后，单击“确定”按钮。

4.4.3 设置字符的格式

在 Excel 2016 中，为了达到美化表格或突出表格中内容的目的，需要使用不同风格的字体或者更改字号的大小。设置字符的格式即改变单元格中的字体、大小、颜色和排列方式等。

1. 设置字体

设置单元格中字体的操作步骤如下。

1）选定要设置格式的单元格区域。

2）单击“开始”→“单元格”→“格式”下拉按钮，在弹出的下拉列表中选择“设置单元格格式”选项，打开“设置单元格格式”对话框，单击“字体”选项卡，如图 4.10 所示。

图 4.10 “设置单元格格式”对话框的“字体”选项卡

3）在“字体”列表框中选择需要的字体类型。

4）在“字形”列表框中设置字符倾斜或加粗显示等。

5）在“字号”列表框中选择需要的字号大小。

6）在“下划线”下拉列表框中选择需要的下画线类型。

7）在“颜色”下拉列表框中选择需要的颜色。

8）在“特殊效果”选项组中选中相应的复选框，为字符增加特殊效果。

9）设置结束后，单击“确定”按钮。

用户也可单击“开始”→“字体”组中的相应按钮，完成格式设置的操作。

2. 设置对齐方式

在“设置单元格格式”对话框中单击“对齐”选项卡，可设置单元格对齐格式，如图 4.11 所示，其中包括文本对齐方式、方向和文本控制等设置选项。

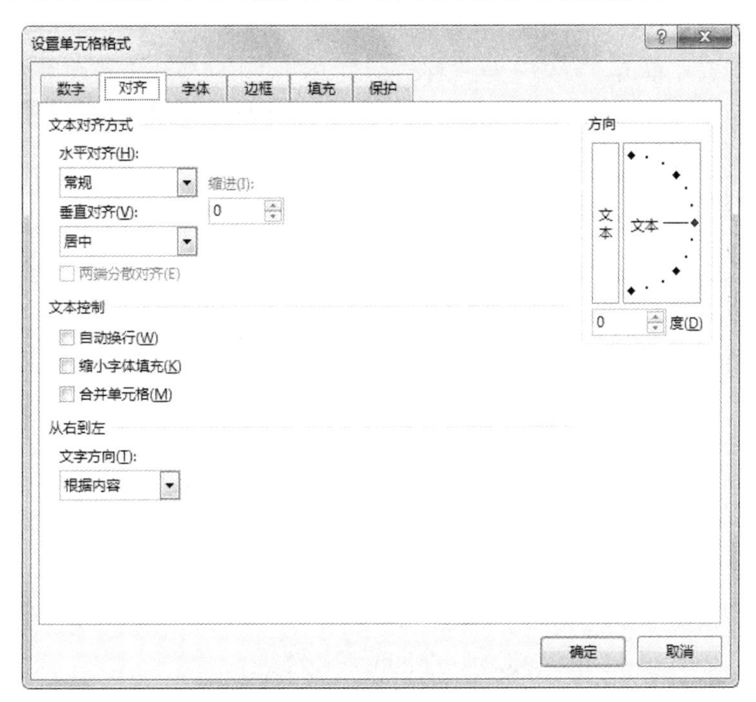

图 4.11　“设置单元格格式”对话框的“对齐”选项卡

文本对齐方式包括“水平对齐”和“垂直对齐”，用户可根据需要进行选择。“方向”组用于改变单元格中文字旋转的角度。“文本控制”组中的复选框用于解决因单元格中文字较长而不能完全显示的问题。

用户也可单击“开始”→“对齐方式”组中的相应按钮，完成对齐方式设置的操作。

3. 其他设置

在“设置单元格格式”对话框中，还有“边框”“填充”“保护”选项卡。利用“边框”选项卡可以给选定单元格区域加不同的边框，包括边框的线形和颜色的设置。利用“填充”选项卡可以给选定单元格区域添加背景，可以用不同的颜色和图案作为单元格的背景，为文档增加色彩。利用“保护”选项卡可以设置锁定或隐藏单元格，其中，选中“锁定”复选框可以防止选定的单元格区域被修改或删除。

4.4.4 快速格式设置

快速格式设置是以已有的格式为基础，快速对单元格进行格式的设置。常用的快速格式设置工具有“样式”和“格式刷”两种。

1. 使用“样式”功能

Excel 2016 预先设置了一些表格形式，可以直接应用到工作表中，以对表格进行格式化，美化表格。可以用以下方法自动套用格式。

1）选定要设置格式的单元格区域。

2）根据需要，单击“开始”→“样式”组中的“条件格式”、“套用表格格式”或“其他”下拉按钮进行选择。其中“套用表格格式”中的项目包括数字、框线、字体、对齐、高度和宽度等。在使用中，用户可根据具体情况来进行选择。

2. 使用“格式刷”功能

“格式刷”的功能是把选定单元格区域的格式迅速应用于其他单元格区域。使用“格式刷”的方法如下。

1）选定要复制格式的单元格区域（源单元格）。

2）单击“开始”→“剪贴板”→“格式刷”按钮，鼠标指针变为刷子形状。

3）按住鼠标左键，拖动鼠标，选定目标单元格区域。

4）释放鼠标左键，完成操作。

如果双击“格式刷”按钮，可以连续使用“格式刷”工具。要退出“格式刷”状态，可以按【Esc】键。

4.5 公式和函数

在 Excel 2016 中，不仅能进行基本的表格数据编辑，还可以进行数据计算。在单元格中编辑公式和函数，可以对表格中的数据进行求和、平均、计数及其他运算，若表格中的数据发生变化，公式和函数的运算结果也会自动更新。

4.5.1 公式

在 Excel 2016 中，公式是以“=”开始，由常量、变量、单元格引用、函数和运算符组成的式子，公式的计算结果显示在相应的单元格中。

利用公式可以进行加法、减法、乘法、除法、乘幂等各种数值的计算，也可以进行逻辑比较运算。利用公式可以根据已有的数值计算出一个新值，当公式中相应单元格中的值改变时，由公式生成的值也将随之改变。

1. 公式中的运算符

公式中的运算符包括引用运算符、算术运算符、文本运算符和关系运算符。

1）引用运算符：:（区域运算符）、,（联合运算符）。

2）算术运算符：+（加）、-（减）、*（乘）、/（除）、^（乘幂）、%（百分号）。

3）文本运算符：&（连接符），将两个文本连接起来，其操作对象可以是带引号的文字，也可以是单元格的地址。

4）关系运算符：=（等于）、<>（不等于）、<（小于）、>（大于）、<=（小于或等于）、>=（大于或等于）。

运算符的优先级从高到低依次是区域运算符、联合运算符、负号、百分号、乘幂、乘和除、加和减、文本运算符、关系运算符。同一级别的运算符遵守“从左到右”的规则。如果有括号，括号的优先级最高。

2. 使用公式示例

【例 4.1】 使用公式计算学生成绩表中的总分及平均分，如图 4.12 所示。

G3

	A	B	C	D	E	F	G	H
1	学生成绩表							
2	学号	姓名	专业	中医基础理论	英语	计算机应用基础	总分	平均分
3	20210101	刘强	中医学	85	78	82		
4	20210201	李莉	中药学	87	82	84		
5	20210202	张晓文	中药学	78	76	77		
6	20210305	王婷婷	护理学	82	75	79		
7	20210106	唐程	中医学	93	92	92		
8	20210108	赵楠	中医学	73	69	71		
9	20210302	张佳茜	护理学	74	82	80		

图 4.12　学生成绩表

要用公式完成总分和平均分的计算，需要进行以下操作。

1）单击 G3 单元格，选定单元格。

2）在编辑栏内输入“=D3+E3+F3”，如图 4.13 所示，按【Enter】键完成输入。

F3　=D3+E3+F3

	A	B	C	D	E	F	G	H
1	学生成绩表							
2	学号	姓名	专业	中医基础理论	英语	计算机应用基础	总分	平均分
3	20210101	刘强	中医学	85	78		=D3+E3+F3	
4	20210201	李莉	中药学	87	82	84		
5	20210202	张晓文	中药学	78	76	77		
6	20210305	王婷婷	护理学	82	75	79		
7	20210106	唐程	中医学	93	92	92		
8	20210108	赵楠	中医学	73	69	71		
9	20210302	张佳茜	护理学	74	82	80		

图 4.13　学生成绩表公式计算 1

3）使用填充柄完成其他同学总分的计算，具体操作是，将鼠标指针指向 G3 单元格的右下角，当鼠标指针变成黑色十字形时，拖动鼠标指针到其他单元格，完成 G4～G9 单元格中公式的复制。

4）单击 H3 单元格，选定单元格。

5）在编辑栏内输入“=G3/3”，如图 4.14 所示，按【Enter】键完成输入。

6）使用填充柄完成其他同学平均分的计算。

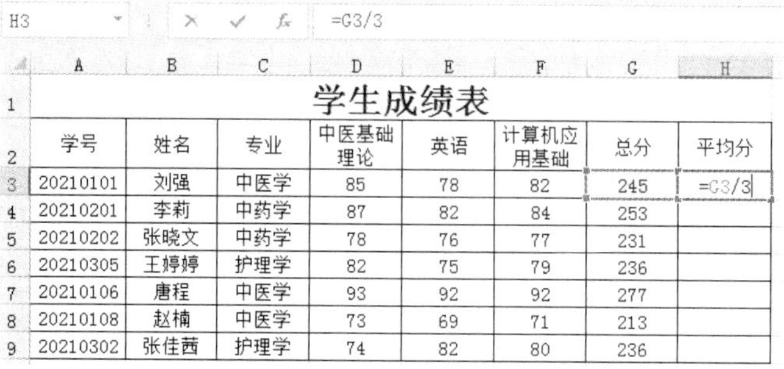

H3　=G3/3

	A	B	C	D	E	F	G	H
1	学生成绩表							
2	学号	姓名	专业	中医基础理论	英语	计算机应用基础	总分	平均分
3	20210101	刘强	中医学	85	78	82	245	=G3/3
4	20210201	李莉	中药学	87	82	84	253	
5	20210202	张晓文	中药学	78	76	77	231	
6	20210305	王婷婷	护理学	82	75	79	236	
7	20210106	唐程	中医学	93	92	92	277	
8	20210108	赵楠	中医学	73	69	71	213	
9	20210302	张佳茜	护理学	74	82	80	236	

图 4.14　学生成绩表公式计算 2

4.5.2　函数

Excel 2016 中提供了许多内置函数，为用户对数据进行运算和分析带来了方便。函数是 Excel 2016 中已经定义好的、用于数值计算和数据处理的公式。函数由函数名和参数构成。参数是函数要处理的数值，函数通过参数接收数据，并返回结果。常用的函数有求和函数 SUM()、求平均值函数 AVERAGE()、求最大值函数 MAX()、统计个数函数 COUNT()、条件函数 IF()等。

1. 函数的语法

格式：函数名(参数 1,参数 2,参数 3,...)。

功能：函数名指明要执行的运算，参数为函数运算中需要接收的数据，运算结果为返回的函数值。

说明：函数是一种特殊的公式，所有的函数都要以“=”开始。

函数区域的表示：

1）单独地址：各地址用“,”隔开，如“=SUM(A1,C3)”表示求 A1 和 C3 单元格的和。

2）连续地址：各地址用“:”隔开，如“=SUM(A1:C3)”表示计算从 A1 到 C3（即 A1，A2，A3，B1，B2，B3，C1，C2，C3，共 9 个）单元格的和。

3）混合地址：如“=SUM(A1:C3,D5)”表示计算从 A1 到 C3 再加上 D5 单元格的和。

2. 常用函数

为便于计算、统计、汇总和数据处理，Excel 2016 提供了大量函数。部分常用函数如表 4.1 所示。

表 4.1　部分常用函数

类别	函数名	格式	功能
数学函数	ABS	ABS(num1)	计算绝对值
	MOD	MOD(num1,num2)	计算 num1 和 num2 相除的余数
	SQRT	SQRT(num1)	计算平方根

续表

类别	函数名	格式	功能
统计函数	SUM	SUM(num1,num2,…)	计算所有参数的和
	AVERAGE	AVERAGE(num1,num2, …)	计算所有参数的平均值
	MAX	MAX(num1,num2, …)	计算所有参数的最大值
	MIN	MIN(num1,num2, …)	计算所有参数的最小值
	COUNT	COUNT(num1,num2, …)	计算参数中数值型数据的个数
	RANK	RANK(num1,list)	计算数字 num1 在列表 list 中的排位
日期函数	TODAY		计算当前日期
	NOW		计算当前日期和时间
	YEAR	YEAR(d)	计算日期 d 的年份
	MONTH	MONTH(d)	计算日期 d 的月份
	DAY	DAY(d)	计算日期 d 的天数
	DATE	DATE(y,m,d)	返回由 y,m,d 表示的日期
逻辑函数	IF	IF(logical,num1,num2)	如果测试条件 logical 为真，返回 num1，否则返回 num2

3．使用函数示例

【例 4.2】使用函数计算学生成绩表（图 4.12）中学生的个人总分和平均分。

要用函数完成总分和平均分的计算，需要进行以下操作。

1）单击 G3 单元格，选定单元格。

2）单击“公式”→“函数库”→“插入函数”按钮，打开“插入函数”对话框，如图 4.15 所示。

图 4.15　“插入函数”对话框

3）选择求和函数 SUM，单击“确定”按钮，打开“函数参数”对话框，如图 4.16 所示。

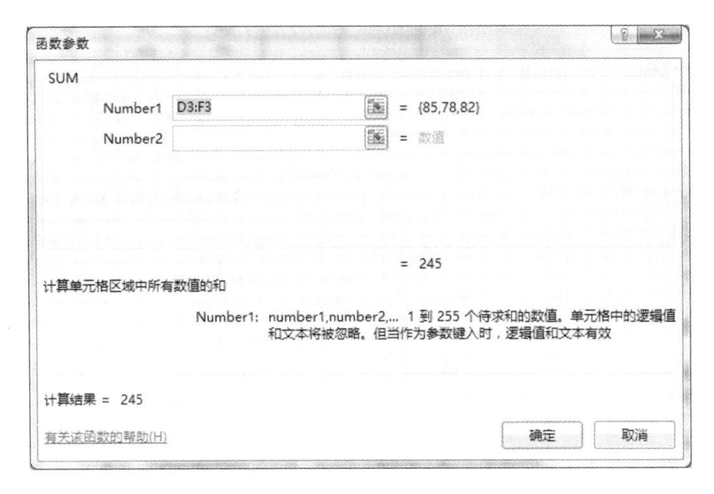

图 4.16 “函数参数”对话框

4）在“Number1”文本框中输入求和的范围“D3:F3”；也可以单击“Number1”文本框右边带有红色标记的“折叠对话框”按钮，用鼠标在工作表中选择求和区域，完成后再次单击“折叠对话框”按钮返回；还可以直接用鼠标拖动选择求和区域。

5）单击“确定”按钮，计算出 G3 单元格的总分，拖动填充柄复制公式到其他单元格中。

6）平均分的计算与求总分相似，不同的是选择 AVERAGE 函数。

4.5.3 单元格引用

例 4.1 中，G3 单元格的值由公式“=D3+E3+F3”计算得出，当某个单元格（如 E3）的数据改变时，公式的值（G3 的值）也将随之改变。为使单元格的值参与运算，在公式中使用单元格的地址作为参数，称为单元格的引用。单元格的引用可分为相对引用、绝对引用和混合引用。

1. 相对引用

相对引用是指当把一个含有单元格地址的公式（或函数）复制到一个新的位置时，公式（或函数）中的单元格地址会随之改变，这是 Excel 2016 默认的引用形式。例 4.1 中，G3 单元格中公式的形式是“=D3+E3+F3”，当把公式复制到 G4 单元格时，相应的公式变为“=D4+E4+F4”。也就是说，当公式（或函数）被复制到其他位置时，公式（或函数）中的单元格引用也做相应的调整，使得这些单元格和公式（或函数）所在的单元格之间的相对位置不变，这就是相对引用。

2. 绝对引用

绝对引用使用“$”符号来引用单元格的地址，其特点是复制公式时，绝对引用单元格将不随公式位置变化而变化。例如，假设 G3 单元格中公式的形式是"=$D$3+$E$3+$F$3"，当把公式复制到 G4 单元格时，相应的公式仍为"=$D$3+$E$3+$F$3"，G4 单元格中的数值为 G3 单元格中的数值。

3. 混合引用

在某些情况下，复制公式（或函数）时，可能只有行或列保持不变，这时就需要混合引用。混合引用是指包含相对引用和绝对引用的引用。例如，A$3 或$A3 都是混合引用。

4.6 数据管理

相互关联的数据构成了数据库，Excel 2016 提供了数据库操作功能。Excel 2016 数据库是由行和列组成的数据记录的集合，也称数据清单。利用 Excel 2016 数据库可以对数据进行排序、筛选和分类汇总等操作。

4.6.1 数据排序

排序是指按数据库某个字段名重新组织记录的排列顺序，排序的字段也称关键字。Excel 2016 允许指定多个关键字作为组合关键字参加排序，关键字按顺序分别称为主要关键字与次要关键字。当主要关键字相同时，次要关键字才起作用。

数据排序的步骤如下。

1）选择要排序的列中的任意单元格。

2）单击"开始"→"编辑"→"排序和筛选"下拉按钮，或者单击"数据"→"排序和筛选"组中的按钮。

3）选择"升序"或者"降序"选项，对当前列进行排序。选择"自定义排序"选项，打开"排序"对话框，可设置关键字等，如图 4.17 所示。

图 4.17　"排序"对话框

4）单击"确定"按钮，完成排序操作。

对某一列数据排序时，会遇到列中有相同数据的情况，为了区分它们的次序，可以进行复合数据排序。Excel 2016 可以按照多个关键字（主要关键字和次要关键字）进行排序，单击“添加条件”按钮，可以添加次要关键字。

4.6.2 数据筛选

筛选是指只显示工作表中符合条件的记录，隐藏不符合条件的记录，方便用户对数据的阅读和使用。Excel 2016 提供了自动筛选和高级筛选两种工作方式。自动筛选按简单条件进行筛选，高级筛选按多种条件组合进行筛选。

【例 4.3】筛选学生成绩表中中医基础理论成绩在 85 分以上（含 85 分）的记录。

操作步骤如下。

1）单击数据表的任意一个单元格。

2）单击“开始”→“编辑”→“排序和筛选”下拉按钮，在弹出的下拉列表中选择“筛选”选项；或者单击“数据”→“排序和筛选”→“筛选”按钮。

3）此时每个列标题旁都出现了一个下拉按钮，如图 4.18 所示。

	A	B	C	D	E	F	G	H
1	学生成绩表							
2	学号	姓名	专业	中医基础理论	英语	计算机应用基础	总分	平均分
3	20210101	刘强	中医学	85	78	82	245	81.67
4	20210201	李莉	中药学	87	82	84	253	84.33
5	20210202	张晓文	中药学	78	76	77	231	77.00
6	20210305	王婷婷	护理学	82	75	79	236	78.67
7	20210106	唐程	中医学	93	92	92	277	92.33
8	20210108	赵楠	中医学	73	69	71	213	71.00
9	20210302	张佳茜	护理学	74	82	80	236	78.67

图 4.18 筛选数据

4）单击下拉按钮，可在弹出的下拉列表中根据需要选择筛选选项。这里选择“数字筛选”→“大于或等于”选项。

5）在打开的“自定义自动筛选方式”对话框中设置筛选条件，如图 4.19 所示，单击“确定”按钮，即可将满足条件的数据记录显示在当前工作表中，同时 Excel 2016 会隐藏所有不满足指定筛选条件的记录。

图 4.19 “自定义自动筛选方式”对话框

自动筛选后，再次单击“开始”→“编辑”→“排序和筛选”→“筛选”按钮，或单击“数据”→“排序和筛选”→“筛选”按钮，将恢复显示原有工作表的所有记录并退出筛选状态。

高级筛选是指按多种条件的组合进行查询的方式。高级筛选分为三步：指定筛选条件区域，指定筛选的数据区，指定存放筛选结果的数据区。

4.6.3　分类汇总

分类汇总是对数据列表按某一字段进行分类，并分别对各类数据进行统计汇总，如求和、计数、最大值等。分类汇总的前提是数据库按要分类的字段进行排序，以使分类字段值相同的记录排在一起。

1. 建立分类汇总

【例 4.4】以学生成绩表中的数据为依据，求各专业学生中医基础理论和计算机应用基础成绩的平均分。

操作步骤如下。

1）将数据按要分类的字段“专业”排序。将插入点定位到数据库中，单击“数据”→“排序和筛选”→“排序”按钮，在打开的“排序”对话框中设置排序关键字为“专业”，单击“确定”按钮完成排序。

2）单击数据表中的任意一个单元格，单击“数据”→“分级显示”→“分类汇总”按钮，打开“分类汇总”对话框，如图 4.20 所示。在“分类字段”下拉列表中选择需要分类的字段，该字段应与排序字段相同；在“汇总方式”下拉列表中选择计算分类汇总的函数；在“选定汇总项”列表框中选择需要汇总的数值列。

3）这里在“分类字段”下拉列表中选择“专业”选项，在“汇总方式”下拉列表中选择“平均值”选项，在“选定汇总项”列表框中选中“中医基础理论”和“计算机应用基础”复选框。

4）单击“确定”按钮完成分类汇总，结果如图 4.21 所示。

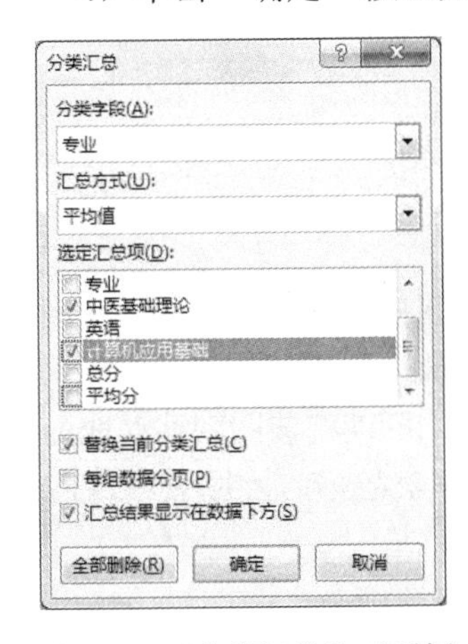

图 4.20　“分类汇总”对话框

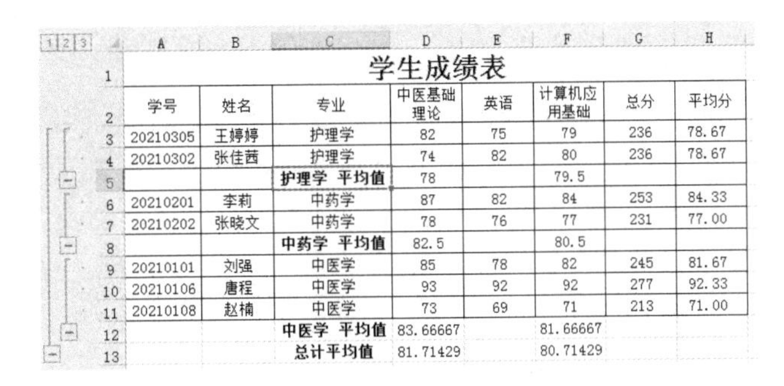

	A	B	C	D	E	F	G	H
1	学生成绩表							
2	学号	姓名	专业	中医基础理论	英语	计算机应用基础	总分	平均分
3	20210305	王婷婷	护理学	82	75	79	236	78.67
4	20210302	张佳茜	护理学	74	82	80	236	78.67
5			护理学 平均值	78		79.5		
6	20210201	李莉	中药学	87	82	84	253	84.33
7	20210202	张晓文	中药学	78	76	77	231	77.00
8			中药学 平均值	82.5		80.5		
9	20210101	刘强	中医学	85	78	82	245	81.67
10	20210106	唐程	中医学	93	92	92	277	92.33
11	20210108	赵楠	中医学	73	69	71	213	71.00
12			中医学 平均值	83.66667		81.66667		
13			总计平均值	81.71429		80.71429		

图 4.21　分类汇总结果

2. 删除分类汇总

如果要删除分类汇总，在“分类汇总”对话框中单击“全部删除”按钮即可。

4.7 图表的制作

将表格中的数据以各种统计图表的形式显示出来，能使数据更加直观，易于理解和分析。Excel 2016 提供了多种图表类型和格式，可以按多种方式显示用户数据。

4.7.1 图表的建立

在 Excel 2016 中，可以非常方便地创建图表，操作步骤如下。

1）选择要创建图表的数据区域，这个区域可以连续也可以不连续。选择不连续的区域时，需要按住【Ctrl】键。

2）单击“插入”→“图表”组中的某一种图表类型按钮，就可以创建图表。图 4.22 是根据学生成绩表中中医基础理论和计算机应用基础课程的成绩建立的图表。

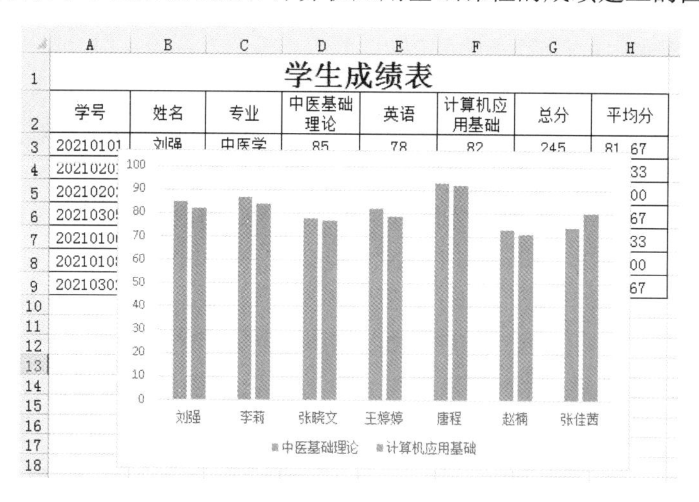

图 4.22 图表结果示例

以上述方法创建的图表称为嵌入式图表，即数据和图表在同一个工作表中，可同时显示和打印。嵌入式图表创建完成后，出现“图表工具”面板，其包括“设计”和“格式”选项卡，单击“设计”→“位置”→“移动图表”按钮，可以将该图表移动成为独立图表，即在数据工作表之前插入一个单独图表。改变工作表数据时，图表中对应的数据项将自动更新。

4.7.2 图表的编辑

建立图表以后，如果对图表不满意，可以对图表进行编辑。

1. 图表的移动、缩放和删除

单击图表，图表的四周出现八个控制点，说明图表处于选中状态。将鼠标指针指向图表边界，当鼠标指针变成双向箭头时，拖动鼠标可以改变图表的大小和比例。如果想删除图表，按【Delete】键即可。

2. 图表中数据系列的添加、删除和修改

1）添加/删除数据系列：单击“图表工具”→“设计”→“数据”→“选择数据”按钮，或在图表区域右击，在弹出的快捷菜单中选择“选择数据”命令，打开“选择数据源”对话框，如图 4.23 所示，可以在其中进行数据源的调整。

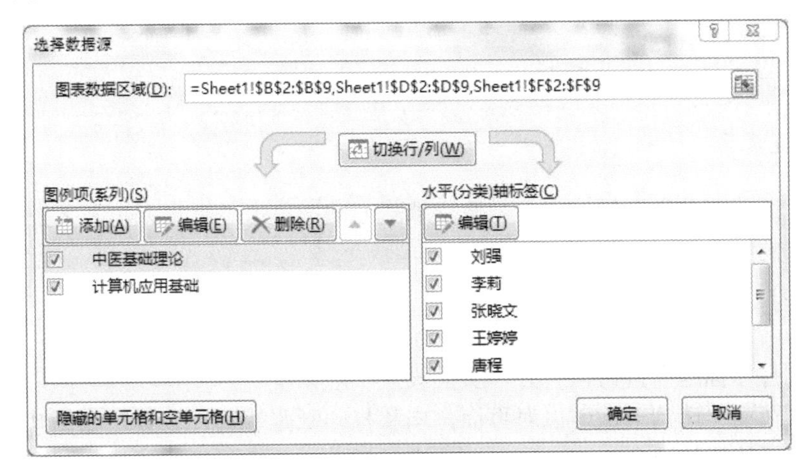

图 4.23 “选择数据源”对话框

2）修改数据系列：在工作表中修改单元格的数值，图表中相应的值会自动修改。

3. 其他修改

其他修改主要是指对图表及图表对象（如图表标题、分类轴、图例等）进行编辑。选中图表后，在“图表工具”面板的“设计”或“格式”选项卡中，可以实现对图表的编辑操作，也可以通过快捷菜单来编辑或格式化图表。

例如，若在创建图表时没有设置图表标题，可以按以下操作步骤来添加图表标题。

1）单击图表，使图表处于选定状态，出现“图表工具”面板。

2）单击“图表工具”→“设计”→“图表布局”→“添加图标元素”下拉按钮，在弹出的下拉列表中选择“图标标题”选项。

3）在弹出的下级列表中选择一种标题类型，如“居中覆盖”，在图表中将出现“图表标题”标签。

4）修改“图表标题”标签的内容，完成标题添加工作。

添加坐标轴标题、改变图例、添加数据标签等操作与上述操作类似。编辑后的图表数据显示更清楚。

4.8　页面设置与打印

Excel 2016 可以打印工作表、图表及整个工作簿。在打印之前，需要先进行页面设置，观察打印预览效果，经过调整后再打印输出。

4.8.1　页面设置

页面设置主要包括设置纸张大小、纸张方向、打印内容、页眉和页脚等操作，可以通过“页面布局”选项卡“页面设置”组实现。

1. 设置页边距

单击“页边距”下拉按钮，可以设置工作表或图表的页边距。

2. 设置页面

单击“纸张方向”下拉按钮，可选择纸张方向；单击“纸张大小”下拉按钮，可选择打印纸张的大小。

3. 打印标题

单击“打印标题”按钮，打开“页面设置”对话框。

单击“页面”选项卡，可以对页面方向和打印纸张等进行设置，如图 4.24 所示。

单击“页边距”选项卡，可以对页边距及居中方式进行设置，如图 4.25 所示。

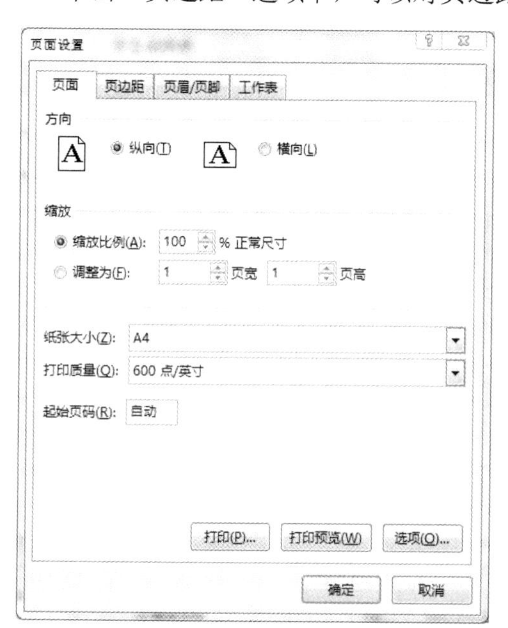

图 4.24　“页面设置”对话框中的“页面”选项卡

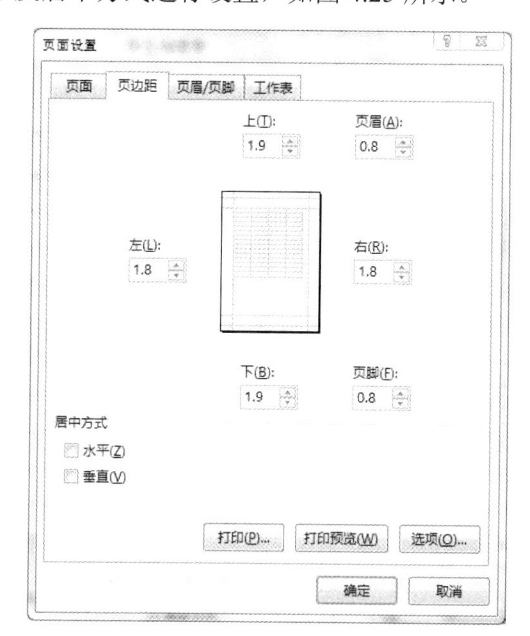

图 4.25　“页面设置”对话框中的“页边距”选项卡

单击“页眉/页脚”选项卡，可以对页眉和页脚进行设置，如图4.26所示，其中有“页眉”“页脚”下拉列表，列表里是预先定义好的页眉或页脚格式，可以进行选择，也可以自定义页眉或页脚。

单击“工作表”选项卡，可以进行打印区域、打印标题等的设置，如图4.27所示。

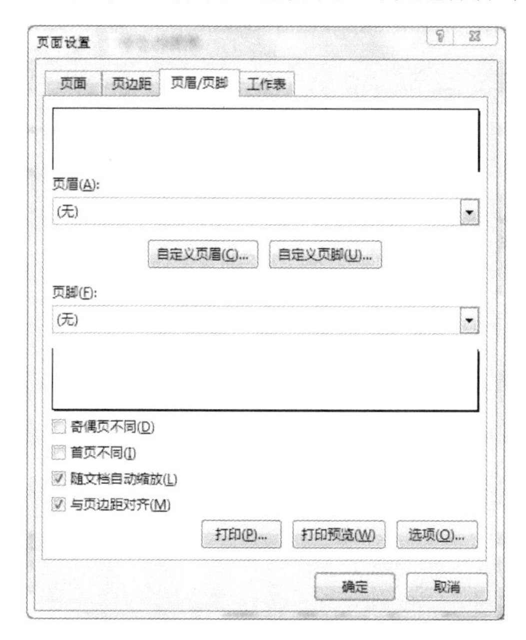

图4.26 “页面设置”对话框中的“页眉/页脚”选项卡

图4.27 “页面设置”对话框中的“工作表”选项卡

4.8.2 打印预览与打印

用户可以利用打印预览功能在打印之前模拟显示打印的效果，检查各种设置是否合适、是否需要修改，达到理想效果后再进行打印。

1. 打印预览

打印预览可以更真实地反映文档打印效果。在“打印”界面右侧的预览区域可以查看Excel 2016文档的打印效果，包括纸张方向、页面边距等。

2. 打印

1）选择“文件”→“打印”命令，弹出打印设置选项，如图4.28所示。

2）在“份数”文本框中输入要打印文本的份数，系统默认打印1份。

3）在“打印机”下拉列表中选择要使用的打印机名称。

4）在“设置”下拉列表中选择打印范围：“打印整个工作簿”选项是指打印工作簿的全部工作表，“打印活动工作表”选项是指只打印当前活动工作表，“打印选定区域”选项是指打印文档中所选定的部分区域。

图 4.28 打印设置选项

5）在“页数”文本框中输入要打印的准确页码。如果要打印某一页，则直接输入该页页码。

此外，还可以设置打印方向、纸张类型、边距等内容。最后，单击“打印”按钮，即可开始打印文档。

本 章 小 结

本章详细介绍了 Excel 2016 的基本操作，通过本章的学习，读者能熟练地进行工作表的建立、编辑，工作表中数据的计算、显示等操作，并能对工作表中的数据进行排序、分类汇总等，完成数据图表化的操作。

第 5 章　演示文稿软件的使用

PowerPoint 2016 是 Microsoft Office 2016 的一个重要组成部分，作为专业的演示文稿制作软件，是用户表达思想的有力工具。演示文稿是由若干张幻灯片组成的，所以 PowerPoint 也称为幻灯片制作软件。PowerPoint 文件扩展名为.pptx。PowerPoint 2016 可以使用不同的方式播放幻灯片，具有良好的信息展示效果。通过本章的学习，读者可了解 PowerPoint 2016 系统的整体工作环境，并具备独立制作幻灯片的能力。

5.1　PowerPoint 2016 窗口

打开 PowerPoint 2016 应用程序窗口，其初始界面默认为只有一张空白幻灯片的演示文稿，如图 5.1 所示。也可以在 PowerPoint 窗口中选择“文件”→“新建”→“空白演示文稿”选项来创建演示文稿。

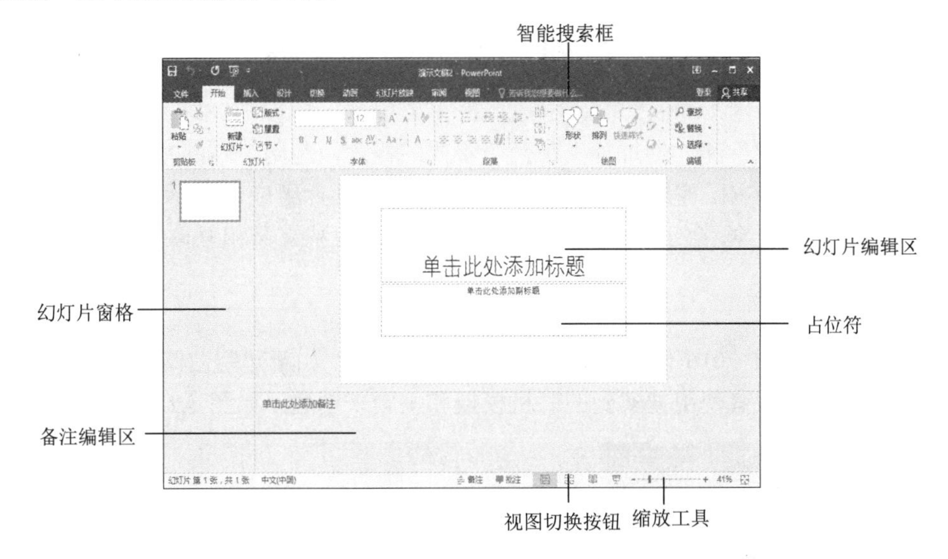

图 5.1　PowerPoint 2016 窗口

PowerPoint 2016 窗口具有与 Word 2016 窗口相似的标题栏、快速访问工具栏和功能区，与 Word 2016 窗口的主要区别在于文稿编辑区和视图切换按钮。PowerPoint 2016 的文稿编辑区放置了若干占位符供用户输入信息；视图切换按钮包括“普通视图”“幻灯片浏览”“阅读视图”“幻灯片放映”。

1. 文稿编辑区

文稿编辑区包括三部分，即幻灯片编辑区、幻灯片窗格和备注编辑区，它们是对文稿进行创作和编排的区域。

1）幻灯片编辑区：用于输入幻灯片内容、插入图片和表格、设置格式。

2）幻灯片窗格：显示幻灯片的标题和正文。

3）备注编辑区：可以为演示文稿创建备注页，用于写入幻灯片中没有列出的内容，并可以在演示文稿放映过程中进行查看。

2. 视图切换按钮

视图切换按钮允许用户在不同视图中显示幻灯片，从左至右依次为“普通视图”“幻灯片浏览”“阅读视图”“幻灯片放映”按钮。

1）普通视图：默认的视图模式，集大纲、幻灯片、备注三种模式为一体，使用户既能全面考虑演示文稿的结构，又能方便地编辑幻灯片的细节。

2）幻灯片浏览：可在屏幕上同时看到演示文稿中的所有幻灯片，适合于插入、删除、移动幻灯片等操作。

3）阅读视图：适合于在屏幕上阅读文档，不显示“文件”菜单、功能区等窗口元素。

4）幻灯片放映：放映幻灯片，与选择“幻灯片放映”→“开始放映幻灯片”选项的功能是相同的。

5.2 创建和编辑演示文稿

通过“演示文稿”和“幻灯片”是两个不同的概念，利用 PowerPoint 2016 制作出来的文件称为演示文稿，它是一个文件，由若干张幻灯片组成。演示文稿中的每一页都称为一张幻灯片，每张幻灯片都是演示文稿中既相互独立又相互联系的内容。

5.2.1 创建演示文稿

通过 PowerPoint 2016 创建新演示文稿有多种方法，如新建空白演示文稿、基于模板创建演示文稿，或者使用搜索到的联机模板和主题来创建，如图 5.2 所示。

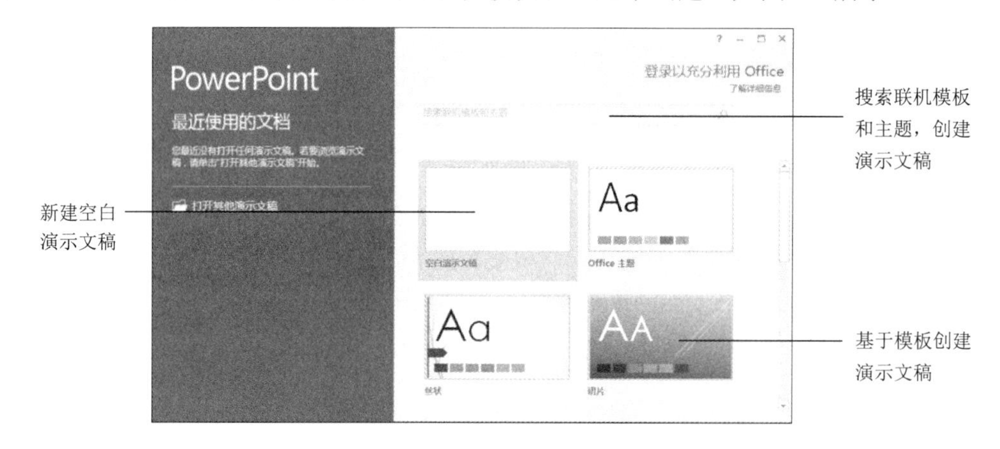

图 5.2 新建演示文稿界面

新建空白演示文稿时，新建的演示文稿不含任何文本格式、图案和色彩，适用于准备自己设计图案、配色方案和文本格式的用户。

PowerPoint 2016 提供了丰富的模板，基于模板创建演示文稿时，输入相应的文字即可自动快速形成演示文稿。

PowerPoint 2016 还提供网上搜索模板的功能，因此使用搜索到的联机模板和主题来创建演示文稿也是不错的选择。

PowerPoint 2016 演示文稿的保存、打开和关闭操作与 Word 2016、Excel 2016 的文档操作方法相同，在此不再赘述。

5.2.2 编辑演示文稿

在 PowerPoint 2016 中，可以方便地输入和编辑文本、插入图片和表格等。插入、删除、复制、移动幻灯片是编辑演示文稿的基本操作。

1. 插入新幻灯片

在各种幻灯片视图中都可以方便地插入幻灯片。

单击“开始”→“幻灯片”→“新建幻灯片”下拉按钮，弹出的下拉列表中有各类幻灯片版式，选择“Office 主题”列表中的某个幻灯片版式，便可以按照所选的版式插入幻灯片。

2. 删除幻灯片

在各种幻灯片视图中都可以方便地删除幻灯片。选择要删除的幻灯片，按【Delete】键即可将当前幻灯片删除。

3. 移动和复制幻灯片

在幻灯片窗格或幻灯片浏览视图中移动和复制幻灯片较为方便。选中待移动的幻灯片，单击“开始”→“剪贴板”→“剪切”按钮，确定目标位置后，再单击“开始”→“剪贴板”→“粘贴”下拉按钮，可将幻灯片移动到新位置。如果将上述“剪切”按钮换为“复制”下拉按钮，则可执行复制操作。

选中并拖动幻灯片到指定位置，也可实现幻灯片的移动。

4. 文本编辑

文本编辑一般在普通视图下进行，编辑方式与 Word 2016 基本相同。需要注意的是，在幻灯片中输入文字时，应当在占位符（文本框）中输入，如果没有占位符，需要提前插入文本框充当占位符。

Excel 2016 图片和表格的插入方式也与 Word 2016 中的操作相同。

5.3 格式化演示文稿

在输入幻灯片内容之后，可以从文字格式、段落格式、幻灯片版式等方面格式化演示文稿，制作精美的幻灯片。

5.3.1 格式化文字和段落

1. 设置文字格式

文字格式主要包括字体、字号和文字颜色等方面。设置文字格式可以通过单击“开始”→“字体”组中的相应按钮来进行，也可以通过单击“开始”→“字体”→“字体”按钮，在打开的“字体”对话框中设置。操作步骤如下。

1）选定要设置格式的文本。

2）单击“开始”→“字体”→“字体”按钮，打开“字体”对话框，如图 5.3 所示，可在该对话框中设置字体、字号及一些特殊效果。

图 5.3 “字体”对话框

3）如果需要设置文本颜色，单击“字体颜色”右侧的下拉按钮，在颜色选择器中选择合适的颜色。最后单击“确定”按钮完成设置。

2. 设置段落格式

段落的格式化内容包括设置段落的对齐方式、行间距及项目符号与编号等。在 PowerPoint 2016 中，可以使用“段落”组中的命令完成上述设置。

（1）通过命令按钮设置段落格式

1）设置文本段落的对齐方式。先选定文本框或文本框中的某段文字，单击“开始”→

“段落”组中的对齐按钮，这五个按钮依次是“左对齐”“居中”“右对齐”“两端对齐”“分散对齐”按钮。

2）设置行距和段落间距。单击“开始”→“段落”→“行距”按钮，设置选定的文字或段落的行距。

3）设置项目符号和编号。默认情况下，单击“开始”→“段落”→“项目符号”按钮/“编号”按钮，可直接添加项目符号或编号。

（2）通过对话框设置段落格式

选定要设置格式的文本段落，单击“开始”→“段落”→“段落”按钮，或右击所选段落，选择“段落”命令，打开“段落”对话框，如图 5.4 所示。在“段落”对话框中可完成对选定段落的对齐方式、缩进格式、间距等项目的设置。

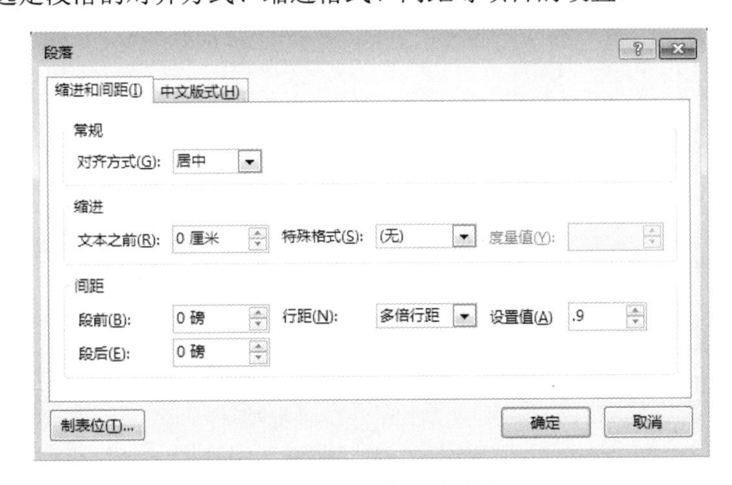

图 5.4　“段落”对话框

5.3.2　更改幻灯片版式

幻灯片版式指的是幻灯片的页面布局。PowerPoint 2016 提供了多种版式供用户选择，也允许用户自定义版式。如果要对现有的幻灯片版式进行更改，可按下列步骤操作。

1）选定要更改版式的幻灯片。

2）单击“开始”→“幻灯片”→“版式”下拉按钮，或右击幻灯片，在弹出的快捷菜单中选择“版式”命令，打开“Office 主题”下拉列表。

3）在“Office 主题”列表中选择一种版式，然后对标题、文本和图片的位置及大小做适当调整，如图 5.5 所示。

5.3.3　更改幻灯片背景颜色

为了使幻灯片更美观，可适当改变幻灯片的背景颜色，操作步骤如下。

1）选定要更改背景颜色的幻灯片。

2）在普通视图下，单击“设计”→“自定义”→“设置背景格式”按钮，打开“设置背景格式”窗口，如图 5.6 所示。

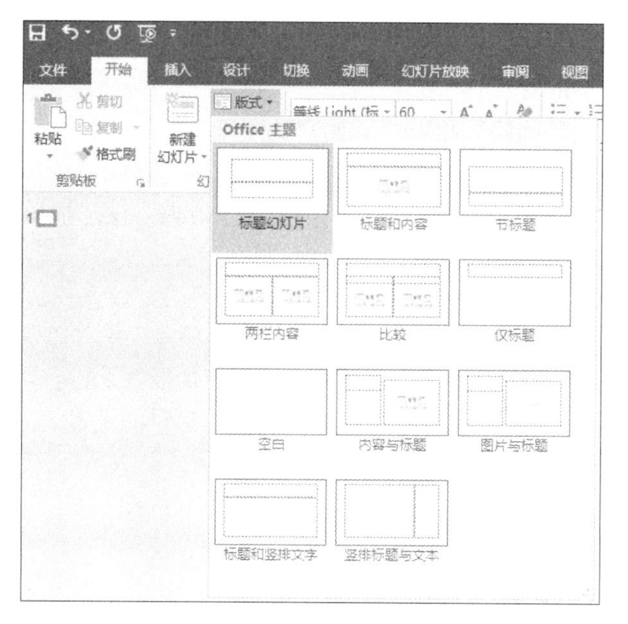

图 5.5 更改幻灯片版式

3）在“填充”组中设置颜色时，单击“颜色”右侧的“填充颜色”下拉按钮，在弹出的下拉列表中选择“其他颜色”选项，打开“颜色”对话框，如图 5.7 所示。

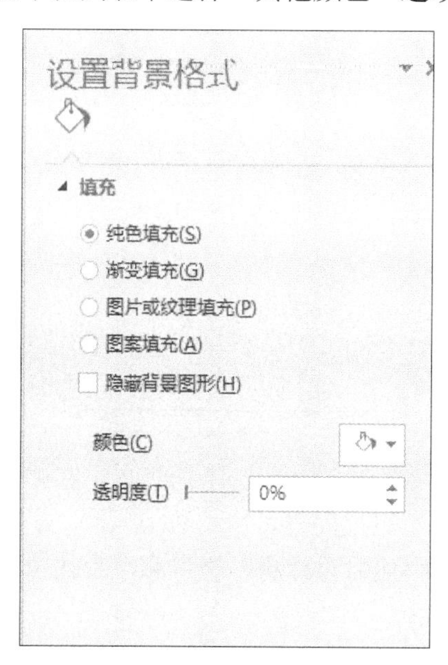

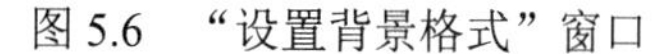
图 5.6 “设置背景格式”窗口

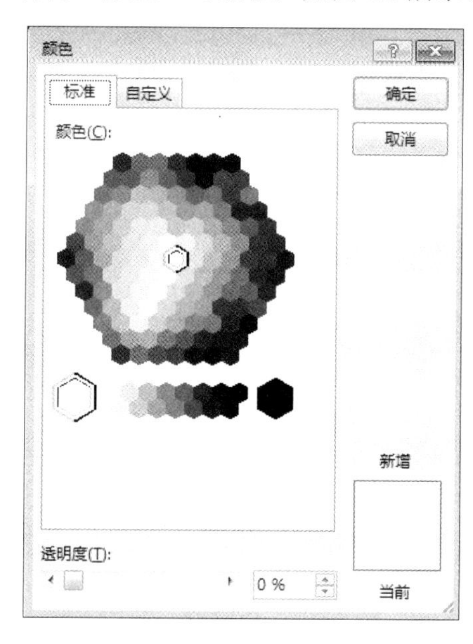

图 5.7 “颜色”对话框

4）在“颜色”对话框中选择一种颜色，然后单击“确定”按钮。

5）如果单击“设置背景格式”窗口中的“全部应用”按钮，设置的背景将应用到全部幻灯片。

5.3.4　更换幻灯片主题

1. 套用内置主题

PowerPoint 2016 提供了很多主题方案供用户选择，帮助用户方便、快速地创作精美的演示文稿。要快速套用内置主题，可单击“设计”→“主题”→“其他”下拉按钮（图 5.8），展开所有可用的主题样式，选择需要的主题即可。

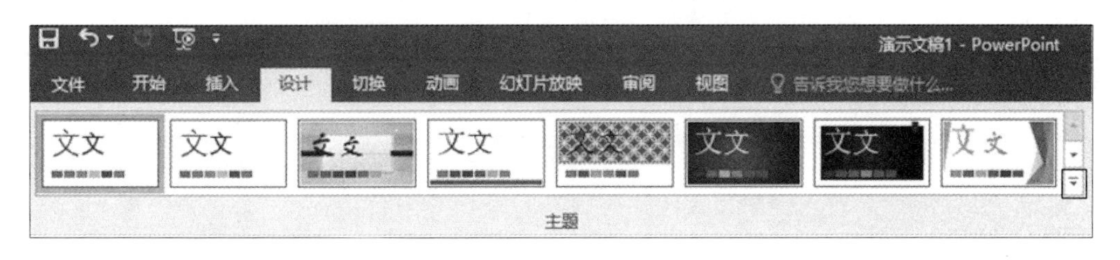

图 5.8　“设计”选项卡主题样式

2. 设置主题颜色

可通过选择 PowerPoint 2016 内置的颜色方案对已设置主题的背景、文字等颜色搭配方案进行修改，单击“设计”→“变体”→“其他”下拉按钮，在弹出的下拉列表中选择“颜色”选项，可打开颜色设置界面，如图 5.9 所示。

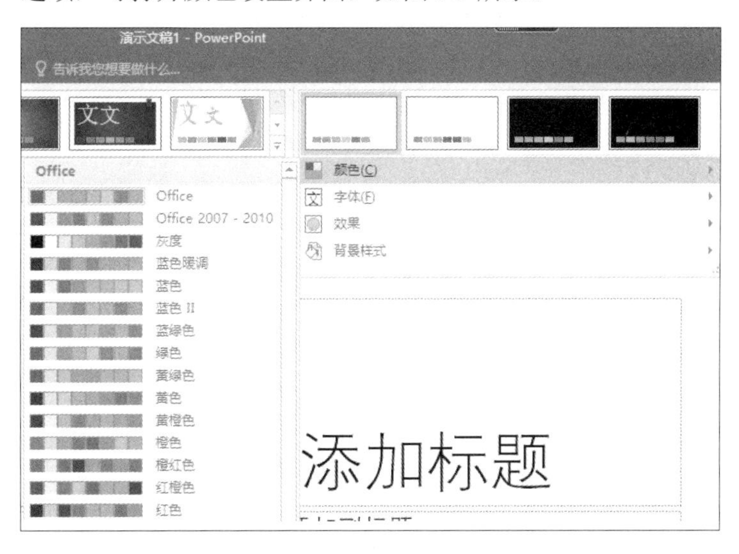

图 5.9　主题颜色设置

3. 设置主题字体

与设置主题颜色的操作相似，可通过单击“设计”→“变体”→“其他”下拉按钮，在弹出的下拉列表中选择“字体”选项，对主题中的字体进行重新选择和自定义设置。

5.4 设置幻灯片效果

5.4.1 设置幻灯片动画效果

1. 添加动画

单击“动画”→“动画”/“高级动画”组中的相应按钮，可以为幻灯片设置动画效果，如图 5.10 所示。

图 5.10 “动画”选项卡

选中需要设置动画的对象后，单击“动画”→“其他”按钮或单击“高级动画”→“添加动画”下拉按钮，在弹出的动画样式下拉列表中可以设置对象的“进入”效果、“强调”效果、“退出”效果及“动作路径”等，如图 5.11 所示。

选中一种动画效果，单击“效果选项”按钮，可以设置方向；单击“动画”→“动画”→“显示其他效果选项”按钮，打开相应的效果选项对话框，如图 5.12 所示，可以在“效果”“计时”“正文文本动画”选项卡中对播放效果进行设置。在“动画”→“计时”组中也可以设置效果开始的方式、持续时间、延迟时间等。

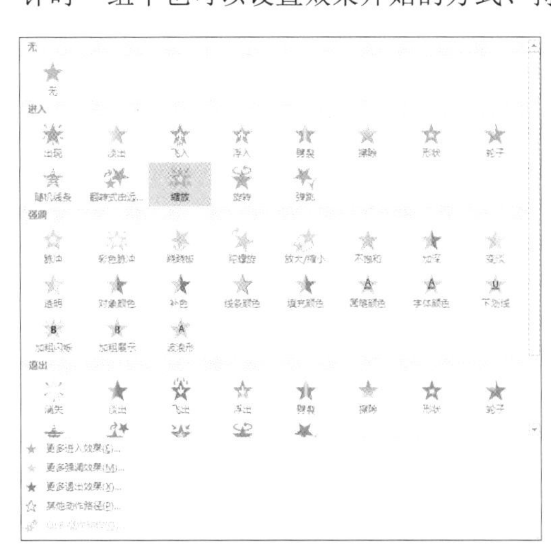

图 5.11 动画样式列表

图 5.12 设置动画的播放效果

单击“动画”→“预览”按钮，可预览当前幻灯片上的动画效果。

2. 修改动画播放顺序

在默认情况下，幻灯片中动画的播放顺序是按照用户添加动画的顺序排列的。单击“动画”→“高级动画”→“动画窗格”按钮，打开“动画窗格”窗口，如图 5.13 所示，其中列出了选定幻灯片包含的动画，选择需要改变播放顺序的动画，拖动鼠标到达指定的位置后松开鼠标，即可实现对选定动画播放顺序的向前或向后调整。

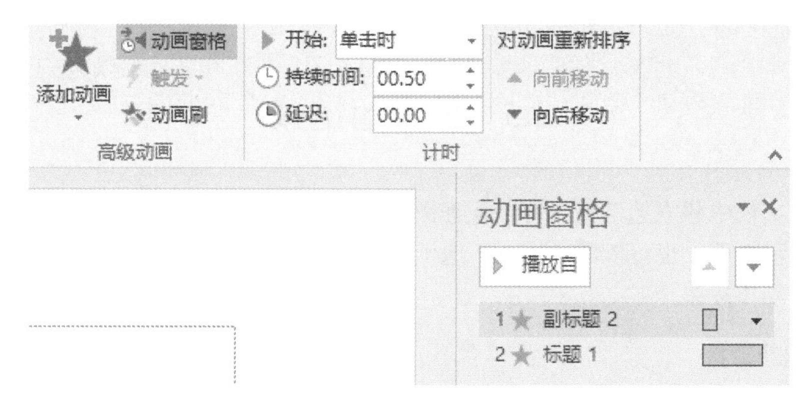

图 5.13　“动画窗格”窗口

5.4.2　设置幻灯片切换效果

幻灯片切换效果是指在演示文稿放映过程中由一个幻灯片切换到另一个幻灯片的方式。

单击“切换”→“切换到此幻灯片”→“其他”下拉按钮，打开幻灯片切换效果列表，可以在其中设置幻灯片切换的各种效果，如图 5.14 所示。

图 5.14　幻灯片切换效果列表

选择幻灯片切换效果后，可以在“切换”选项卡下继续修改幻灯片的切换效果和换片方式。其中，“切换”选项卡的“计时”组中包括“持续时间”和“换片方式”等选项，用于设置各个幻灯片之间的切换效果。“换片方式”是指播放幻灯片的方式。如果要控制演讲的时间，可设置以固定间隔时间播放各个幻灯片。

默认情况下，设置的幻灯片切换效果仅作用于当前幻灯片，对其他幻灯片无效。但当单击“全部应用”按钮时，表示设置的幻灯片切换效果应用于本演示文稿的所有幻灯片。

5.5 使用超链接

在演示文稿中建立超链接，可以快速跳转到某个对象，跳转的对象可以是一个幻灯片、一个演示文稿，也可以是 Internet 地址等。创建超链接的起点一般是文本或图片，也可以使用动作按钮。

5.5.1 创建超链接

创建超链接的操作步骤如下。

1）在幻灯片中选中要创建超链接的对象，如文本或图片。

2）单击“插入”→“链接”→“链接”按钮，打开“插入超链接”对话框，如图 5.15 所示。该对话框左侧有四个按钮，介绍如下。

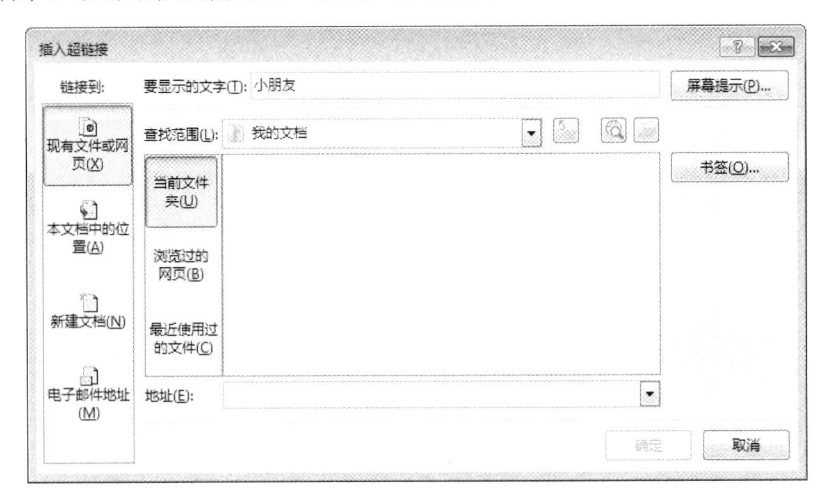

图 5.15 “插入超链接”对话框

① 现有文件或网页：超链接到其他文档、应用程序或网址。

② 本文档中的位置：超链接到本文档的其他幻灯片。

③ 新建文档：超链接到一个新文档中。

④ 电子邮件地址：超链接到一个电子邮件地址。

3）在上述选项中，选择或输入链接地址后，单击“确定”按钮，完成超链接设置。

5.5.2 使用动作按钮插入超链接

使用动作按钮插入超链接的操作步骤如下。

1）单击“插入”→“链接”→“动作”按钮，打开“操作设置”对话框，如图 5.16 所示。

图 5.16 “操作设置”对话框

2）选择“单击鼠标”选项卡，选中“超链接到”单选按钮，并在下拉列表中选择“幻灯片...”选项，然后根据需要设置需要链接到的目标幻灯片。

3）单击“确定”按钮，完成设置。

5.5.3 编辑和删除超链接

超链接的编辑和删除方法与插入超链接的方法类似，也是单击“插入”→“链接”→“链接”按钮，在打开的“插入超链接”对话框中进行相应操作。

5.6 插入多媒体

为改善幻灯片在播放时的视听效果，用户可以在幻灯片中加入多媒体对象。下面介绍如何在幻灯片中插入声音、视频和 Flash 动画文件，并进行相应的设置。

5.6.1 插入音频文件

在幻灯片中插入音频文件的操作步骤如下。

1）在普通视图下，选择要插入声音的幻灯片。

2）单击“插入”→“媒体”→“音频”下拉按钮，在弹出的下拉列表中选择“PC

上的音频”选项，打开“插入音频”对话框。

3）在“插入音频”对话框中找到并选中要插入的声音文件，单击“插入”按钮，即将音频文件插入文档中，幻灯片中出现声音图标 。插入完成后，在如图 5.17 所示的“播放”选项卡中，可以编辑音频或设置自动播放选项。

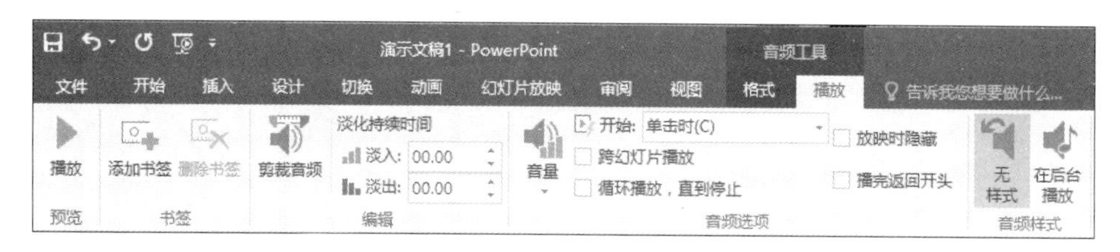

图 5.17 “播放”选项卡

4）设置完成后，播放幻灯片时可播放声音文件。

5.6.2 插入视频文件

在幻灯片中插入视频文件的操作步骤如下。

1）在普通视图下，选择要插入视频的幻灯片。

2）单击“插入”→“媒体”→“视频”下拉按钮，在弹出的下拉列表中选择“PC 上的视频”选项，打开“插入视频文件”对话框。

3）在“插入视频文件”对话框中找到要插入的影片文件，单击“确定”按钮，弹出播放影片系统信息提示对话框，用户选定的视频文件便插入了幻灯片中。

4）在“视频工具”→“播放”选项卡中，可以编辑视频或设置视频的播放方式，在幻灯片中会出现剪辑的片头预览图像，单击预览图像，可以拖动预览图像控点，调整视频的大小。用户还可根据需要选择自动播放或单击时播放。

5.6.3 插入 Flash 动画文件

部分在 PowerPoint 2016 中难以实现的动画效果可以使用 Flash 制作实现，然后导出为.swf 格式的 Flash 动画，再插入幻灯片中。插入 Flash 动画文件的操作步骤如下。

1）在普通视图下，选择要插入 Flash 动画的幻灯片。

2）选择“文件”→“选项”→“自定义功能区”选项，在“自定义功能区”的“主选项卡”一栏中选中“开发工具”复选框，单击“确定”按钮使“开发工具”选项卡出现在功能区中。

3）单击“开发工具”→“控件”→“其他控件”按钮，在弹出的“其他控件”对话框中选择“Shockwave Flash Object”选项，单击“确定”按钮。

4）在幻灯片中拖动鼠标绘制一个矩形，右击该矩形，在弹出的快捷菜单中选择“属性表”命令，打开 Flash 对象的“属性”对话框，设置其 Movie 属性为所选择的 Flash 文件。在幻灯片播放时将自动播放 Flash 动画文件。

5.7　放映与打印幻灯片

5.7.1　放映设置

幻灯片设计完成后，可根据需要设置放映类型、选项、方式等。例如，设置演示文稿的放映方式为“在展台浏览（全屏幕）”，并在放映时应用“排练”，其操作步骤如下。

1）单击“幻灯片放映”→“设置”→“排练计时”按钮，排练演示文稿的播放方式并计时，排练结束时保存排练时间。

2）单击“幻灯片放映”→“设置”→“设置幻灯片放映”按钮，在打开的“设置放映方式”对话框中设置“放映类型”为“在展台浏览（全屏幕）”，选择“换片方式”为“如果存在排练时间，则使用它”，单击“确定”按钮。

3）放映幻灯片，幻灯片将按照排练时间自动播放。

5.7.2　放映幻灯片

在 PowerPoint 2016 中放映幻灯片时，可以在幻灯片的各种视图中选择开始演示的第一张幻灯片，然后单击演示文稿窗口右下角的“幻灯片放映”按钮，或单击“幻灯片放映”→“开始放映幻灯片”组中的按钮，如图 5.18 所示。

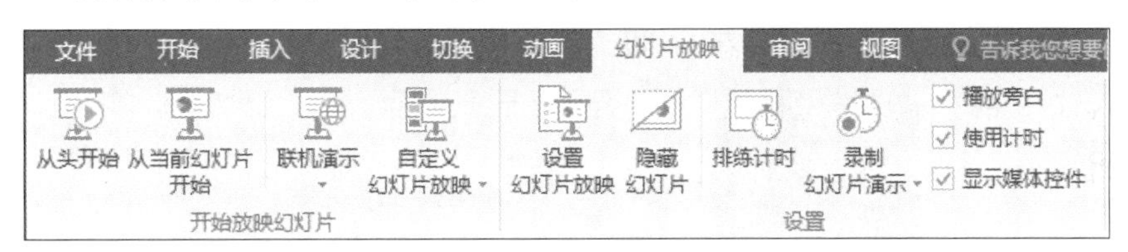

图 5.18　“幻灯片放映”选项卡

如果设置的是手动换片，则按【PageDown】键或单击演示下一页，按【PageUp】键显示前一页。幻灯片放映完毕或按【Esc】键回到原来的编辑状态。

放映过程中，单击播放屏幕左下角的播放控制图标或右击演示区域的任何地方都会弹出快捷菜单，选择菜单中对应的命令可进行幻灯片定位、翻页，并且可以随时执行“结束放映”命令退出放映状态。

5.7.3　墨迹标记

在放映幻灯片时，可以使用鼠标在幻灯片上做标记，以对幻灯片内容进行讲解或强调。在幻灯片播放状态下右击，在弹出的快捷菜单中选择“指针选项”→“墨迹颜色”命令，选择墨迹颜色后，鼠标指针呈圆点状，即可进行标记，如图 5.19 所示。若需要清除墨迹，则可通过快捷菜单中的“橡皮擦”或“擦除幻灯片上的所有墨迹”命令实现。

图 5.19　墨迹设置

5.7.4　打印幻灯片

幻灯片设计制作完成后，用户可将其打印出来。其打印设置与 Word 2016 的打印设置类似，在“文件”菜单的打印界面可设置所有打印属性，如图 5.20 所示。例如，设置打印范围（默认为打印全部幻灯片）、每页打印幻灯片张数、页眉和页脚等。

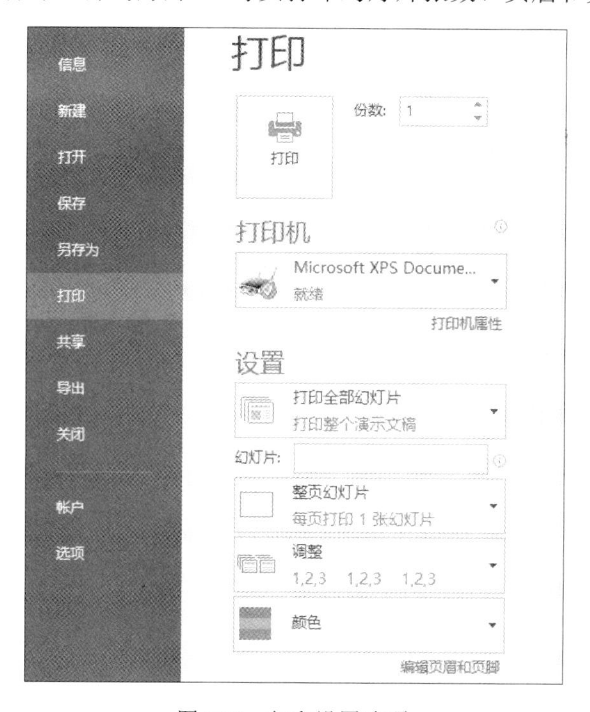

图 5.20　打印设置选项

5.8 PowerPoint 2016 应用实例

本节将综合应用前面的知识制作一个名为“现代互联网概述”的演示文稿，对标题进行艺术字设置，并对幻灯片进行背景设置。下面介绍具体操作步骤。

1. 建立演示文稿

1）在 Windows 10 操作系统下，启动 PowerPoint 2016 程序，打开一个只有一张空白幻灯片的演示文稿。也可以通过在 PowerPoint 2016 窗口中选择“文件”→“新建”→“空白演示文稿”选项来建立演示文稿。将演示文稿以“现代互联网概述.pptx”为文件名保存在 E:\PPT 文件夹中。

2）选中第一张幻灯片，单击“开始”→“幻灯片”→“版式”下拉按钮，在弹出的“Office 主题”列表中选择“标题幻灯片”版式，将其应用在当前幻灯片上，然后在“单击此处添加标题”处填写标题内容为“现代互联网概述”，在“单击此处添加副标题”处输入“1. 现代互联网结构”“2. 公用网络”“3. 局域网”“4. 接入网”四行文字。

3）单击“开始”→“幻灯片”→“新建幻灯片”下拉按钮，在弹出的“Office 主题”列表中选中“标题和内容”版式，插入第二张幻灯片。

4）单击“设计”→“主题”→“其他”下拉按钮，在弹出的下拉列表中选择“平面”选项。

2. 设置艺术字和字体颜色

在第一张幻灯片中，选中主标题文字，单击“插入”→“文本”→“艺术字”下拉按钮，在弹出的下拉列表中选择第三行第三列艺术字样式，然后删除原主标题文本框，将艺术字调整到合适位置和大小。选中下面的文字内容，在“开始”选项卡中设置字体为“黑体”，字号为“32”，颜色为“蓝色”，打开“段落”对话框，设置段前为“0 磅”，段后为“0 磅”，行距为“1.5 倍行距”。

复制第一张幻灯片中“1. 现代互联网结构”，粘贴到第二张幻灯片标题区域。

3. 插入图片和创建超链接

1）插入图片。选中第二张幻灯片内容部分，单击“插入”→“图像”→“图片”按钮，在打开的“插入图片”对话框中选择要插入图片的路径并选中图片，单击“插入”按钮，然后适当调整图片的位置和大小。

2）创建超链接。切换到第一张幻灯片，选中“1. 现代互联网结构”，单击“插入”→“链接”→“链接”按钮，在打开的“插入超链接”对话框中单击“本文档中的位置”按钮，并在右侧“请选择文档中的位置”列表框中选择第二张幻灯片，单击“确定”按钮即设置完成。

4. 设置动画效果并观看放映效果

1）设置对象动画效果。切换到第一张幻灯片，先选中标题部分，单击“动画”→“动画”→“其他”下拉按钮，在弹出的下拉列表中选择“进入”→“飞入”选项；再选中内容，同样在“动画”组中选择“擦除”进入方式。

2）设置幻灯片切换效果。切换到第二张幻灯片，单击“切换”→“切换到此幻灯片”→“其他”下拉按钮，在弹出的下拉列表中选择“细微型”→“切出”选项。

3）放映幻灯片。单击“幻灯片放映”→“开始放映幻灯片”→“从头开始”按钮即可观看幻灯片放映效果。第一张幻灯片和第二张幻灯片最终的结果分别如图 5.21 和图 5.22 所示。

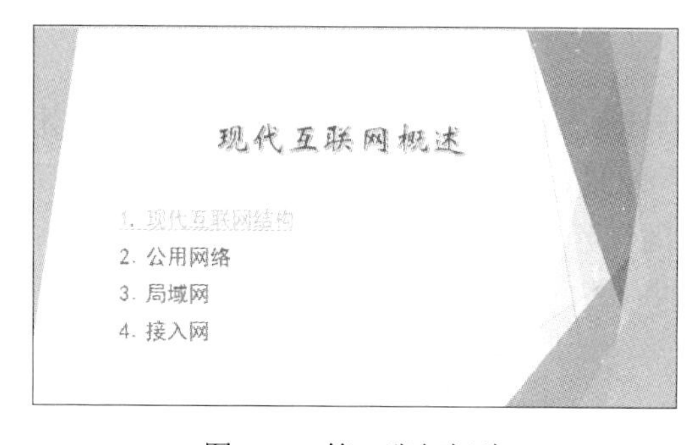

图 5.21　第一张幻灯片

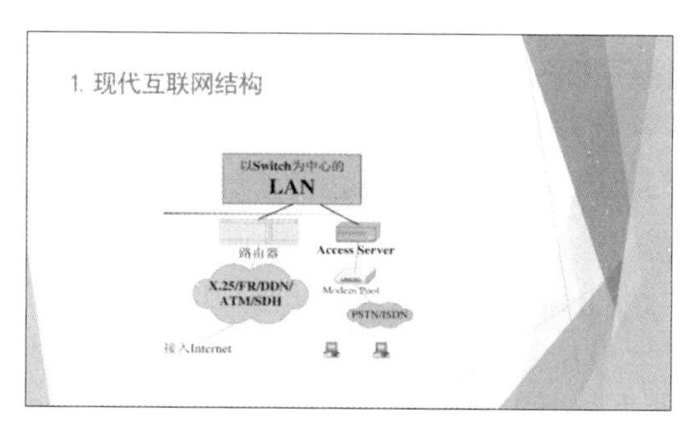

图 5.22　第二张幻灯片

本 章 小 结

本章详细介绍了 PowerPoint 2016 的基本操作。通过本章的学习，读者能熟练地进行幻灯片的文本编辑、外观设计、动画制作、模板设计和放映设置等操作，并能够通过自我学习，完善知识体系，触类旁通，具备制作高水平演示文稿的能力。

第6章　计算机网络和互联网技术基础

计算机网络是20世纪影响人类文明的重大发明之一，促使人类的生产生活发生了巨大的变化，对很多领域的发展和创新起到了很强的支撑和推动作用。计算机网络自诞生之日起就迅速发展，已成为现代信息社会的重要支柱，特别是被誉为“信息高速公路”的国际互联网（Internet）的形成和发展，使人类社会迅速进入一个全新的网络时代。信息化、数字化、全球化、网络化是21世纪人类社会的重要特征。

6.1　计算机网络概述

计算机网络是计算机技术与现代通信技术紧密结合的产物。在通信技术高速发展的今天，计算机网络已遍布我们生活的每个角落，它的发展水平已成为衡量一个国家科技水平和社会信息化程度的重要标志。目前，计算机网络的应用已成为计算机应用的主流，它使用户真正理解“网络就是计算机”这一理念的内涵。下面主要介绍计算机网络的概念、功能、演变、应用、组成、分类和拓扑结构等相关基础知识。

6.1.1　计算机网络的概念

在计算机网络发展初期，计算机网络主要指用通信介质连接起来的，由分散的计算机、终端及其附属设备构成的，可以相互通信的系统。1970年，在美国信息处理协会召开的春季计算机联合会议上，计算机网络被定义为“以能够共享资源（硬件、软件和数据等）的方式连接起来，并且各自具备独立功能的计算机系统之集合”。

随着分布处理技术的发展和从用户使用角度考虑，计算机网络的概念也发生了变化。目前较为通用的定义为：通过通信设备和通信线路，将地理位置不同的、具有独立功能的多台计算机及其外部设备连接起来，并在网络协议和网络软件的管理和控制下，实现数据传输和资源共享的计算机系统。

该定义包含以下三个要点。

1）两台以上具有独立操作系统的自主计算机，包括各种类型的个人计算机、工作站、服务器、数据处理终端等。

2）用于连接的通信设备和通信线路。通信设备是指网络连接设备，如网关、网桥、集线器、交换机、路由器等；通信线路是指网络传输介质，如同轴电缆、双绞线、光纤、微波等。

3）网络协议和软件的支持。网络协议用于实现统一控制和管理，相关的网络软件用于实现各类网络应用。

每台连入网络的计算机或其他设备都是一个节点。网络上的任何计算机、主机、工作站、服务器、网络交换机、网络传真机、网络打印机或任何其他拥有网络地址的设备都是节点。整个网络就是由众多的网络节点组成的。

6.1.2 计算机网络的功能

1. 数据传输

数据传输也称数据通信，是计算机网络的基本功能之一，也是构建计算机网络的主要目的。构建计算机网络主要是为了让分布在不同地理位置的计算机用户之间能够相互通信，使用户可以快捷、方便地与他人进行信息交换，如收发电子邮件、即时通信、发布消息、参与视频会议等，为计算机用户提供卓越的信息传递手段。

2. 资源共享

资源共享也是计算机网络的基本功能之一，是指网上用户可以相互享用部分或全部计算机网络中的各种资源。可共享的资源包括计算机硬件资源、软件资源和数据资源。单机系统中的硬件资源、软件资源和数据资源只有本机用户才可以使用，而让多用户共享这些资源也是构建计算机网络的另一个主要目的。

资源共享可以提高设备和数据的利用率，避免资源的重复投资，减少重复性的开发工作，从而节约开支，降低成本，并可在一定程度上保障数据的完整性和一致性。

3. 综合信息服务

通过计算机网络，用户可以享用极为丰富的信息资源，此类应用在国际互联网上尤为多见。网络是一个巨大的信息资源宝库，当前的综合服务网络可实现多种不同类型的信息传输，如字符、图形、图像、语音、视频等；可提供电子邮件、电子公告、电子商务、视频电话、虚拟社区、云存储等多种信息服务。

4. 分布式处理

分布式处理是指多台相连的计算机各自承担同一工作任务的不同部分，在分布式系统控制下同时运行，共同完成这一工作任务。通常执行巨大、复杂的工程和任务时，靠单一计算机很难完成，基于网络环境的分布式处理系统能将不同地点的，或具有不同功能的、拥有不同数据的多台计算机连接起来，在控制系统的统一管理控制下，协调有序地完成信息处理任务。它的主要优势是可充分利用网上的计算机资源，平衡系统中各主机的任务负荷，极大地提高整个系统的利用率和运行效能，加速完成任务。

5. 提高系统可靠性和可用性

当网络上某节点出现故障时，可以由网络中其他节点代替，从而避免整个系统瘫痪，提高系统的可靠性；当网络中某台计算机任务过重时，可以将该机上的部分任务转交给其他闲置计算机，以使负载均衡，提高系统的可用性。

6.1.3　计算机网络的演变

随着计算机技术普及至社会各行业及各技术领域，人们对高速、安全、可靠的数据通信和信息共享提出了新要求，促使计算机技术向群体化方向发展，并与通信技术相结合，最终形成这一融合了两大现代化技术的新型科技。

现代计算机网络的雏形源于 20 世纪 60 年代中期出现在美国的计算机互连系统。之后，美国国防部高级研究计划署（Advanced Research Projects Agency，ARPA）提出了一个计算机互连的计划，1969 年建立了由 4 所大学的 4 台大型计算机作为节点构造的采用分组交换技术的计算机网络，到 1971 年 2 月建成了具有 15 个节点、23 台主机的网络，这就是著名的阿帕网（ARPANET）。它是最早的计算机网络之一，现代计算机网络的许多概念和方法都源自阿帕网。

随着计算机技术和通信技术的不断发展，计算机网络也经历了从简单到复杂、从低级到高级的发展过程，大致可分为 4 个阶段。

1. 面向远程终端的联机网络

第一代计算机网络是面向远程终端的联机网络。20 世纪 60 年代，随着集成电路的发展，为了实现资源共享和提高计算机的工作效率，出现了面向终端的计算机通信网。在这种通信方式中，主机是网络的中心和控制者，终端分布在各处并与主机相连，用户通过本地的终端使用远程的主机。这种方式在早期表现为以单机为中心的远程联机系统，后来为减少主机负载，出现了多机联机系统。

2. 计算机-计算机网络

第二代计算机网络是计算机-计算机网络。在面向终端的计算机网络中，只能在终端和主机之间进行通信，子网之间无法通信。直到 20 世纪 60 年代后期，由 ARPA 资助，联合计算机公司和大学共同研发的阿帕网的出世，才形成了现代计算机网络的雏形。阿帕网是一个多个主机互连的系统，可以实现计算机与计算机之间的通信，它在概念、结构和网络设计方面对后继的计算机网络技术的发展起到了重要的启蒙作用，并为 Internet 的形成奠定了基础。

这一时期的计算机网络利用通信线路将多台计算机连接起来，用户可以共享网络中所有主机上的软、硬件资源。为了减轻主机的负荷，使其专注于计算任务，设置了专门的通信控制处理机（communication control processor，CCP）负责与终端的通信，把通信从主机中分离出来，主机间的通信通过 CCP 的中继功能间接进行。因此，网络由通信子网和用户资源子网构成：由 CCP 组成的传输网络称为通信子网，CCP 负责网上各主机间的通信控制和通信处理，通信子网是网络的内层，也称骨干层；网上主机负责数据处理，是计算机网络资源的拥有者，它们组成了网络的资源子网，是网络的外层。通信子网为资源子网提供信息传输服务，资源子网上用户间的通信建立在通信子网的基础上。没有通信子网，网络不能工作，而没有资源子网，通信子网的传输也失去了意义，两者共同组成了统一的资源共享的两层网络。

3. 开放式标准化网络

第三代计算机网络是网络互联的时代。20世纪70年代，微型计算机的功能不断增强，价格不断降低，应用领域不断扩大，近距离的用户需要信息交流和资源共享，因此局域网应运而生。广域网的出现与此相似，是应用户在远距离的主机之间进行信息交流的需求而诞生的。1974年，IBM公司研制了其系统网络体系结构，其他公司也相继推出各自的网络体系结构。不同公司开发的系统体系结构只能连接本公司的设备。为了使不同体系结构的网络相互交换信息，网络的开放性和标准化被提上日程，国际标准化组织（International Organization for Standardization，ISO）于1977年成立专门机构并制定了世界范围内网络互联的标准，称为开放系统互连参考模型（OSI/RM）。标志着第三代计算机网络的诞生。OSI/RM已被国际社会广泛地认可和执行，对推动计算机网络的理论与技术发展，统一网络体系结构和协议起到了积极的作用。Internet就是在这一时期逐步发展并完善起来的。Internet使用的是借鉴了OSI/RM的TCP/IP，并一直沿用至今。Internet自诞生之日起就飞速发展，是目前全球规模最大、覆盖面积最广的计算机网络。

4. 智能化高速互联网

第四代计算机网络是智能化高速互联网。20世纪90年代中期，许多国家都将计算机网络的建设和发展列入国家发展计划，最具代表性的研究计划是NGI（Next-Generation Internet）和Internet 2。1996年，美国政府出台NGI计划，美国开始进行下一代高速互联网络及其关键技术研究。美国国家科学基金会设立了“下一代Internet”研究计划，支持大学和科研单位建立高速网络试验床vBNS（very high speed backbone network service），进行高速计算机网络及其应用的研究。1998年，美国100多所大学联合成立UCAID（University Corporation for Advanced Internet Development），从事Internet 2研究计划。我国在这个领域起步也不晚，1998年，中国教育和科研计算机网牵头建设了国内第一个IPv6试验床，2000年开始分配地址。2003年，国家发展和改革委员会、科学技术部、信息产业部、教育部、国务院信息化工作办公室、中国工程院、中国科学院、国家自然科学基金委员会等部门联合酝酿并启动了中国下一代互联网示范工程（CNGI）建设。依托CNGI，已开展了大规模的基于下一代互联网的应用研究，如视频监控、环境监测等，并成功服务于北京奥运会，开通了基于IPv6的奥运官方网站。这一项目由8个部门联合支持、5大全国性电信运营商和教育科研网、100多所高校和研究单位、几十个设备制造商承担，上万人参与，产学研用合作，在中国通信网络科技工程建设史上是第一次，对中国下一代互联网技术和产业的发展具有深刻影响。

6.1.4 计算机网络的应用

计算机网络的发展以数据传输为出发点，之后引入了资源共享。很多领域、行业的软件系统起初用单机进行工作，后来为适应行业的发展，逐渐转为网络化工作模式。随着计算机网络的飞速发展，目前计算机网络已经应用到各行各业，并且深入到人们的日常生活中。当前计算机网络的应用主要包括以下几个方面。

1. 计算机网络在政府部门的应用

随着国家信息化建设的不断扩展，电子政务是目前国内各大中城市政府工作的一项重点工程。政务信息网上公布、项目合同网上招标、网上审批等一系列政府工作在网上进行。它标志着一个城市文明的程度，提高了政府政务工作的透明度，更进一步体现了公平、公开、公正的政策，也有利于提高政府部门的工作效率。

2. 计算机网络在企事业单位的应用

企事业单位利用计算机网络实现内部管理自动化、办公自动化、业务信息共享、资源共享和无纸化办公。同时，通过互联网不断扩大企事业单位的对外影响，加快企事业单位间的联系，提高了办事效率，降低了办事成本，并创造了可观的经济效益。

3. 计算机网络在教育科研领域的应用

计算机网络在教育领域中的应用十分广泛，网上教学、远程教育等新型教学模式有效地解决了我国部分地区师资不足的问题。同时，充分利用计算机网络资源共享的功能，可有效解决许多学校由于校内硬件条件不足，生源扩展受限的问题，充分发挥教育者的作用。计算机网络也使科研工作的开展更为便利。科研人员利用广博的网络资源可获取大量科研信息，开展学术交流、项目合作等科研工作。网络信息检索不但可扩大信息搜索范围，提高信息获取和更新速度，还可节省大量经费。

4. 计算机网络在商业领域的应用

电子商务是伴随计算机网络的发展而诞生的商业贸易模式。利用计算机网络可方便快捷地进行企业与企业（business-to-business，B2B）、企业与消费者（business-to-customer，B2C）等贸易活动。电子商务的发展改变了传统的商业经营、管理模式，甚至是人们的生活方式，它对人类社会的贡献是难以估量的。

5. 计算机网络在医疗卫生领域的应用

近年来，在医疗卫生领域中，计算机网络的发展和应用十分突出，有力地促进了卫生信息化建设。自国家实施卫生信息网建设项目以来，“三网一库”建设使医院信息化取得了实质性的进展，全国很多医院进行了计算机网络设施的建设，数字化医院和数字诊疗等相关技术方兴未艾。

6.1.5 计算机网络的组成

从构成计算机网络的软硬件角度看，计算机网络由计算机和各类数字化智能终端、通信线路和通信设备、网络协议及网络软件组成。

1. 计算机和各类数字化智能终端

计算机和各类数字化智能终端是计算机网络中的核心元素，用来完成对实际任务所需数据的收集、处理、存储、传播和资源共享等操作。

2. 通信线路和通信设备

通信线路是指传输数据所使用的通道，可以分为有线和无线两种。有线通信线路包括双绞线、同轴电缆、光纤等；无线通信线路包括电磁波、微波、红外线等。通信设备主要包括集线器、交换机、路由器、调制解调器、网络适配器（网卡）、网关、通信卫星等。

3. 网络协议

网络协议是计算机网络中进行数据通信时所遵循的一系列规则、标准或约定，它规定了网络中的计算机在交换数据时必须遵守的规则。常用的网络协议有 PPP 协议、CSMA/CD 协议、TCP/IP 协议族、HTTP 协议等。

4. 网络软件

网络软件是一种运行在网络环境下，控制和管理网络工作的计算机软件。根据软件功能的不同，网络软件可以分为网络系统软件和网络应用软件。网络系统软件用于控制和管理网络的运行，提供网络通信、网络资源分配与共享功能，并为用户提供访问网络和操作网络的人机界面。网络应用软件是指为某一个应用目的而开发的网络软件，如即时通信软件、网络视频软件等。

6.1.6 计算机网络的分类

根据不同的分类依据，计算机网络有多种类别。例如，按用途可分为公用网和专用网；按信息交换方式可分为电路交换网、报文交换网和分组交换网；按信号类型可分为基带网和宽带网；按传输介质可分为有线网和无线网；等等。目前最常用的分类法是按网络覆盖范围分类，可分为局域网、城域网和广域网。

1. 局域网

局域网（local area network，LAN）是一种在较小的地理范围内（通信距离一般为1km 左右，最大不超过 10km），利用通信线路和通信设备将各种计算机和数据设备互连起来，实现数据通信和资源共享的计算机网络。通常局域网的覆盖范围有限，数据传输速率较高（10Mbit/s～10Gbit/s），误码率较低（10^{-12} ～10^{-7}），结构简单，建网成本较低，易于配置和管理，在计算机数量上灵活性很大，少则只有两台，多则可达上千台。因此，局域网比较适合于公司、校园、医院、工厂等覆盖范围较小、计算机数量相对较少的中小型单位，代表性的实例如学校内部的校园网、企业内部网等。

2. 城域网

城域网（metropolitan area network，MAN）是将不同局域网通过网间连接设备连接成一个覆盖城市范围的网络，可跨越几个街区甚至整个城市，一般为 5～50km。通常城域网可以为一个或几个单位所共有，但也可以是一种公用设施。城域网中传输时延较小，传输率一般来说等同于局域网。它的传输介质主要为光纤，传输速率在 100Mbit/s 以上。

城域网的一个重要用途是作为骨干网，通过它将位于同一城市内不同地点的主机、数据库及局域网等互联起来，这与广域网的作用有相似之处，但两者在实现方法与性能上有很大差别。

城域网的典型应用为宽带城域网，它是在城市范围内，以 IP 和 ATM 电信技术为基础，以光纤作为传输媒介，集数据、语音、视频服务于一体的高带宽、多功能、多业务接入的多媒体通信网络。宽带城域网能满足政府机构、金融保险、大中小学校、公司企业等单位对高速率、高质量数据通信业务日益旺盛的需求，特别是快速发展起来的互联网用户群对宽带高速上网的需求。

3. 广域网

广域网（wide area network，WAN）是一种远距离计算机网络，跨越距离在几十千米到几千千米。广域网将不同地区的局域网和城域网连接起来，可以覆盖城市、地区、国家、大洲甚至全球范围。广域网的通信子网主要使用分组交换技术。广域网的通信子网可以利用公用分组交换网、卫星通信网和无线分组交换网，将分布在不同地区的局域网或计算机系统互联起来，以达到资源共享的目的。例如，国际互联网就可以看作世界范围内最大的广域网。由于广域网传输距离远，可超越一个城市、一个国家，甚至达到全球互联，因此具有以下与局域网不同的特点。

1）覆盖范围广，通信距离远。

2）不同于局域网的一些固定结构，广域网没有固定的拓扑结构，又因传输介质和采用的技术较为复杂，因此数据传输速率较低，误码率相对较高。

3）主要提供面向通信的服务，支持用户使用计算机进行远距离的信息交换。

4）局域网通常作为广域网的终端用户与广域网相连。

5）广域网的管理和维护相对局域网较为困难。

6）广域网一般由电信部门或公司负责组建、管理和维护，并向全社会提供面向通信的有偿服务、流量统计和计费问题。

6.1.7 计算机网络的拓扑结构

计算机网络的拓扑结构是计算机网络中各节点和通信线路所构成的物理形态。它把计算机网络的具体结构抽象为由节点和代表通信线路的“线”构成的几何图形。常见的拓扑结构主要有总线拓扑结构、星形拓扑结构、环形拓扑结构、树状拓扑结构等。

1. 总线拓扑结构

总线拓扑结构采用一根公用总线作为数据传输介质，网络上所有节点都连接在总线上并通过总线在网络各节点之间传输数据，如图 6.1（a）所示。总线拓扑结构的优点是结构简单，建网成本低，布线、维护方便，易于扩展等。总线拓扑结构通常采用广播方式工作。总线上每个节点都可以发送数据到总线上，其他节点都可以接收总线上的数据。

各节点接收数据之后，首先分析总线上数据的目的地地址，再决定是否真正接收。由于各个节点共用一条总线，所以在任何时刻只允许一个节点发送数据，因此传输中易发生冲突现象，总线上任何位置出现故障，整个网络都将无法运行。

2. 星形拓扑结构

星形拓扑结构中每个节点都由一条线路连接到中心节点（网络设备，如集线器、交换机等），如图 6.1（b）所示。星形拓扑结构的优点是结构简单灵活，易于构建，便于管理和控制，节点易于扩充等。星形拓扑结构通过中心节点的存储转发技术来完成数据传输，因此缺点是中心节点负担较重，一旦中心节点出现故障，则全网瘫痪。

3. 环形拓扑结构

环形拓扑结构中网络各节点都连接在一个闭合的通信线路上，如图 6.1（c）所示。在环形拓扑结构中，信息的传输沿环的单向传递，两节点之间仅有唯一的通道。环形拓扑结构的优点是网络上各节点之间没有主次关系，各节点负载能力强且较为均衡，无信号冲突；缺点是当节点过多时会影响性能，任何节点或环路出现故障，将可能引发整个网络的故障。

4. 树状拓扑结构

树状拓扑结构是一种分级结构，可看作星形拓扑结构的扩展，网络中各节点按一定的层次连接起来，形状像一棵倒置的树，如图 6.1（d）所示。树状结构顶端有一个带有分支的根节点，每个分支节点还可延伸出若干子分支。信息的传输可以在每个分支链路上双向传递。树状拓扑结构的优点是线路利用率高，建网成本较低，改善了星形拓扑结构的可靠性和扩充性；缺点是如果某一层节点出现故障，将下一层节点不能交换信息，对根节点的依赖性过大，此外，其结构相对复杂，不易管理和维护。

网络中还存在网状、混合型等拓扑结构。实际应用中较为复杂的网络拓扑结构通常是由总线拓扑结构、星形拓扑结构、环形拓扑结构这三种基本结构组合而成的。

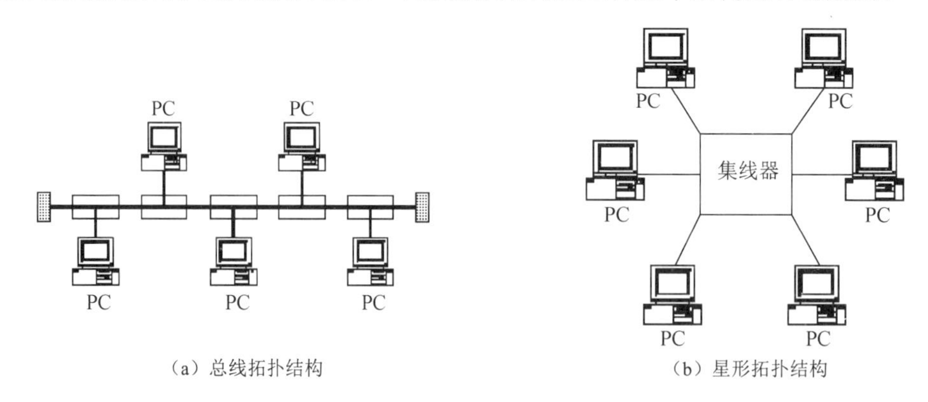

（a）总线拓扑结构　（b）星形拓扑结构

图 6.1　常见网络拓扑结构

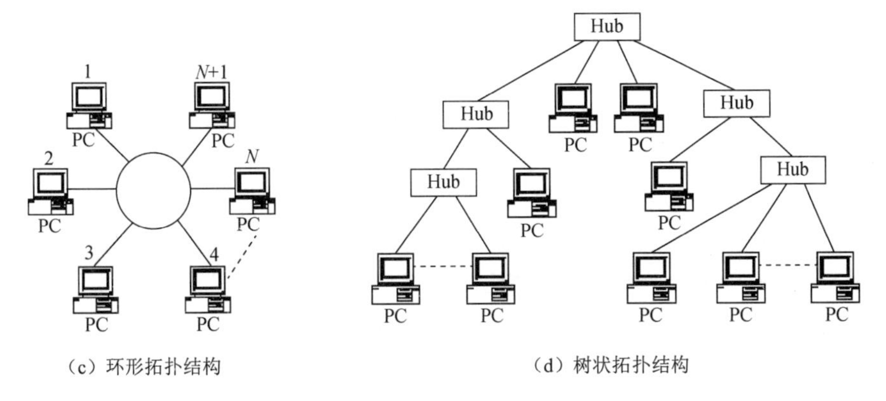

（c）环形拓扑结构　　（d）树状拓扑结构

图 6.1（续）

6.2　数据通信基础

6.2.1　数据通信基本概念

1. 信号

数据通信技术是网络技术发展的基础。计算机网络中的数据通信是指计算机与计算机或计算机与其他终端设备之间的通信。通信的目的是传送消息，如语音、文字、图像等。数据是运送消息的实体，信号则是数据的电气或电磁的表现。

根据信号中代表消息的参数的取值方式不同，信号可分为两大类。

1）模拟信号或连续信号：代表消息的参数的取值是连续的，是连续变化的电压或电流波形，其对应的电平也是连续变化的。

2）数字信号或离散信号：代表消息的参数的取值是离散的。在使用时间域（简称时域）的波形表示数字信号时，代表不同离散数值的基本波形称为码元。在使用二进制编码时，只有两种不同的码元，一种代表 0 状态，而另一种代表 1 状态。

2. 信道

在许多情况下，我们要使用“信道”这一名词。信道和电路并不等同。信道一般用来表示向某一个方向传送信息的媒体。因此，一条通信电路往往包含一条发送信道和一条接收信道。

根据信道中传输的信号是模拟信号还是数字信号，数据通信系统可以分为模拟通信系统和数字通信系统。模拟通信系统是指信号在信道中以模拟信号的形式传输的通信系统；数字通信系统是指信号在信道中以数字信号的形式传输的通信系统。模拟信号与数字信号可以混合应用，也可以相互转化。同模拟信号相比，数字信号传输的质量更高，是数据通信的主要发展方向。

3. 通信方式

通信双方信息交互的基本方式主要有以下三种。

1）单向通信：也称单工通信，即只能有一个方向的通信而没有反方向的交互。无线电广播、有线电广播及电视广播属于这种类型。

2）双向交替通信：也称半双工通信，即通信的双方都可以发送信息，但不能同时发送（当然也就不能同时接收）。这种通信方式是一方发送、另一方接收，过一段时间后再反过来。

3）双向同时通信：也称全双工通信，即通信的双方可以同时发送和接收信息。

单向通信只需要一条信道，而双向交替通信或双向同时通信则都需要两条信道（每个方向各一条）。显然，双向同时通信的传输效率最高。在计算机网络中，通常用带宽来衡量网络通信线路的传输效率。

带宽是指信道能传送信号的频率宽度，即可以传送的信号的最高频率与最低频率的差值。带宽的单位为赫兹。带宽本来是指传输信道的传输容量，信道的容量越大，带宽就越宽，通信能力就越强，传输率也就越高。因此带宽后来也可以表示在单位时间内从网络中的某一点到另一点所能通过的“最高数据率”，这种意义的带宽的单位可以使用比特率。

比特率指单位时间内所能传送的二进制代码的有效位数，反映了一个数据传输系统每秒所能传送的信息量的多少，单位为比特/秒，简写为 bit/s。这种单位的前面通常会加上千（K）、兆（M）、吉（G）或太（T）这样的倍数。

4. 调制

来自信源的信号常称为基带信号（基本频带信号）。计算机输出的代表各种文字或图像文件的数据信号都属于基带信号。基带信号往往包含较多的低频成分，甚至有直流成分，而许多信道并不能传输这种低频分量或直流分量。为了解决这一问题，必须对基带信号进行调制。

调制可分为两大类。一类是仅仅对基带信号的波形进行变换，使其能够与信道特性相适应，变换后的信号仍然是基带信号，这类调制称为基带调制。另一类则需要使用载波进行调制，把基带信号的频率范围搬移到较高的频段，以便在信道中传输，经过载波调制的信号称为带通信号（仅能够在一段频率范围内通过信道），而使用载波的调制称为带通调制。

最基本的带通调制方法如下。

1）调幅（AM）：使载波的振幅随基带数字信号而变化。例如，0 和 1 分别对应于无载波和有载波输出。

2）调频（FM）：使载波的频率随基带数字信号而变化。例如，0 和 1 分别对应于频率 f1 和 f2。

3）调相（PM）：使载波的初始相位随基带数字信号而变化。例如，0 和 1 分别对应于相位 0° 和 180° 。

6.2.2　信道复用技术

复用是通信技术中的基本概念，是把许多单个信号在一个信道上同时传输的技术，可以实现同时为多个用户传输信息，能有效提高整体传输效率，因此在计算机网络中得到了广泛应用。信道复用主要分为以下四种。

1. 频分复用

频分复用（frequency division multiplexing，FDM）是将一条具有一定带宽的通信线路分成若干条较小带宽的信道，每条信道分配给一位用户使用，所有用户在同样的时间占用不同的带宽资源，每路信号都被调制到一个不同的中心频率上，然后组合成一个复合信号，各载波频率之间存在一定的间隔（防护频带），保证各路信号不会重叠。在频分复用技术中，信道分配后，即使没有数据传送也被占用。频分复用适用于传输介质的带宽远超过每条信道的带宽的情形，该技术的典型代表是广播电台和有线电视。

2. 时分复用

时分复用（time division multiplexing，TDM）是通过为多条信道分配互不重叠的时间间隙的方法来实现复用，它将信道传输时间作为分割对象，将单一信道划分为许多短的时隙，只要不超出预先设定的时隙，则来自不同信号源的位、位块、字节等就能放入每个不同时隙内传输，轮流交替地使用介质，以达到同时为多路信息进行传输的目的，适用于在传输介质能达到的数据传输速率超过实际所需的数据传输速率场合。

但在时分复用中，不管相应的信号源在分配给的时隙中有无信号发送，也不管不同信号源需要传输的数据量是多少，一概平等分配给相同的时隙，这就造成有时会白白浪费信道资源的现象。统计时分多路复用改变了时隙静态分配策略，允许以先来先服务或基于某种优先权的原则，将时隙动态地分配给需要传输数据的信号源，实现按需分配，从而解决了信道浪费的问题。

3. 波分复用

波分复用（wavelength division multiplexing，WDM）是由光来作为传输介质进行通信的频分复用。在光通信领域，人们习惯按波长而不是按频率来命名。因此，所谓的波分复用，其本质上是频分复用。波分复用是在一根光纤上承载多个波长（信道）系统，将一根光纤转换为多条虚拟纤，当然每条虚拟纤独立工作在不同波长上，这样极大地提高了光纤的传输容量。波分复用系统技术的经济性与有效性，使之成为当前光纤通信网络扩容的主要手段。波分复用技术作为一种系统概念，通常有三种复用方式，即 1310nm 和 1550nm 波长的波分复用、粗波分复用（coarse wavelength division multiplexing，CWDM）和密集波分复用（dense wavelength division multiplexing，DWDM）。

4. 码分复用

码分复用（code division multiplexing，CDM）是靠不同的编码来区分各路原始信号的一种复用方式，主要和各种多址技术结合产生了各种接入技术，包括无线和有线接入。例如，在多址蜂窝系统中是以信道来区分通信对象的，一个信道只容纳一个用户进行通话，许多同时通话的用户互相以信道来区分，这就是多址。移动通信系统是一个多信道同时工作的系统，具有广播和大面积覆盖的特点。在移动通信环境的电波覆盖区内，建立用户之间的无线信道连接是无线多址接入方式，属于多址接入技术。

码分多址（code division multiple access，CDMA）是码分复用的一种方式，用户可以在同样的时间使用同样的频带进行通信。由于各用户使用的是经过特殊挑选的不同码型，因此各用户之间不会造成干扰。码分复用最初用于军事通信，因为这种系统发送的信号有很强的抗干扰能力，其频谱类似白噪声，不易被敌人发现。随着科技的进步，码分多址设备的价格大幅度下降，体积也大大减小，因而现在已广泛应用于民用的移动通信中，特别是在无线局域网中。

6.2.3 传输介质

传输介质也称传输媒体，是数据传输系统中发送器和接收器之间的物理通路。传输介质可分为两大类：导向传输介质和非导向传输介质。在导向传输介质中，电磁波被导向沿着固体介质（铜线或光纤，主要包括双绞线、同轴电缆、光纤等）传播；而非导向传输介质是指自由空间，在非导向传输介质中电磁波的传输常称为无线传输，非导向传输介质主要包括无线电短波、无线电微波等。常见的传输介质列举如下。

1. 双绞线

双绞线是最常用的传输介质。它是由两条相互绝缘的铜导线按照一定的规格绞合在一起而制成的一种通用配线。绞合可减少对相邻导线的电磁干扰。双绞线过去主要用来传输模拟信号，现在同样适用于数字信号的传输，其有效通信距离一般为100m左右，距离太远时，要加放大器，以便将衰减的信号放大到合适的数值（对于模拟传输），或者加中继器，以便将失真的数字信号进行整形（对于数字传输）。导线越粗，其通信距离就越远，但导线的成本也越高。在数字传输时，若传输速率为数兆比特每秒，则传输距离可达几千米。由于双绞线的成本较低且性能优良，因此使用十分广泛。

为了提高双绞线的抗电磁干扰能力，可以在双绞线的外面加上一层用金属丝编织成的屏蔽层，即屏蔽双绞线（shielded twisted pair，STP）。它的价格比无屏蔽双绞线（unshielded twisted pair，UTP）要高。非屏蔽双绞线是一种数据传输线，由四对不同颜色的传输线所组成，广泛用于以太网中。

2. 同轴电缆

同轴电缆也是一种非常见的传输介质。同轴电缆由内导体铜质芯线（单股实心线或多股绞合线）、绝缘层、密织的网状（也可以是单股的）外导体屏蔽层及保护塑料外层组成。由于外导体屏蔽层的作用，同轴电缆具有很好的抗干扰特性，广泛用于传输较高速率的数据。同轴电缆的传输速率取决于电缆的质量，目前高质量的同轴电缆的带宽可达到2Gbit/s。

在局域网发展的初期曾广泛地使用同轴电缆作为传输介质，但随着技术的进步，局域网现基本采用双绞线作为传输媒体。目前，同轴电缆主要用在居民小区的有线电视网中。

3. 光纤

光纤通信是利用光导纤维（以下简称光纤）传递光脉冲来进行通信的。有光脉冲相当于 1，而无光脉冲相当于 0。由于可见光的频率非常高，约为 108MHz 的量级，因此光纤通信系统的传输带宽远远大于目前其他各种传输媒体的带宽。

光纤结构和同轴电缆相似，只是没有网状屏蔽层。光纤中心以极细的玻璃纤维或极细的石英玻璃作为传输介质。通信时在发送端有光源，可以采用发光二极管或半导体激光器，它们在电脉冲的作用下能产生光脉冲；在接收端利用光电二极管做成光检测器，在检测到光脉冲时可还原出电脉冲。

由于光纤非常细，算上包层，直径也不到 0.2mm。因此必须将光纤做成很结实的光缆。一根光缆少则只有一根光纤，多则可包括数十至数百根光纤，再加上加强芯和填充物，机械强度大大提高，必要时还可放入远供电源线，最后加上包带层和外护套，就可以使抗拉强度达到几千克，完全可以满足工程施工的强度要求。

光纤不仅传输容量大，而且传输损耗小，中继距离长，适合远距离传输。此外，它抗雷电和电磁干扰性能好，这在有大电流脉冲干扰的环境下尤为重要。光缆无串音干扰，保密性好，也不易被窃听或截取数据，是最安全的传输介质之一。光缆的体积小，自重轻，这在现有电缆管道已拥塞不堪的情况下特别有利。

4. 无线电短波

无线电短波是指波长在 100m 以下、10m 以上的电磁波，其频率为 3～30MHz。短波通信（即高频通信）主要靠电离层的反射，可以传送电报、电话、传真、低速数据和语音广播等多种信息，但电离层的不稳定所产生的衰落现象和电离层反射所产生的多径效应，使得短波信道的通信质量较差。因此，当必须使用短波无线电台传送数据时，一般选择低速传输，即速率为一个标准模拟话路传几十至几百比特/秒。只有在采用复杂的调制解调技术后，才能使数据的传输速率达到上千比特每秒。

随着便携式计算机等可移动节点的应用越来越广泛，无线局域网因可实现移动数据交换，成为近年来局域网的一个崭新应用领域。无线局域网中采用的传输介质有两种：无线电波和红外线。其中无线电波按国家规定使用某些特定频段，目前我国主要使用 2.4GHz 和 5GHz 频率。

5. 无线电微波

无线电微波通信在数据通信中占有重要地位。微波的频率范围为 300MHz～300GHz，但主要是使用 2～40GHz 的频率范围。微波主要沿直线传播，具有很强的方向性，因此发射天线和接收天线必须精确地对准，这构成了远距离电话系统的核心。

传统的微波通信主要有两种方式：地面微波接力通信和卫星通信。

由于微波沿直线传播，而地球表面是个曲面，所以会限制其传播距离，一般只有

50km 左右。为实现远距离通信，必须在一条信道的两个终端之间建立若干个中继站。设置中继站的目的是实现信号的放大、恢复以及转发。通信系统可以利用人造卫星作为中继站转发微波信号，在理论上只需要三颗卫星就可以实现全球通信。

6.3 计算机网络体系结构

计算机网络体系结构从全局角度抽象地定义了计算机网络的构成，以及各个网络部件之间的逻辑关系和功能，并给出了协调工作的方法和构建计算机网络必须遵守的规则。

6.3.1 网络体系结构概述

计算机网络主要采用分层次的体系结构，分层次地论述有助于清晰地描述，以帮助用户理解复杂的计算机网络体系结构。相互通信的两个计算机系统必须高度协调工作，而这种“协调”是相当复杂的。分层可将庞大而复杂的问题转化为若干较小的局部问题，而这些较小的局部问题比较易于研究和处理。

1. 网络协议

计算机网络是由多个互连的节点组成的，节点之间需要不断地交换数据与控制信息。就数据发送方的计算机而言，为了把用户数据转换为能在网络上传送的电信号，需要对用户数据分步骤地进行加工处理，其中每一组相对独立的步骤可以看作一个“处理层”。用户数据通过多个处理层的加工处理后，成为一个个包含目的地地址、源地址、用户数据、数据校验信息等的，能在网络上传输的电信号-比特流。在每一层中如何加工处理这些数据，把它们加工处理成什么形式，涉及很多数据处理规范和规则。要想做到有条不紊地交换数据，每个节点都必须遵守事先约定好的规范和规则。这些规范和规则明确规定了所交换的数据的格式和时序，以及在发送或接收数据时要采取的动作等问题。这些为进行网络数据交换而建立的规则、标准或约定即称为网络协议，也可简称为协议。网络协议主要包括以下三个要素。

（1）语法

语法规定了进行网络通信时，数据与控制信息的结构或格式，以及通信中需要哪些控制信息，主要解决“怎么讲”的问题。例如，地址字段的长度以及它在整个分组中的位置。

（2）语义

语义规定了控制信息的具体含义，包括需要发出何种控制信息，发送主机或接收主机完成何种动作及做出何种响应，主要解决“讲什么”的问题。

（3）同步（或时序）

同步即事件操作实现或执行顺序和时间的详细说明，包括数据应该在何时发送，以及数据应该以什么速率发送，主要解决“顺序和速度”的问题。

在计算机网络中，任何一个通信任务都需要由多个通信实体协作完成，因此，网络协议是计算机网络不可缺少的组成部分。实际上，若想让连接在网络中的另一台计算机执行任务（如从网络上的某个主机下载文件），都需要有协议。协议必须在计算机上或通信设备中用硬件或软件来实现，有时人们将实现某种协议的软件也简称为协议。我们经常会听到有人说在计算机上安装某协议，这里的协议指的是协议软件，即实现该协议的软件。

2. *层次模型*

当我们在处理、设计和讨论一个复杂系统时，总是将复杂系统划分为多个小的、功能相对独立的模块或子系统，这样我们可以将注意力集中在这个大而复杂的系统的某个特定部分，并有能力把握它，这就是模块化的思想。计算机网络是一个非常复杂的系统，当然需要利用模块化的思想将其划分为多个模块来处理和设计。人们发现层次式的模块划分方法特别适合网络系统，因此目前所有的网络系统都采用分层的体系结构。

计算机网络的层次结构模型与各层协议的集合称为计算机网络的体系结构。换种说法，计算机网络的体系结构就是这个计算机网络及其部件所应完成的功能的精确定义。需要强调的是，这些功能究竟是用何种硬件或软件实现的，则是一个遵循这种体系结构的实现的问题。体系结构是抽象的，而实现则是具体的，是真正在运行的计算机硬件和软件。按层次结构来设计计算机网络的体系结构有很多优点，主要优点如下。

1）各层之间是独立的：某一层并不需要知道它的下一层是如何实现的，而仅仅需要知道该层通过层间的接口（即界面）所提供的服务。由于每一层只实现一种相对独立的功能，因而可将一个难以处理的复杂问题分解为若干个较容易处理的小问题。这样，整个问题的复杂程度就下降了。

2）灵活性好：当任何一层发生变化时（如技术发生变化），只要层间接口关系保持不变，则该层以上或以下各层均不受影响。

3）结构上可分割：各层都可以采用最合适的技术来实现。

4）易于实现和维护：这种结构使得实现和调试一个庞大而又复杂的系统变得易于处理，因为整个系统已被分解为若干个相对独立的子系统。

5）有利于功能复用：下层可以为多个不同的上层提供服务。

6）能促进标准化工作：因为每一层的功能及其所提供的服务都已有了精确的说明。标准化对于计算机网络来说非常重要，因为协议是通信双方共同遵守的约定。

分层时应注意使每一层的功能都非常明确。若层数太少，就会使每一层的协议太复杂。若层数太多，又会在描述和综合各层功能的系统工程任务时遇到较多的困难。计算机网络应该划分为多少层，不同的人有不同的看法。

1974 年，美国的 IBM 公司发布了其研制的系统网络体系结构（system network architecture，SNA）。这是世界上第一个网络体系结构，这个著名的网络标准就是按照分层的方法研发的。不久，其他公司也相继推出各自的网络体系结构。这些网络体系结构的共同点是都采用层次结构模型，但层次划分和功能分配均不相同。通常，同一体系结构的计算机网络之间的互联比较容易，不同体系结构的计算机网络之间要实现互联存在许多问题。

为了统一体系结构，使不同网络体系结构的计算机网络用户都能互联，最终形成计算机及相关数字化设备在世界范围内互连成网的标准框架，国际标准化组织于 1977 年成立了专门机构研究该问题。不久，该机构提出一个试图使各种计算机在世界范围内互连成网的标准框架，即著名的开放系统互连参考模型（Open System Interconnection Reference Model，OSI/RM）。“开放”是指只要遵循 OSI 标准，一个系统就可以和位于世界上任何地方的、也遵循这一标准的其他任何系统进行通信。该模型是一个七层协议的体系结构。

在 OSI/RM 之前，TCP/IP 协议族就已经在运行了，并逐步演变成 TCP/IP 参考模型。到了 20 世纪 90 年代初期，虽然整套的 OSI 国际标准已经制定出来了，但这时 Internet 已抢先在全世界覆盖了相当大的范围，因此得到最广泛应用的不是法律上的国际标准 OSI/RM，而是非国际标准 TCP/IP，TCP/IP 成为事实上的国际标准。

OSI 失败的原因可归纳为以下几点。

1）OSI 的专家缺乏实际经验，他们在完成 OSI 标准时没有商业驱动力。

2）以当时的标准来看，OSI 的协议实行起来过于复杂，而且运行效率较低。

3）OSI 标准的制定周期太长，因而按 OSI 标准生产的设备无法及时进入市场。

4）OSI 的层次划分不太合理，有些功能在多个层次中重复出现。

3. OSI/RM

开放系统互连参考模型（OSI/RM）由国际标准化组织于 1981 年推出。OSI/RM 按网络通信功能性质将整个系统分为七层，性质相似的工作计划分在同一层，每一层都建立在前一层的基础之上，每一层所负责的工作范围、层次分得很清楚，彼此不重叠，处理任务时逐层进行，决不允许越层，功能界限清晰，每一层相邻的高层提供透明的服务。这七层从低到高依次为物理层、数据链路层、网络层、传输层、会话层、表示层和应用层。

OSI/RM 中每一层次中包括两个实体，称为对等实体。每层对等实体之间都存在着通信，即信息交换，因此定义了七层协议，分别以层的名称来命名。各层协议定义了该层协议控制信息的规则和格式，如图 6.2 所示。

（1）物理层

物理层是 OSI/RM 中的最低层，它提供计算机操作系统和网络线路之间的物理连接，主要对通信物理设备的特性进行定义，规定电缆引线的分配、线上的电压、接口的规格及物理层以下的物理传输介质等，使之能够传输二进制数据流，传输的数据以比特为单位。

（2）数据链路层

数据链路层完成传输数据的打包和拆包工作。该层把上一层传来的数据按一定的格式进行组织（组织好的数据称为数据帧），然后将帧按顺序传出。该层主要用来实现网络实体间数据的可靠传输，提供对数据的差错控制、流量控制等服务，保证在单个链路上的节点间无差错地传送数据。数据链路层传输的数据以帧为单位。

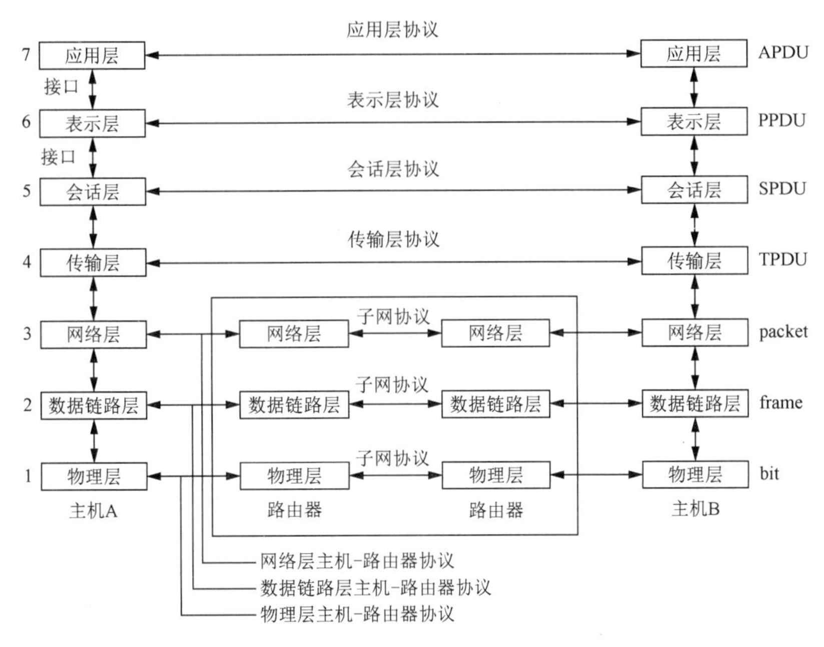

图 6.2　OSI/RM 七层模型

（3）网络层

网络层的主要功能是负责通信双方连接的建立和路由选择，包括处理输出包（分组）的地址、解析输入包的地址及维护路由信息，以便对通信链路变化做出及时、适当的反应，并负责通信子网的流量控制、拥塞控制。该层要保证发送端传输层所传下来的数据分组能准确无误地传输到目的节点的传输层。网络层传输的数据以分组为单位。

一般将物理层、数据链路层和网络层统称为通信子网。

（4）传输层

传输层的主要功能是为会话层提供一个可靠的端到端连接，即建立起从发送端到接收方的网络传输通路，以使两通信端系统之间透明地传输报文。传输层是计算机网络体系结构中最重要的一层，传输层协议通常也是最复杂的，其复杂程度取决于网络层所提供的服务类型及上层对传输层的要求。传输层传输的数据以报文为单位。

（5）会话层

会话层的主要功能是使用传输层提供的可靠的端到端连接，建立、管理和拆除进程之间的通信连接，允许通信双方建立会话关系，并对会话进行管理和控制，保证会话数据可靠传送。会话层传输的数据以报文为单位。

（6）表示层

表示层的主要功能是完成被传输数据的表示工作，为异构的计算机之间的通信提供格式化的数据表示和转换任务，包括格式转化、数据加密和数据压缩等语法变换服务，使得通信双方有一致的数据形式，以便能进行通信。表示层传输的数据以报文为单位。

（7）应用层

应用层是OSI/RM七层模型中的最高层，也是用户访问网络的接口层，其功能与计算机应用系统所要求的网络服务目的有关。应用的内容完全取决于用户，因此OSI/RM没有规定应用层的协议，而是由用户自己开发。常见的应用层服务有虚拟终端、文件传输、远程登录、电子邮件等。随着计算机网络应用的不断发展，应用层所提供的服务越来越多。应用层传输的数据以报文为单位。

一般将会话层、表示层和应用层统称为资源子网。

可以借用下面的比喻来描述OSI/RM中几个主要层次的功能，以便建立对网络通信分层模型的直观印象。

应用层：这次通信要做什么？

传输层：对方的位置在哪里？

网络层：到达对方位置走哪条路？

数据链路层：沿途中的每一步怎样走？

物理层：每一步怎样实际使用物理介质？

在OSI/RM中，通信双方的数据由发送端应用层开始向下逐层传输，并在每层增加一些控制信息，可以理解为每层对信息加一层信封，到达最底层时源数据加了七层信封；再通过网络传输介质，传送到接收端的最底层，然后由下向上逐层传输，并在每层去掉一个信封，直至接收端的最高层，数据被还原成原始状态为止。

对发送方而言，数据从上层流动到下层。一个报文可能被分割成多个小的数据片段，每个数据片段加上相应的协议控制信息，即报头，而封装形成分组，每个分组加上必要的协议控制信息而形成帧。这就是封装的过程。在接收方，则正好是一个反向的过程，即逐层剥去协议控制信息，并重新组装，以还原数据。由此可以看出报文、分组、帧之间的关系。

另外，当通信双方进行数据传输时，实际上是对等层使用相应的规定沟通。所使用的规定称为协议，它是在不同终端上、相同层中实施的规则。如果在同一终端、不同层中，则称为接口或服务访问点。

4. TCP/IP参考模型

TCP/IP起源于阿帕网（ARPANET）。随着卫星通信系统与通信网的发展，从1982年开始，阿帕网上采用了一族以传输控制协议（transmission control protocol，TCP）和网际协议（internet protocol，IP）为主的新的网络协议，不久，又由此定义了TCP/IP参考模型（TCP/IP Reference Model）。

TCP/IP参考模型共分为四层，从上往下依次为应用层、传输层、网际层、网络接口层，比OSI/RM少了表示层和会话层，并且没有对数据链路层和物理层做强制规定，因为其设计目标之一就是要做到与具体的物理传输介质无关。OSI/RM七层模型和TCP/IP四层模型的对比如图6.3所示。

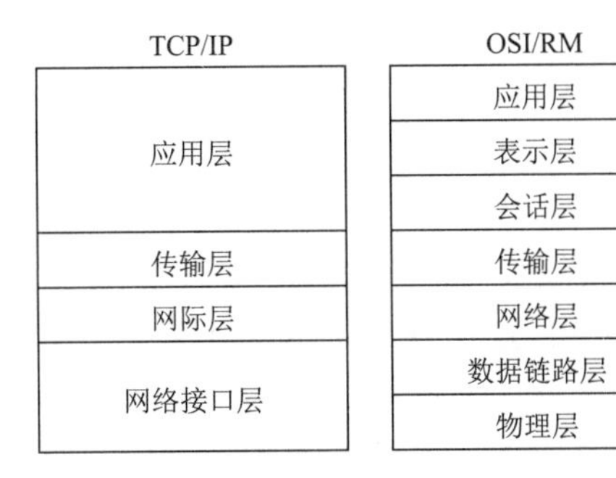

图 6.3　TCP/IP 参考模型和 OSI/RM 的对比

在 TCP/IP 参考模型中定义了一族协议，其中最重要的两个协议是 TCP 和 IP，因此用 TCP/IP 来为协议族命名。当计算机利用 TCP/IP 传送信息时，首先要将传送的信息分为小的分组信息包，然后通过网络上的路由器等网络设备对这些分组信息包分别进行转发，在所有的包到达目的计算机后，将这些小信息包重新组合成原来的完整信息。TCP 和 IP 负责上述的所有工作，其中 IP 负责分组信息包的地址和传输路径的选择，TCP 负责对原始信息进行分割和重组。

TCP/IP 协议族中的一些主要协议及其相互关系如图 6.4 所示。

应用层	HTTP	TELNET	FTP	SMTP	DNS	……
传输层	TCP			UDP		
网际层	IP					
		ARP	RARP	ICMP	IGMP	
网络接口层	以太网	令牌环	X.25 网	FDDI	……	

图 6.4　TCP/IP 协议族

TCP/IP 各层的功能和协议简述如下。

（1）应用层

应用层是 TCP/IP 参考模型的最高层，对应于 OSI/RM 的最高三层：会话层、表示层和应用层。应用层不仅具有 OSI/RM 最高三层的所有功能，还包括很多面向应用的协议，目前使用的主要协议如下。

1）HTTP：超文本传输协议，主要用于 Internet 上的 WWW 服务。

2）SMTP：简单邮件传输协议，用于实现电子邮件传送功能。通常，电子邮件应用程序向邮件服务器传送邮件时使用 SMTP 协议；而从邮件服务器的邮箱中读取邮件时使用 POP3 协议。

3）DNS：域名系统，用于实现网络域名到 IP 地址的映射。

4）FTP：文件传输协议，用于实现交互式文件传输和文件管理功能。

随着 Internet 应用范围的扩大，还会有新的协议不断加入。

（2）传输层

传输层对应于 OSI/RM 的传输层，实现端-端（进程-进程）无差错通信。该层中使用的两种主要协议是面向连接的 TCP 和无连接的用户数据报协议（user datagram protocol，UDP）。

1）TCP：一种可靠的面向连接的协议，可以将源主机的字节流无差错地传送到目的主机。在多数情况下，传输层使用 TCP，以保证将通信子网中的传输错误全部处理完毕。

2）UDP：一种不可靠的无连接协议，分组传输中的差错控制由应用层完成。

应用层协议在传输层协议之上，其中一些使用面向连接的 TCP，如 HTTP、FTP；另一些使用面向无连接的 UDP，如简单网络管理协议（SNMP）、简单文件传输协议（TFTP）。

（3）网际层

网际层对应于 OSI/RM 的网络层，负责对独立传送的数据分组进行路由选择，以保证可以发送到目的主机。该层最主要的协议就是无连接的 IP，因此也称 IP 层。

IP 是一种面向无连接的协议，负责将发送主机的数据分组以无连接的方式发送到目的主机。由于采用无连接方式，各数据分组在 Internet 中是独立传输的，所以网际层必须负责数据分组传送过程中的路由选择和差错控制。同时，无连接方式导致构成一个传输层报文的各个分组的发送顺序和接收顺序可能不同，甚至有丢失现象，这些问题则提交给传输层去解决。IP 要为 TCP 和 UDP 提供服务，即 TCP 和 UDP 都要通过 IP 来发送、接收数据，所以网际层是 TCP/IP 的核心。网际层还包括两个重要的协议：地址解析协议（ARP）和反向地址解析协议（RARP）。这两个协议用于需要进行 IP 地址与物理地址转换的场合，ARP 根据节点的 IP 地址映射得到对应的物理地址，这是一般数据传输时常用的协议；RARP 则是其逆向转换，可根据节点的物理地址映射得到对应的 IP 地址。

（4）网络接口层

网络接口层对应于 OSI/RM 的物理层和数据链路层，负责将数据送到指定的网络上。该层直接面向各种不同的通信子网。

网络接口层可连接多种物理网络协议，如以太网、令牌环和 X.25 分组交换网等。尽管这些网络的拓扑结构、传输介质、控制机制差异很大，但它们的网络数据通过相应的接口程序组装成统一的 IP 数据分组，都可以在 Internet 上传送，这正体现出 TCP/IP 的兼容性与适应性，也是 Internet 获得成功的关键所在。

6.3.2 TCP/IP 协议与软件

1. TCP/IP 协议

计算机之间通信时，需要使用一种双方都能理解的“语言”，这就是网络协议。网络中有许多由不同组织出于不同应用目的而应用在不同范围内的网络协议。协议的实现既可以在硬件上完成，也可以在软件上完成，还可以综合完成。目前，应用最为广泛的协议是 TCP/IP，它是事实上的工业标准，是计算机网络世界的通用语言。其中 IP 负责数据分组的地址和传输路径选择。IP 地址是为每个网络和每台主机分配的网络地址。当某个网络使用 TCP/IP 进行通信时，所有连入该网的计算机必须拥有网内唯一的地址，以便相互识别，就像每部电话必须有唯一的电话号码一样，IP 地址就相当于计算机网络的电话号码。

（1）IP 地址

IPv4（网际协议第 4 版）地址是由 32 位二进制数组成的，共 4 字节（byte）。为了便于书写和记忆，用 4 段十进制数表示，各组之间用“.”分隔，书写形式为×××.×××.×××.×××。由于每组十进制数对应的是 8 位二进制数，所以每段取值为 0～255。这种表示方法称为点分十进制表示法。

IP 地址根据功能可以划分为两部分：网络号（net-id）和主机号（host-id）。网络号标志主机（或路由器）所连接到的网络，在整个互联网范围内必须是唯一的。处于同一处网络内的各主机，其网络地址部分是相同的。主机号标志某具体主机，如工作站、服务站、路由器或其他 TCP/IP 设备等。一个主机号在它前面的网络号所指明的网络范围内必须是唯一的。根据取值范围的不同，IP 地址可以分为 5 类。A 类地址的第一位为 0，B 类地址的前两位为 10，C 类地址的前三位为 110，D 类地址的前四位为 1110，E 类地址的前五位为 11110。其中 A、B、C 类地址为基本的 IP 地址，D 类地址为多播（multicast）地址，E 类地址是保留的实验性地址。由于 IP 地址的长度限定为 32 位，所以类标识符的长度越长，则可用的地址空间越小。这种两级的 IP 地址格式可以定义为{<网络号>, <主机号>}。

根据取值范围的不同，IP 地址可以分为 5 类。A 类 IP 地址的网络号的最高位必须是 0，网络地址空间长度为 7 位，主机号空间长度为 24 位。A 类地址范围为 1.0.0.0～126.255.255.255，共 126 个网络地址，因此 A 类 IP 地址允许有 126 个不同的 A 类网络（网络号 0 和 127 属保留用途）。由于主机号空间长度为 24，因此，每个 A 类地址支持的主机号数多达 $2^{24}-2$（即 16777214）个。这里减 2 的原因是全 0 的主机号字段表示该 IP 地址是“本主机”所连接到的单个网络地址，而全 1 表示“所有的”，因此全 1 的主机号字段表示该网络上的所有主机。A 类地址结构适用于有大量主机的大型网络。

B 类 IP 地址的网络号的最高位必须是 10，网络地址空间长度为 14 位，主机号空间长度为 16 位。B 类地址范围为 128.0.0.0～191.255.255.255，允许有 2^{14}（即 16384）个不同的 B 类网络。由于主机号空间长度为 16，因此，每个 B 类地址支持的主机号数多达 $2^{16}-2$（即 65534）个。B 类地址结构适合于一些大型企业与政府机构等。

C 类 IP 地址的网络号的最高位必须是 110，网络地址空间长度为 21 位，主机号空间长度为 8 位。C 类地址范围为 192.0.0.0～223.255.255.255。由于网络号空间长度为 21，因此允许有 2^{21}（即 2097152）个不同的 C 类网络。由于主机号空间长度为 8，因此，每个 C 类地址支持的主机号数可达 $2^{8}-2$（即 254）个。C 类地址结构适用于一些小型单位与普通的研究机构。

D 类 IP 地址不标识网络，其范围为 224.0.0.0～239.255.255.255。该类地址用于其他特殊的用途，如多播。

E 类 IP 地址暂时保留，其范围为 240.0.0.0～255.255.255.255。该类地址用于某些实验和留至将来使用。

目前 IPv4 中 32 位的 IP 地址空间只能提供近 40 亿个 IP 地址，随着 Internet 的飞速发展，地址空间即将耗尽。为了解决这个问题，新一代的 IPv6 规定用 128 位二进制格式的 IP 地址。

（2）子网掩码

由于 IP 地址只有 32 位，对于 A、B 两类编码方式，经常会遇到网络地址空间不够的情况。为了解决这个问题，可以在 IP 编址中增加一个子网号成分，此时的 IP 地址应包含网络号、子网号和主机标识 3 部分，其中的子网号可视具体情况占用一部分主机号空间。在组建计算机网络时，通过子网技术将单个大网划分为多个小的网络，并由路由器等网络互连设备连接，可以减轻网络负荷，提高网络性能。划分子网增加了灵活性，但减少了能够连接在网络上的主机总数。

在 TCP/IP 中通过子网掩码来表明子网的划分，子网掩码可用来区分网络上的主机是否在同一网络区段内。子网掩码也是 32 位二进制数，用“.”分隔成 4 段。其标识方法为：IP 地址中网络和子网部分用二进制数 1 表示；主机部分用二进制数 0 表示。A 类 IP 地址的默认子网掩码为 255.0.0.0，B 类的为 255.255.0.0，C 类的为 255.255.255.0。

将子网掩码和 IP 地址进行“与”运算，就可以区分一台计算机是在本地网络还是远程网络上。如果两台计算机的 IP 地址和子网掩码逐位“与”运算后结果相同，则表明两台计算机处于同一网络内。

例如，某台计算机的 IP 地址为 131.22.100.101，其子网掩码为 255.255.192.0，用二进制表示为：

IP 地址：10000011.00010110.01100100.01000101。

子网掩码：11111111.11111111.11000000.00000000。

那么，这台计算机的网络地址应为 131.22.64.0。

2. 网络软件

计算机网络要在网络软件的管理和控制下才能进行工作。计算机网络软件主要包括网络操作系统和网络应用软件。

（1）网络操作系统

网络操作系统是计算机网络的核心软件，除了具有一般操作系统的功能外，还具有控制和管理网络资源、提供网络服务等功能，是计算机管理软件和通信控制软件的集合。

一般的操作系统具有处理器管理、作业管理、存储管理、文件管理和设备管理功能，网络操作系统除了具备上述功能，还具备共享资源管理、用户管理和安全管理等功能。网络操作系统要对每个用户进行登记，控制每个用户的访问权限。有的用户只有只读权限，有的用户则有全部的访问权限。安全管理主要是用来保证网络资源的安全，防止用户非法访问，保证用户信息在通信过程中不被非法篡改等。

网络操作系统的基本功能是实现网络通信。网络操作系统负责网络服务器和网络工作站之间的通信，接收网络工作站的请求，并提供网络服务；或者将工作站的请求转发到其他的节点，请求服务。网络通信功能的核心是执行网络通信协议。

网络操作系统的服务功能主要是为网络用户提供各种服务，传统的计算机网络主要提供共享资源服务，包括硬件资源和软件资源的共享。现代计算机网络还可以提供电子邮件服务、文件上传下载服务等。

常见的网络操作系统主要包括 Windows 家族、NetWare、UNIX 和 Linux 等。

1）Windows 家族：由 Microsoft 公司开发，在局域网环境中最为常见。Microsoft 的网络操作系统主要有 Windows NT 4.0 Server、Windows 2000/2003 Server 系列、Windows 2008 Server 系列、Windows 7、Windows 10 等。

2）NetWare：由 Novell 公司推出的网络操作系统。Novell 的产品第一个支持多种平台分布式处理，第一个支持多种拓扑结构互连，第一个支持各种版本的 DOS、OS/2。NetWare 具有共享文件存取和打印功能，可以使多台个人计算机通过局域网与文件服务器连接起来，提供高性能的文件服务和打印服务。NetWare 操作系统是多任务、多用户的网络操作系统，它的较高版本具有系统容错能力（SFT）。NetWare 操作系统最重要的特征是基于基本模块设计思想的开放式系统结构，可以方便地对其进行扩充。NetWare 服务器可较好地支持无盘工作站，常用于教学网。

3）UNIX/Linux：UNIX 操作系统由来已久，在计算机网络，尤其是 Internet 的发展中发挥了极其重要的作用。在 Internet 中提供服务的各类服务器上，80%以上使用的是 UNIX 或类 UNIX 操作系统。UNIX 操作系统已被很多厂商接受，并被广泛应用于微型计算机、小型机、大型机、巨型机等各种机型上。1969 年，美国的电报电话公司（AT&T）Bell 实验室开发出在 DEC 公司的 PDP-7 小型机上运行的 UNIX 操作系统。之后又出现了很多变种和多种版本，如 AIX、Solaris 等，其中最著名的就是 Linux 操作系统。

Linux 是一套可供免费使用和自由传播的类 UNIX 操作系统，是由世界各地成千上万名程序员共同设计和完成的。其目的是建立不受任何商业化软件的版权制约的、全世界都能自由使用的 UNIX 操作系统兼容产品。Linux 操作系统的内核最早是由芬兰人 Linus Torvalds 于 1991 年设计的，后来者继续为 Linux 操作系统编写了各种各样的驱动程序和应用软件，使得 Linux 成为一种包括系统管理工具、完整的开发环境和开发工具、应用软件在内的，用户容易获得的操作系统。

（2）网络应用软件

网络应用软件是根据网络用户的需要开发出来的，主要是为了提高网络性能，改善网络管理能力，或是给用户提供更多的网络应用。网络应用软件随着网络的发展和普及日益丰富，通常网络操作系统本身就集成了许多应用软件，这些软件大多是安装、运行在网络客户机上的，因此这类软件也称为网络客户软件，如网络浏览器、文件传输软件、电子邮件代理等。

6.3.3　常用网络设备

一个完整的计算机网络基础设施通常由主机和专用网络连接设备构成，其中主机主要包括服务器、工作站、各种固定或可移动的终端等；网络连接设备可分为网络接口设备和互连设备两类，主要包括网络适配器、调制解调器、中继器、集线器、网桥、网络交换机、路由器、网关等。

1．服务器

服务器是网络中为用户和工作站提供各种网络服务，实现网络管理功能的主机。服务器也是网络资源的主要提供者，是网络中重要的计算机设备，一般由性能和配置较高的专用计算机来担当这一角色，在网络操作系统的配合下实现网络资源管理、用户访问管理和网络服务等功能。服务器通常由专门的技术人员进行管理和维护，以保证整个网络的正常运行。

2. 工作站

工作站是指连接到网络上的普通用户的计算机，可看作用户向服务器申请服务的终端设备。局域网中的工作站通常为个人计算机，它仍保持原有计算机的功能，同时也是网络的一部分。用户可以在工作站上处理日常工作，并随时向服务器索取各种信息及数据，请求服务器提供各种服务。工作站之间也可以进行通信，可以使用网络的各种共享资源。

3. 网络适配器

网络适配器也称网络接口卡（network interface card，NIC），简称网卡，是安装在计算机总线上或某个外部接口上的扩展卡。一般情况下，无论是服务器还是工作站都应安装网卡。网卡是计算机与传输介质进行连接的中间部件，主要负责计算机的数字信号和传输介质传送的信号之间的相互转换。在接收信息时，网卡把传来的信息按照网络上信号编码的要求和帧的格式接收并交给主机处理。在主机向网络发送信息时，网卡把发送的信息按照网络传送的要求装配成帧的格式，然后采用网络编码信号向网络发送出去。

4. 调制解调器

调制解调器俗称“猫”，是一种把由计算机发出的数字信号调制成适合通信线路传输的模拟信号，再将由通信线路返回给计算机的模拟信号解调成计算机可以识别的数字信号的设备，由调制器和解调器两部分组成。在发送端，调制器把计算机的数字信号调制成可在电话线上传输的模拟信号；在接收端，解调器把模拟信号转换成计算机能接收的数字信号。

ADSL 调制解调器（ADSL modem）是一种宽带接入 Internet 的专用设备，它是在原有的电话线上加载一个复用设备。在普通的电话线上，ADSL 使用频分复用技术将话音与数据分开，使话音和数据分别在不同的频带上运行而互不干扰，即使边打电话边上网也不会影响上网速度和通话质量。ADSL 调制解调器通常能够向用户提供 8Mbit/s 的下行速率和接近 1Mbit/s 的上行速率。

5. 中继器

中继器也称转发器，是局域网中用来扩展网络范围的最简单的互连设备。它的作用是将传输介质上传输的信号接收后进行放大和整形，再发送到其他传输介质上。经过中继器连接的两段电缆上的工作站就如同在一条加长的电缆上工作一样。中继器可以增局域网的传输距离，可以连接两个以上的网段，通常用于同一幢楼里的局域网之间的互连。

6. 集线器

集线器工作在物理层，是一个多端口的中继器，通常用于连接多条双绞线，主要是将一个端口上的信号整形、放大后发送到另一个端口上。在局域网中常以集线器为中心，将所有分散的工作站与服务器连接在一起，形成星形拓扑结构的局域网系统。集线器能够互连多个终端，其中一个节点的线路故障不会影响其他节点，但它的工作方式是广播模式，所有的端口共享带宽。

7. 网桥

网桥也称桥连接器，工作在数据链路层，是连接两个局域网的一种存储转发设备。它可以连接使用不同介质的局域网，还能起到过滤帧的作用。网桥可以减轻网络的负载，自动过滤数据包，根据数据包的目的地址决定是否转发该包到其他的网段。由于网桥的隔离，一个网段上的故障不会影响另一个网段，从而提高了网络的可靠性。

8. 网络交换机

网络交换机是将电话网中的交换技术应用到计算机网络中所形成的网络设备，是局域网中取代集线器的网络设备。它是一种智能化的集线器，实质上是一个多端口的网桥。它不仅有集线器对数据传输的同步、放大和整形作用，还可以过滤数据传输中的短帧、碎片等。它采用端口到端口的技术，将传统的共享带宽方式转变为独占方式，可以极大地改善网络的传输性能，适用于大规模的局域网。

9. 路由器

路由器是在多个网络和介质之间实现网络互连的一种设备，主要使用在互联网中。它可以将两个网络连接在一起，组成更大的网络。被连接的网络可以是局域网、城域网、广域网等各种网络，连接后的网络都可以称为互联网。路由器的主要功能包括存储转发、过滤、路径选择、流量管理、介质转换等。

10. 网关

网关也称网间协议转换器，工作于OSI/RM的高三层（会话层、表示层和应用层）或TCP/IP的应用层，用来实现不同类型网络间协议的转换。它是用于连接完全不同体系结构的网络或用于连接局域网与主机的设备。网关的功能既可以由硬件实现，也可以由软件实现。网关可以设置在服务器、微型计算机或大型机上。

6.4 互联网技术基础

国际互联网是全球最大的基于TCP/IP的互联网络，它由众多规模不一的局域网、城域网、广域网互连而成。Internet起源于美国，一般将其音译为“因特网”，通常也称其为国际互联网。人们可以通过 Internet 共享全球信息，它的出现标志着网络时代的到来。

国际互联网是一个集各个部门、各个领域的各种信息资源为一体，供网上用户共享的信息资源网。它把全球数以万计的大大小小的计算机网络、数百亿台主机连接起来，包含了海量的信息资源，可为用户提供各种信息服务。它以 TCP/IP 协议连接各个国家、各个地区、各个机构的计算机网络，形成了一条“信息高速公路”。当今 Internet 的概念已经远远超过了一般性网络的内涵，已成为现代信息社会的一个缩影。

6.4.1 国际互联网概述

1. 国际互联网的起源

Internet 起源于阿帕网（ARPANET），阿帕网于 1969 年建立，起初用于军事方面。在 Internet 发展过程中，值得一提的是 NSFNet，它是美国国家科学基金会（National Science Foundation，NSF）建立的一个计算机网络，该网络也使用 TCP/IP 协议，并在全国建立了按地区划分的计算机广域网。1988 年，NSFNet 取代原有的阿帕网成为 Internet 的主干网。NSFNet 对 Internet 的最大贡献是使 Internet 向全社会开放，而不像以前那样仅仅供计算机研究人员和其他专门人员使用。

随着社会科技、文化和经济的发展，人们越来越重视对信息资源的开发和使用。随着计算机网络技术的发展，Internet 已经成为一个开发和使用信息资源的、覆盖全球的信息海洋。

2. 互联网在我国的发展

我国早在 1987 年就由中国科学院高能物理研究所通过 X.25 租用线路实现了国际远程联网。1994 年 5 月，高能物理研究所的计算机正式接入 Internet。以清华大学为网络中心的中国教育和科研计算机网（CERNet）也于 1994 年 6 月正式联通 Internet。1996 年 6 月，中国最大的 Internet 互联子网 ChinaNet 正式开通并投入运营。

为了规范发展，1996 年 2 月，国务院令第 195 号《中华人民共和国计算机信息网络国际联网管理暂行规定》中明确规定只允许四个互联网络拥有国际出口：中国科学技术网（CSTNet）、中国教育和科研计算机网（CERNet）、中国公用计算机互联网（ChinaNet）、中国金桥信息网（ChinaGBN）。前两个网络主要面向科研和教育机构，后两个网络以运营为目的，属于商业性质的 Internet。这里，国际出口是指互联网络与 Internet 连接的端口及通信线路。

我国 Internet 的发展经历了三个阶段：第一阶段（1987—1993 年）实现了与 Internet 电子邮件的连通；第二阶段（1994—1995 年）实现了与 Internet 的 TCP/IP 连接，提供了 Internet 的全能服务；第三阶段（1995 年至今）开始了以 ChinaNet 作为中国 Internet 主干网的阶段。

我国制定了“应用主导、面向市场、统一标准、资源共享、技术创新、竞争开放”的方针。目前我国已初步建成了由光缆、微波和通信卫星所构成的通达各省、自治区、直辖市的主干信息网络，但是其速度和密度均未达到信息高速公路的要求。

（1）中国公用计算机互联网

中国公用计算机互联网（China Public Computer Network，ChinaNet）由原邮电部主管。其主干网覆盖全国各省（市），并在北京、上海和广州三座城市接入 Internet，其主要服务对象为科研、教育领域和部分信息服务公司，可以提供接入 Internet 的服务、信息服务等。

（2）中国国家计算机与网络设施

中国国家计算机与网络设施（National Computer and Networking Facility of China，NCNFC）也称中国科学技术网（China Science and Technology Network，CSTNet），是由中国科学院主持，联合北京大学、清华大学共同建设的全国性的网络。该工程于 1990 年 4 月启动，1993 年正式开通与 Internet 的专线连接，1994 年 5 月 21 日完成了我国最高域名 cn 主要服务器的设置，标志着我国正式接入 Internet。其主导思想是为科研、教育和非营利性政府部门服务，提供科技数据库、科研成果、信息服务等。

（3）中国教育和科研计算机网

中国教育和科研计算机网（China Education and Research Network，CERNet）是 1994 年由国家计划委员会、国家教育委员会组建的一个全国性的教育科研基础设施。CERNet 是由我国技术人员独立自主设计、建设和管理的计算机互联网，主要为高等院校和科研单位服务，其目标是建立一个全国性的教育科研信息基础设施，利用计算机技术和网络技术把全国大部分高校和有条件的中小学连接起来，推动教育科研信息的交流和共享，为我国信息化建设培养人才。

CERNet 分四级管理，分别是全国网络中心、地区网络中心和地区主节点、省教育科研网、校园网。CERNet 的全国网络中心设在清华大学，负责全国主干网的运行管理。地区的网络中心作为主干网的节点，负责本地区校园网的接入。

（4）中国国家公用经济信息通信网

中国国家公用经济信息通信网即中国金桥信息网（China Golden Bridge Network，ChinaGBN），于 1993 年开始建设，是配合中国的四金工程：金税（即银行）、金关（即海关）、金卫（即原卫生部）和金盾（即公安部）的计算机网络。ChinaGBN 以卫星综合数字业务网为基础，以光纤、无线移动等方式形成立体网络结构，覆盖全国各省、自治区、直辖市。与 ChinaNet 一样，ChinaGBN 也是可在全国范围内提供 Internet 商业服务的网络。

6.4.2 互联网的特点

1. 开放性

互联网不属于任何一个国家、部门、单位或个人，并没有专门的管理机构对整个网络进行维护。任何用户或计算机只要遵守 TCP/IP，都可进入 Internet。

2. 丰富的资源

互联网上有数以万计的计算机，形成了一个巨大的计算机资源，可以为全球用户提供极其丰富的信息资源。

3. 先进性

互联网是现代化通信技术和信息处理技术的融合。它使用了各种现代通信技术，充分利用了各种通信网，如电话网（PSTN）、数据网、综合通信网（DDN、ISDN）等。这些通信网遍布全球，并促进了通信技术的发展，如电子邮件、网络电话、网络传真、网络视频会议等，增加了人类交流的途径，加快了交流速度，缩短了全世界范围内人与人之间的距离。

4. 共享性

互联网用户在网络上可以随时查阅共享的信息和资料。如果网络上的主机提供共享型数据库，则可供查询的信息会更多。

5. 平等性

互联网是不分等级的。个人、企业、政府组织之间可以是平等的、无级别的。

6. 交互性

互联网可以作为平等自由的信息沟通平台，信息的流动和交互是双向的，信息沟通双方可以平等地与另一方进行交互，及时获得所需信息。

此外，互联网还具有合作性、虚拟性、个性化和全球性等特点。

6.4.3 域名系统

由于 IP 地址是由无规则的数字构成的，不便于识记，因此互联网使用字符型的主机命名机制，即域名系统（domain name system，DNS）。域名系统是一种在互联网中使用的分配名字和地址的机制，允许用户使用更为人性化的字符标识而不是使用 IP 地址来访问互联网上的主机。例如访问百度，只需使用 www.baidu.com，而不用使用其 IP 地址×××.×××.×××.×××（×代表数字）。域名服务器负责进行主机域名和 IP 地址之间的自动转换。

在 Internet 发展初期，整个网络上的计算机数量有限。只要使用一个对照文件，列出所有主机名称和其对应的 IP 地址，那么用户输入主机的名称，计算机就可以很快地将其转换成 IP 地址。但是随着网上主机数量的迅速增加，仅使用一台域名服务器来负责从域名到 IP 地址的转换就会出现问题。一是该域名服务器的负荷过重，二是如果该服务器出现故障，域名解析将全部瘫痪。为此，自 1983 年起，Internet 开始采用一种树状、层次化的域名系统。该系统是一个遍布在 Internet 上的分布式主机信息数据库，采用客户机/服务器的工作模式。它的基本任务就是用文字来表示域名。例如，将

www.lnutcm. edu.cn“翻译”成 IP 能够理解的 IP 地址格式，如 200.6.104.243，这就是所谓的域名解析。域名解析的工作通常由域名服务器来完成。

域名系统是一个高效、可靠的分布式系统，能够确保大多数域名在本地与 IP 地址进行解析，仅少数需要向上一级域名服务器请求，使得系统高效运行。同时，域名系统具有可靠性，即使某台计算机发生故障，解析工作仍然能够进行。域名系统是一种包含主机信息的逻辑结构，它并不反映主机所在的物理位置。同 IP 地址一样，Internet 上的主机域名具有唯一性。

1. 域名系统的分级结构

只有获得网上唯一的 IP 地址和对应的域名，计算机才能接入 Internet。按照 Internet 的域名管理系统规定，联网的计算机通常应具有类似于下列结构的域名：

计算机主机名.机构名.网络名.顶级域名

与 IP 地址格式相同，域名的各部分之间也用“.”隔开。例如，辽宁中医药大学的主机域名为 www.lnutcm.edu.cn。其中，www 表示这台主机的名称，lnutcm 表示辽宁中医药大学，edu 表示教育机构，cn 表示中国。

域名系统负责对域名进行转换。为了提高转换效率，Internet 上的域名采用一种由上到下的层次关系，在最顶层的称为顶级域名。

顶级域名目前采用两种划分方式：以机构或行业领域作为顶级域名；以国别作为顶级域名。常见的顶级域名见表 6.1 和表 6.2。

表 6.1　机构或行业领域的顶级域名

域名	含义	域名	含义
com	商业机构	net	网络服务机构
edu	教育机构	int	国际组织
gov	政府机构	org	民间团体或组织

表 6.2　部分国家和地区的顶级域名

域名	含义	域名	含义
cn	中国	in	印度
br	巴西	it	意大利
ca	加拿大	jp	日本
de	德国	kr	韩国
fr	法国	tw	中国台湾
hk	中国香港	uk	英国

顶级域名由 Internet 网络中心负责管理。在国别顶级域名下的二级域名由各个国家自行确定。我国顶级域名 cn 由中国互联网络信息中心(China Internet Network Information Center，CNNIC)负责管理，在 cn 下可由经国家认证的域名注册服务结构注册二级域名。

我国将二级域名按照行业类别或行政区域来划分。行业类别大致分为 com（商业机构）、edu（教育机构）、gov（政府机构）、net（网络服务机构）等；行政区域二级域名适用于各省、自治区、直辖市，共 34 个，采用省市名的简称，如 ln 为辽宁省，sy 为沈阳市等。自 2003 年开始，在我国国家顶级域名 cn 下也可以直接申请注册二级域名，由 CNNIC 负责管理。可见，Internet 域名系统是逐层、逐级由大到小划分的，这样既提高了域名解析的效率，也保证了主机域名的唯一性。

2. 域名解析过程

域名和 IP 地址之间是一一对应的关系。域名系统是 TCP/IP 中应用层的服务，IP 地址是在网络层中的信息，它是 Internet 上唯一、通用的地址格式，所以当以域名方式访问某台远程主机时，域名系统首先将域名“翻译”成对应的 IP 地址，通过 IP 地址与该主机联系，并且以后的所有通信都将使用该 IP 地址。

用户申请域名后，该域名的使用一般是长期不变的，而 IP 地址由于机构调整、网络重新规划等原因可能会经常发生变动。为了保证二者对主机识别的同一性，域名系统要能够跟踪这种变化，并进行二者之间的翻译，即使 IP 地址发生了变化，通过域名仍能找到原来的主机。这一工作是由域名服务器来完成的。域名服务器还能够保证电子邮件正确地投递给收信人，保证用户所输入的每一个统一资源定位符（URL）都能够发送到正确的 Web 服务器上。此外，它还有正确路由所有信息的能力。

当用户使用域名访问网上的某台主机时，首先由本地域名服务器负责解析，如果查到匹配的 IP 地址，则返回给客户端，否则，本地域名服务器以客户端的身份向上一级域名服务器发出请求，上一级域名服务器会在本级管理域名中进行查询，如果找到则返回，否则再向更高一级域名服务器发出请求。依次地，直到最后找到目标主机的 IP 地址。为了提高解析效率，每个域名服务器都拥有一个高速缓存，存放最近解析过的域名和对应的 IP 地址。这样当用户下次再查找该主机时，可以跳过某些查找过程，直接从本地域名服务器中查找到该主机地址，从而大幅缩短查找时间，同时也减轻根域名服务器的查找负担。

6.4.4　互联网的接入

最初接入互联网的传统方式是通过电话网络，采用拨号方式接入。早期的拨号接入方式存在很多缺陷，如通话与上网矛盾、费用和带宽限制问题等。随着技术的发展，各种高速接入方式逐渐成为主流。想要加入互联网的用户，首先要选择提供互联网服务的提供商（Internet service provider，ISP），它是众多企业和个人用户接入 Internet 的驿站和桥梁。国内最大的 ISP 有四个，即中国教育和科研计算机网、中国科学技术网、中国公用计算机互联网和中国金桥信息网。其中，前两个是学术网络，可以为教育和科研单位、政府部门及其他非营利社会团体提供接入 Internet 的服务；后两者是商业网络，为全社会提供 Internet 服务。

目前 ISP 提供了多种接入方式，以满足不同用户的需求，主要包括调制解调器接入、ADSL 接入、线缆调制解调器接入、局域网接入、光纤接入和无线接入等。

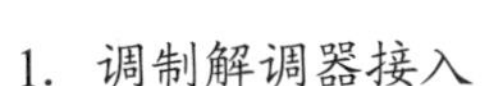

1. 调制解调器接入

调制解调器接入是最为传统的接入方式，它利用之前提到的调制解调器实现计算机通过电话线同其他计算机进行通信。其作用原理：一方面，把计算机的数字信号转换成可在电话线上传送的模拟信号（这一过程称为调制）；另一方面，把电话线传输的模拟信号转换成计算机能够接收的数字信号（这一过程称为解调）。此类拨号上网曾是最为流行的上网方式，只要有电话线和一台调制解调器就可以上网。其优点是操作简单，缺点是数据传输速率很低，通常只能达到 56Kbit/s，并且占用语音通话频段，上网和打电话不能同时进行。拨号上网的用户没有固定的 IP 地址，IP 地址由 ISP 服务器动态分配给每个用户，在客户端基本不需要进行任何设置就可以上网。

2. ADSL 接入

ADSL（asymmetric digital subscriber line，非对称数字用户线路）是利用公用电话网提供宽带数据业务的技术，是目前应用较广的接入方式。"非对称"指的是网络的上传和下载速度不同。通常用户在 Internet 上下载的信息量要远大于上传的信息量，因此采用非对称的传输方式，以满足用户的实际需要，充分合理地利用资源。

ADSL 属于专线上网方式，用户需要配置一个网卡和专用的 ADSL 调制解调器，与传统的调制解调器接入方式不同的是它能提供的带宽很高，可以满足大部分用户的需要，包括视频或多媒体类数据的实时传送。ADSL 也不影响电话线的使用，可以在上网的同时正常通话，因此受到广大家庭用户的欢迎。

3. 线缆调制解调器接入

线缆调制解调器利用有线电视线路接入 Internet，接入速率可以高达 10～30Mbit/s，可以实现视频点播、互动游戏等大容量数据的传输。接入时，将整个电缆（目前使用较多的是同轴电缆）划分为三个频带，分别用于线缆调制解调器数字信号上传、数字信号下传及电视节目模拟信号下传，一般同轴电缆的带宽为 5～750MHz，数字信号上传带宽为 5～42MHz，模拟信号下传带宽为 5～550MHz，数字信号下传带宽则为 550～750MHz，这样，数字数据和模拟数据不会冲突。线缆调制解调器接入的特点是带宽高、速度快、成本低、不受连接距离的限制、不占用电话线、不影响收看电视节目。

4. 局域网接入

局域网用户接入 Internet 的方法很多，主要可以分为软件方法和硬件方法两类。软件方法是利用代理服务器类软件实现小型局域网的接入。硬件方法是利用企业级路由器等硬件来实现中、大型局域网的接入。

5. 光纤接入

光纤是目前传输速率最高的传输介质，在主干网中已大量地采用光纤。将光纤直接接入用户住宅中，即可实现光纤到户（fiber to the home，FTTH）。所谓光纤到户，是把光纤一直铺设到用户家庭。只有在光纤进入用户的家门后，才把光信号转换为电信号，这样就能满足用户日益增长的各种宽带业务的要求。光纤巨大的带宽不仅可以为用户提供高速的互联网业务，还能提供电话、可视电话、有线电视、视频点播、视频监控等多种业务。

6. 无线接入

无线接入是指从用户终端到网络的交换节点采用无线手段接入技术，实现与Internet的连接。无线接入 Internet 已经成为网络接入方式的热点，可以分为两类：一类是基于移动通信的接入技术；另一类是基于无线局域网的接入技术。

6.4.5 Internet 服务

Internet 改变了人们传统的信息交流方式，学习网络与 Internet 知识的主要目的就是利用 Internet 上的各种信息和服务为学习、工作、生活和交流提供帮助。其中，Internet 的基本服务主要包括万维网（WWW）、电子邮件（E-mail）和文件传输等。

1. 万维网服务

万维网也就是通常所说的 WWW，其全称是 World Wide Web。它并不是某种普通意义上的物理网络，而是一种信息服务器的集合标准。

WWW 是以超文本传输协议（hypertext transfer protocol，HTTP）和超文本标记语言（hypertext markup language，HTML）为基础，能够以优良的接口提供 Internet 信息查询服务的浏览系统。WWW 系统采用客户机/服务器工作模式，所有的客户端和 Web 服务器统一使用 TCP/IP，统一分配 IP 地址，使得客户端和服务器的逻辑连接变成简单的点对点连接，用户只需要提出查询要求就可自动完成查询操作。

在网络浏览器中所看到的画面称为网页，也称 Web 页。多个相关的 Web 页组合在一起便组成了一个 Web 站点。一个 Web 站点上存放了众多的页面，其中最先看到的是主页。主页指一个 Web 站点的首页，从该页出发可以连接到本站点的其他页面，也可以连接到其他的站点。这样，就可以方便地接通世界上任何一个 Internet 站点了。

Web 页采用超文本的格式，除含有文本、图像、声音、视频等信息外，还含有指向其他 Web 页或页面定向某特定位置的超链接。文本、图像、声音、视频等多媒体技术使 Web 页的画面生动活泼，超链接使文本按三维空间的模式进行组织，信息不仅可按线性方向搜索，而且可按交叉方式访问。超文本中的某些文字或图形可作为超链接源。当鼠标指针指向超链接时，鼠标指针变成手形，单击超链接可进入另一超文本，从而查看更多的与此相关的文字、图片等信息。

WWW 使用统一资源定位符（uniform resource locator，URL），能让客户程序找到位于整个 Internet 范围的某个信息资源。URL 由三部分组成：协议、存放资源的主机域名及资源的路径名和文件名，当 URL 省略资源文件名时，表示将定位于 Web 站点的主页。

资源类型中的 HTTP 表示检索文档的协议，称为超文本传输协议。它是在客户机/

服务器模型上发展起来的信息分布方式。HTTP 通过客户机和服务器互相发送消息的方式进行工作。客户通过程序向服务器发出请求，并访问服务器上的数据，服务器通过设定的公用网关接口（CGI）程序返回数据。

WWW 浏览器是一种专门用于定位和访问 Web 信息，获取所需资源的导航工具，是一种交互式的应用程序。目前常见的WWW浏览器主要有Microsoft的Internet Explorer（简称 IE）和 Mozilla 的 Firefox 等。其中，Microsoft 公司凭借在操作系统领域的垄断优势，将 IE 捆绑到 Windows 系列操作系统中，向全世界用户免费提供。IE 是 Windows 用户浏览 Web 页的最快捷的方法，同时也为用户提供了通信和合作的工具。浏览 Web 页时，如果发现有用的信息，可以将 Web 页整体保存，也可以保存其中的文本、图片等内容。

当用户在网上浏览到有价值的信息时，可以将其保存到本地计算机中，这种从网上获得信息资源的方法就是下载。下载一般直接通过 Web 页或使用专门的下载工具（如迅雷等）执行。如果用户下载的信息资源是网页形式，则可利用上述保存 Web 页的方法实现，如果用户需要下载的是程序、软件、电子图书、音频或视频等，可通过访问专门的下载网站来获取。

2. 电子邮件服务

电子邮件是一种用户通过网络实现相互之间传送和接收信息的电子邮政通信方式。发送、接收和管理电子邮件是 Internet 的一项重要功能，也是 Internet 上应用最为广泛的一种服务。电子邮件与邮局收发的普通信件一样，都是一种信息载体。它们之间最主要的差别是：电子邮件中除了普通文字，还可包含声音、动画、影像等信息。

电子邮件与普通信件相比具有以下优点。

1）快速：电子邮件发出后，通常只需几秒或几分钟就可通过网络传送到接收人的电子邮箱中。

2）方便：书写、收发电子邮件都通过计算机来完成，因此收发邮件无时间和地点的限制。

3）可靠：每个电子邮箱地址都是全球唯一的，可确保邮件按发件人输入的地址准确无误地发送到收件人的邮箱中。

4）内容丰富：电子邮件不仅可以传送文本，还可以传送图像、声音、视频等多种类型的数据。

电子邮件的工作原理：邮件服务器是用来在 Internet 上转发和处理电子邮件的计算机，其中发送邮件的服务器与接收邮件的服务器和用户直接相关，发送邮件的服务器采用简单邮件传输协议（simple message transfer protocol，SMTP）将用户编写的邮件转交到收件人手中，接收邮件的服务器采用邮局协议（post office protocol，POP）将其他人发送的电子邮件暂时寄存，直到邮件接收者将邮件从服务器上取到本地机上阅读。

电子邮箱通常是指由用户向 ISP 申请后，ISP 在邮件服务器上为用户开辟的一块磁盘空间。

电子邮件像普通邮件一样，也需要有地址。所有在 Internet 上拥有邮箱的用户都有自己的电子邮箱地址，并且这些地址都是唯一的。邮件服务器就是根据这些地址，将电子邮件传送到各个用户的邮箱中。用户只有在拥有一个地址后才能收发电子邮件。一个完整的电子邮箱地址由两部分组成，格式如下：

用户账号@主机域名

其中，符号@读作 at，表示“在”的意思，@左侧的用户账号通常为用户名，右侧是邮件服务器的主机名和域名。例如，thq@mail.lnutcm.edu.cn。

收发电子邮件之前必须先申请一个电子邮箱地址，申请方法通常有以下两种。

1）通过申请域名空间获得邮箱。如果需要将邮箱应用于企事业单位，且经常需要传送一些文件或资料，并对邮箱的数量、大小和安全性有一定的要求，则可以到提供该项服务的网站上申请一个域名空间，也就是主页空间，在申请时网站会提供一定数量及大小的电子邮箱，以便其他用户能更好地访问该主页。这种电子邮箱的申请需要支付一定的费用，适用于集体或单位。

2）通过网站申请免费邮箱。提供电子邮件服务的网站很多，如果用户需要申请一个电子邮箱，只需登录到相应的网站，单击注册邮箱的超链接，根据提示信息填写相关资料即可。

3. 文件传输服务

文件传输服务是一种实时的联机服务，通常用来获取互联网远程计算机上的文件。使用文件传输协议（file transfer protocol，FTP）可以传送多种类型的文件，如程序文件、图像文件、声音文件、压缩文件等。FTP 是 Internet 文件传输的基础，通过该协议，用户可以在两个 Internet 主机间下载或上传文件。下载文件是从远程主机复制文件到自己的计算机上；上传文件是将文件从自己的计算机复制到远程主机上。

使用文件传输服务时，用户首先要启动匿名或身份验证（用户及密码验证）的 FTP 客户端程序，登录到对方正在运行 FTP 服务器进程的远程主机上，验证通过即表示用户登录成功，可以进行与文件搜索和文件传送有关的操作，如改变当前的工作目录、列出文件目录、设置传输参数、传送文件等。

值得注意的是，匿名 FTP 并不适用于所有的 Internet 主机，只适用于提供了这项服务的主机。当远程主机提供匿名文件传输服务时，会指定某些目录向公众开放，允许匿名存取。系统中的其余目录则处于隐藏状态。作为一种安全措施，大多数匿名 FTP 主机都允许用户从其下载文件，而不允许用户向其上传文件，也就是说，用户可将匿名 FTP 主机上的所有文件复制到自己的机器上，但不能将自己机器上的任何一个文件复制至匿名 FTP 主机上。即使有些匿名 FTP 主机确实允许用户上传文件，用户也只能将文件上传至某一指定上传目录中，随后系统管理员会检查这些文件，并将确认安全的文件移至另一个公共下载目录中，供其他用户下载，这样可有效防止有问题的文件（如计算机病毒程序文件）被上传到主机中。

6.4.6　网络安全基础

随着计算机网络，特别是互联网的飞速发展，计算机网络安全问题日益突出，网络中存储和传输的大量数据需要不同程度的保护。计算机网络安全是另一门专业学科，这里只对计算机网络安全问题加以简要的介绍。

1. 安全威胁

威胁网络安全的因素来自两方面：一方面是人为因素和自然灾害因素；另一方面是网络体系结构本身存在的安全缺陷。很多情况下，网络的不安全都是人为因素造成的，分为两大类：主动攻击和被动攻击。这两类攻击主要采用以下四种形式。

1）截获：以机密性为攻击目标，攻击者从网络上窃听他人的通信内容。

2）中断：以可用性为攻击目标，攻击者破坏网络传输，使得网络通信中断。

3）篡改：以数据的完整性为攻击目标，攻击者获得访问权限，篡改网络上传输的数据报文。

4）伪造：以真实性为攻击目标，攻击者伪造信息，在网络上传播。

在上述情况中，截获信息的攻击称为被动攻击，而中断、篡改和伪造信息的攻击称为主动攻击。

在被动攻击中，攻击者只是观察和分析网络中传输的数据流而不干扰数据流本身。主动攻击是指攻击者对传输中的数据流进行各种处理，如有选择地更改、删除、延迟这些报文（当然也包括记录和复制），还有一种称为重放攻击，即将截获的报文再次发送以产生非授权的效果。

另外，还有一种特殊的主动攻击——恶意程序攻击。恶意程序种类繁多，目前对网络安全威胁较大的主要有以下几种。

1）计算机病毒：一种会“传染”其他程序的程序，“传染”是通过修改其他程序来把自身或其变种复制进去完成的。

2）计算机蠕虫：一种通过网络的通信功能，将自身从一个节点发送到另一个节点并自动启动运行的程序。

3）特洛伊木马：一种在表面功能掩护下实现非授权功能的程序，其实现的功能并非所声称的功能，而是某种恶意的功能。计算机病毒有时也以特洛伊木马的形式出现。

4）逻辑炸弹：一种当运行环境满足某种特定条件时实现其他特殊功能的程序。

2. 网络安全服务

网络安全是指利用计算机网络管理控制和技术措施，使网络系统正常运行，从而保证网络系统及数据的机密性、完整性，网络服务的可用性和可审查性受到保护。实际上，网络安全问题包括两方面的内容，一是网络的系统安全，二是网络的信息安全，而网络安全的最终目标和关键是保护网络的信息安全。

目前，网络安全威胁种类繁多，而且复杂多变，为防范网络安全威胁，计算机网络要提供以下基本安全服务。

1）机密性：确保信息不泄露给非授权用户。这是计算机网络中最基本的安全服务。

2）完整性：确保信息在传输过程中不被非授权用户篡改或伪造。

3）可用性：确保授权用户能够正常访问系统信息或资源。

4）可控性：确保在授权范围内能对传播的信息进行控制。

5）可审查性：确保可以对产生网络问题的事情进行记录，为调查提供依据。

3. 网络安全措施

在网络中，危害网络安全的事件时有发生，所以必须时刻提高警惕，避免和防范危害网络安全事件的发生。网络安全措施可以从以下几方面来考虑。

1）提高自我安全防护意识。

2）对于硬件设备，避免非法操作。制定规章制度，设置用户的身份认证和使用权限，防止越权访问。

3）安装杀毒软件。定时对使用的系统进行杀毒。

4）设置防火墙。用来阻止外部非法网络访问内部资源而造成的网络危害。

5）设置访问控制。对用户访问网络资源的权限进行严格的认证和控制。

6）使用加密技术。基于相应的加密算法，对传输中的信息进行加密处理。

本章小结

计算机网络是计算机技术与现代通信技术紧密结合的产物，是利用通信设备和传输介质将分散的自主计算机连接起来，并在网络协议的控制下实现数据传输和资源共享的计算机系统。计算机网络起源于阿帕网，并逐步发展为开放性、标准化的国际互联网。网络的典型分类是按覆盖范围分为局域网、城域网和广域网。它是一个复杂的系统，通常由计算机硬件、软件、通信设备和通信线路构成。拓扑结构决定了网络的逻辑构型，三种基本结构为总线拓扑结构、星形拓扑结构、环形拓扑结构。计算机网络体系结构采用分层次的理念来设计，当前事实上的工业标准是 TCP/IP 体系结构，国际互联网是全球最大的基于 TCP/IP 的互联网络，高速 Internet 接入正在成为主流，Internet 服务主要包括万维网服务、电子邮件服务、文件传输服务等。

第 7 章　图像处理软件的使用

Photoshop 是 Adobe 公司推出的一款功能强大的，集图像扫描、编辑修改、图像制作、广告创意设计、图像输入与输出于一体的多功能图形图像处理软件。

7.1　Photoshop CS6 软件介绍

Photoshop CS6 具有界面简洁、功能强大的特点，能满足不同用户对图像处理的需求。Photoshop CS6 提供了色彩调整、图形绘制、图像修饰等多项功能，能够对图像进行更加智能化的编辑。例如，在 Photoshop CS6 中，常用的“图层”面板可以分别显示特定类型的图层，还增加了透视裁剪工具、混合器画笔工具，并且丰富了模糊滤镜。随着功能的更新和完善，Photoshop CS6 被广泛应用于平面设计、网页设计、插画设计、矢量绘图、数码艺术、3D 动画等领域。

7.1.1　Photoshop CS6 的安装与卸载、启动与退出

Photoshop CS6 是在 Windows 操作系统上运行的图像处理软件，本章以 Windows 7 为平台进行介绍。

1. Photoshop CS6 的安装与卸载

（1）安装方法

将 Photoshop CS6 的安装光盘放入光驱中，打开 Photoshop CS6 的文件夹，双击 Photoshop_CS6.exe 可执行文件，按照安装向导指示进行相应操作，即可完成安装。

（2）卸载方法

单击“计算机”→“打开控制面板”图标，在打开的窗口中双击“添加/删除程序”，打开“添加/删除程序”窗口，找到 Photoshop CS6 并将其选中，单击“删除”按钮，即可卸载 Photoshop CS6。

2. Photoshop CS6 的启动与退出

安装 Photoshop CS6 后，其名称会自动添加到“开始”菜单中。如果在安装时选择了在桌面上创建快捷方式，Photoshop CS6 的快捷方式图标也会在桌面上显示。启动 Photoshop CS6 的基本方法有以下两种。

1）利用“开始”菜单：选择“开始”→“所有程序”→“Adobe Photoshop CS6”命令即可。

2）利用快捷方式图标：在 Windows 桌面上直接双击 Photoshop CS6 的快捷方式图

标，可启动 Photoshop CS6。

除此之外，Photoshop CS6 软件还可以从图像中启动。选择一个图像，右击，在弹出的快捷菜单中选择“打开方式”→“Adobe Photoshop CS6”命令，即可启动 Photoshop CS6 软件，并在软件中打开该图像。或者直接双击一个 PSD 格式的图像文件，也能够直接启动 Photoshop CS6 软件。

当完成图像的编辑后，需要保存并退出。同样有两种基本方法：一种是选择“文件”→“退出”命令；另一种是直接单击 Photoshop CS6 窗口右上方的“关闭”按钮。

7.1.2 Photoshop CS6 工作界面

启动 Photoshop CS6 以后，可以看到 Photoshop CS6 的工作界面，包括菜单栏、选项栏、工具箱、面板、图像编辑窗口、状态栏等，如图 7.1 所示。

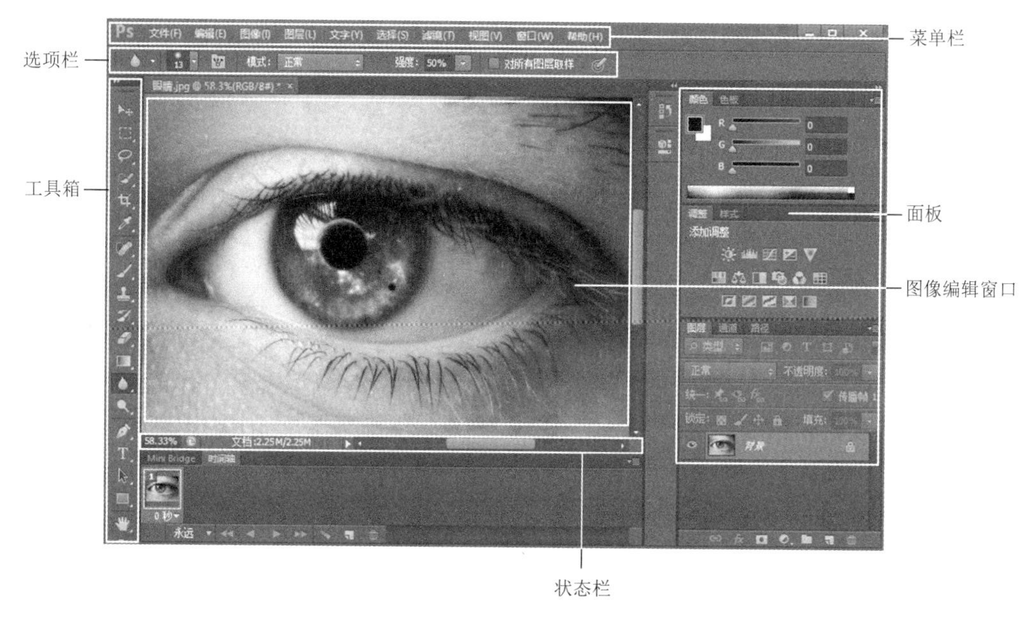

图 7.1 Photoshop CS6 工作界面

1. 菜单栏

菜单栏包括 Photoshop CS6 中的所有命令，单击菜单项，就会弹出相应的菜单命令。菜单项包括文件、编辑、图像、图层、文字、选择、滤镜、视图、窗口和帮助等。

“文件”菜单包括一些对文件的操作命令，如新建、打开、存储、导入、关闭、打印和在 Mini Bridge 中浏览等。

“编辑”菜单中主要包含对图像文件进行编辑操作的命令，如还原、剪切、拷贝、选择性粘贴、填充、内容识别比例、操控变形、自由变换等，同时新增了“预设菜单”命令。

“图像”菜单命令用于对图像的常规编辑，主要对图像模式、颜色、画布大小、图像大小等进行设置，此外还有图像旋转、裁切等命令。新增了“分析”命令，用于对图像进行测量或计算等。

“图层”菜单用于对图层进行相关操作和管理，如对图层的新建、复制、编组、删除等操作。

“文字”菜单为 Photoshop CS6 中新增的菜单，用于对文字进行调整和编辑，主要包括面板、消除锯齿、文本排列方向、创建 3D 文字等命令。

“选择”菜单中包括针对选区进行操作的命令，可对选区进行反向、变换、扩大、调整边缘、收缩、羽化及载入等操作。

“滤镜”菜单中包含 Photoshop CS6 的所有滤镜命令，通过执行滤镜命令，可以为图像设置各种特殊效果，如液化、消失点等。Photoshop CS6 中新增了自适应广角滤镜。

“视图”菜单命令用于辅助图像查看，对图像的视图进行调整，包括像素长宽比矫正、缩放视图、改变屏幕模式、显示等命令。

“窗口”菜单主要用于控制工作界面中工具箱和各个面板的显示或隐藏。此菜单新增了部分工作面板。

“帮助”菜单为用户了解 Photoshop CS6 软件的功能提供一些帮助信息。

2. 工具箱

工具箱位于 Photoshop CS6 工作界面的左侧，其中列出了 Photoshop CS6 常用的工具，将鼠标指针放置到某个工具图标上，即可显示该工具的名称，单击即可选择该工具。右击右下角有小三角符号的工具图标或在此类图标上按住鼠标左键，即可打开该工具的隐藏工具组列表。

3. 选项栏

选项栏位于菜单栏的下方，用于设置工具的参数属性。选项栏会随着所选工具的不同而改变选项内容。如图 7.2 所示为橡皮擦工具的选项栏。

图 7.2　橡皮擦工具的选项栏

4. 浮动面板

浮动面板默认位于工作界面的右侧，主要用于图像编辑、对操作进行控制和参数设置等，通常利用“窗口”菜单中的命令打开浮动面板。Photoshop CS6 共提供了 26 个面板，图 7.3 是图像处理过程中常用的几个面板叠放在一起的效果，包括“颜色”面板、“色板”面板、“图层”面板、“通道”面板等。

5. 图像编辑窗口

在图像编辑窗口中可以对图像进行绘制、编辑等操作。在 Photoshop CS6 中打开一个图像时，便会创建一个图像编辑窗口，所有图像的操作效果都在此窗口中显示，在窗口的标题栏中显示文件的名称、文件格式、缩放比例等内容。如果打开了多个图像，则分别显示在多个选项卡中。单击选项卡的名称即可选择将要操作的图像。图像编辑窗口一般嵌在工作界面中，也可以拖动窗口的标题栏，将图像编辑窗口从工作界面的选项卡中拖动出来。

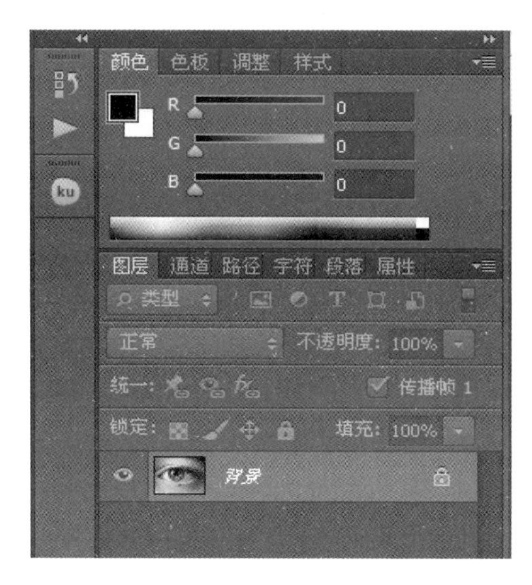

图 7.3　浮动面板

6. 状态栏

状态栏位于图像窗口的底部，显示当前编辑图像的大小、显示比例、当前使用的工具等信息。单击状态栏中的▶按钮，在打开的菜单中选择需要在状态栏中显示的图像信息。若长按状态栏，会显示当前图像的宽度、高度、通道和分辨率等相关信息。

7.1.3　设置工作区

在 Photoshop CS6 的工作界面中，图像窗口、菜单栏、工具箱和面板等多种内容形式的组合称为工作区。Photoshop CS6 根据用户的不同设计需求，提供了不同预设工作区。如需要绘画，可以选择“绘画”工作区，窗口中会显示与画笔、色彩等相关的面板，隐藏通常情况下与其无关的面板。用户也可以根据需要对面板进行合理的拆分与组合，自定义工作区。

1. 预设工作区

选择“窗口”→“工作区”中的相应命令，可以根据需求选择 Photoshop CS6 提供的各种预设工作区。

2. 创建自定义工作区

在实际操作中，用户可以根据图像操作特点选择添加需要的面板，并且可以通过单击并按住面板标签，以拖曳的方式拆分和组合这些面板。同时可以在不需要的面板标签上右击选择“关闭”命令将其关闭。如图 7.4 所示是添加了“动作”“样式”等面板后的工作区。

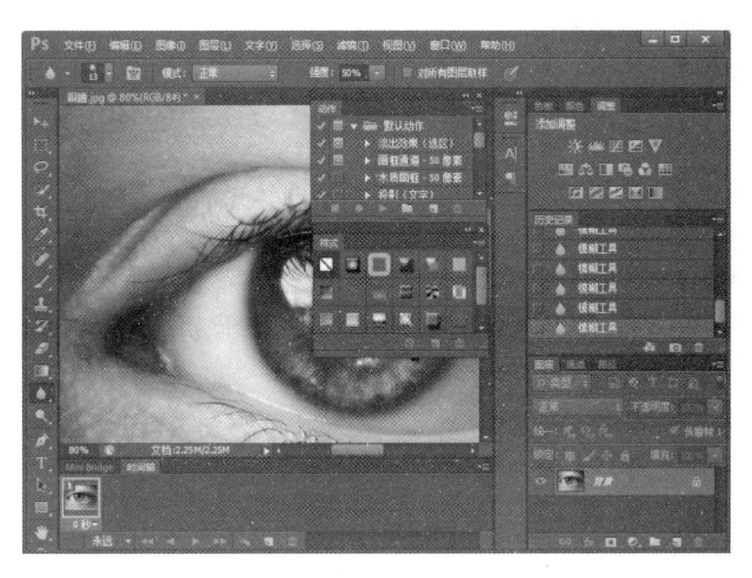

图 7.4　自定义工作区

用户还可以根据需要改变工作界面中图像编辑窗口的底色。例如，缩小图像的显示比例，然后在图像以外的区域右击，在弹出的快捷菜单中选择“浅灰”命令。

设计完个性化工作区后，选择“窗口”→“工作区”→“新建工作区”命令，在打开的对话框中命名该个性化工作区，默认情况下只存储面板的位置，用户也可以将键盘快捷键和菜单的当前状态保存到自定义的工作区中，然后保存，即完成自定义工作区的创建。此后再次选择“窗口”→“工作区”命令，在子菜单中可以看见该名称的自定义工作区模式。

用户还可以根据需要在使用后对自定义工作区进行复位，还原到初始效果。如果不再需要自定义工作区，可以选择“窗口”→“工作区”→“删除工作区”命令，在打开的“删除工作区”对话框中选择要删除的工作区，单击“删除”按钮将其从工作区列表中删除。注意，想要删除正在使用的自定义工作区，需要先切换工作区，然后进行删除。

7.1.4　数字图像基础

1. 位图与矢量图

计算机图像主要分为两类：位图和矢量图。在 Photoshop CS6 中制作的图像以位图为主，但也包含矢量功能，如文字、钢笔工具。下面就先了解一下位图和矢量图的概念。

位图也叫点阵图或栅格图像，是由一系列排列在一起的栅格组成的。每一个栅格代表一个像素点，而每一个像素点只能显示一种颜色。这些点可以进行不同的排列和染色，从而构成不同的图像样式。位图的最小色彩单位是像素，对图像进行编辑时，实际上是对该图像中的像素进行编辑。受分辨率的制约，放大位图时，只能将原有的像素变大，会使图像由清晰变得模糊。保存位图需要记录每一个像素的位置和颜色值，因此位图占用的存储空间也比较大。

矢量图是使用直线和曲线来描述图形的，是图形软件通过数学的向量方式进行计算得到的图形，与分辨率没有直接关系。矢量图的图像元素称为对象。每个对象都是独立的个体，具有颜色、形状、轮廓、大小和屏幕位置等属性。多次移动和改变一个对象的属性不会影响图像中的其他对象。因此，任意缩放和旋转图像并不会影响清晰度和光滑度。矢量图的这一特点使其适合制作图标、Logo 等需要经常缩放，或者按照不同打印尺寸输出的图像文件。矢量图占用的存储空间比位图小很多，但它不能创建过于复杂的图形，也不能表现丰富的颜色变化和细腻的色调过渡。在 Photoshop CS6 中使用钢笔工具及各种形状工具所绘制的路径就是矢量图。

2. 像素与分辨率

像素是组成位图最基本的元素。每一个像素都具有它的位置，并记载着图像的颜色信息，一个图像包含的像素越多，颜色信息越丰富，图像效果越好，但文件也会越大。

分辨率是指单位长度内包含的像素点的数量，其单位通常为像素/英寸（ppi），如 42ppi 表示每英寸包含 42 个像素点。分辨率决定了位图细节的精细程度，分辨率越高，包含的像素就越多，图像就越清晰。

像素和分辨率的组合方式决定了图像的数据量。同样尺寸的两个图像，高分辨率图像的像素密度更高，能展现更多细节和更细微的颜色过渡效果，图像的质量更好，但也会增加存储空间。只有根据图像的用途设置合适的分辨率才能取得最佳的使用效果。

3. 图像的文件格式

图像的文件格式有很多，每种图像处理软件都有其兼容和不兼容的图像文件格式，因此应该根据图像用途决定图像存储的格式。常用的图像文件格式主要有 PSD、JPEG、PNG、GIF、BMP、PDF、EPS 和 TIFF 格式等。

PSD 格式是 Adobe Photoshop 软件的默认图像文件格式，该格式文件中保存了图像的通道、图层和颜色模式等信息。PSD 格式是唯一支持全部颜色模式的图像文件格式。

JPEG 格式是目前各种图像文件格式中压缩率最高的一种文件格式。JPEG 格式支持 CMYK、RGB 和灰度等颜色模式，但是不支持 Alpha 通道。该格式常用于显示 HTML 文档中连续色调的图像及图片预览。

PNG 格式可以用于网络图像，其优点是可以保存 24 位真彩色图像，并且具有支持透明背景和消除锯齿边缘的功能，压缩并保存图像时可以不失真。

GIF 格式是一种采用 LZW 压缩算法的图像文件格式，广泛应用于网页文档中。GIF 格式可以保留索引颜色图像中的透明度，但不支持 Alpha 通道；可以用于显示 HTML 文档中的索引颜色图形和图像，以及用于通信领域。

BMP 格式是 Microsoft 公司软件的专用格式，兼容大多数 Windows 和 OS/2 平台的应用程序。BMP 格式支持 RGB、索引颜色、灰度和位图等颜色模式，但不支持 Alpha 通道。以 BMP 格式存储图像时，使用 RLE 压缩格式，不仅可以节省空间，还不会破坏图像的任何细节。

PDF 格式是支持跨平台的、多媒体集成的信息出版和发布的电子文件格式，是在网络上进行电子文档发行和数字化信息传播的理想格式。PDF 格式可以覆盖矢量图和位图，还支持超链接。PDF 格式支持 RGB、CMYK、灰度、位图、索引颜色和 Lab 颜色模式，支持通道、图层等信息，支持以 JPEG 和 ZIP 的压缩格式保存。

EPS 格式用于印刷和打印，可以保存双色调信息，存储 Alpha 通道、路径和加网信息。EPS 格式可以同时包含矢量图和位图。该文件格式兼容大部分图形、图表和页面排版程序，是为在 PostScript 打印机上输出图像而开发的。EPS 格式支持 Lab、CMYK、RGB、索引颜色、双色调、灰度和位图等 Photoshop CS6 所有的颜色模式，但是不支持 Alpha 通道。

TIFF 格式是一种通用的位图格式，大部分的绘图、图像编辑和页面排版应用程序都支持该格式，它用于在应用程序和计算机平台之间交换文件，并且大部分的扫描仪都可以产生 TIFF 图像。TIFF 格式支持具有 Alpha 通道的 CMYK、RGB、Lab、索引颜色和灰度图像，以及没有 Alpha 通道的位图。TIFF 格式可以存储注释、透明度和多分辨率数据。

7.2　Photoshop CS6 的基本操作

本节介绍 Photoshop CS6 中的一些基本操作，包括图像文件的新建、打开、关闭、存储、置入和导出，对图像进行调整、编辑及变换等相关操作，还有图像编辑的辅助工具的使用等。最后介绍在 Bridge 和 Mini Bridge 中浏览与打开图片的方法。

7.2.1　图像文件的基本操作

1. 新建文档

通过菜单命令可以在操作界面中创建一个空白文档。选择“文件”→“新建”命令，即可在打开的“新建”对话框中设置文件名称、文件尺寸、分辨率、颜色模式和背景内容等选项，还可以进行预设选择。如图 7.5 所示为在“预设”下拉列表中选择“国际标准纸张”选项后建立的空白文档。

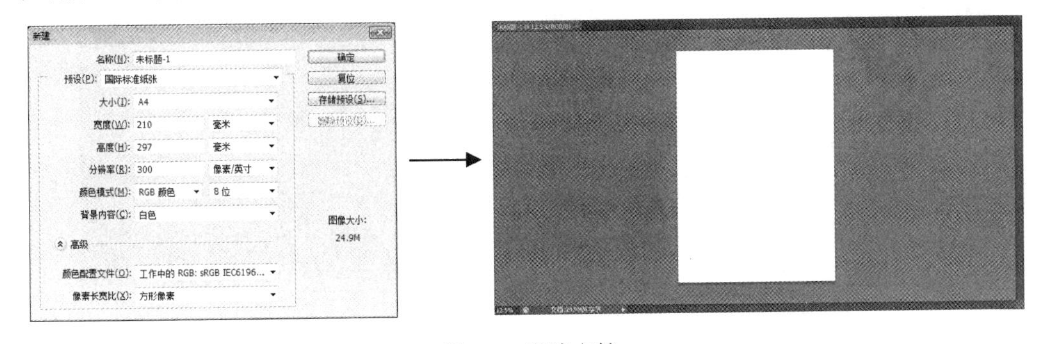

图 7.5　新建文档

2. 打开文件

在 Photoshop CS6 中打开文件的方法较多，常用的方法是通过菜单命令进行操作。单击“文件”菜单项，即可展开菜单列表，在列表中可以看到几种常用的打开命令。选择“文件”→“打开”命令，在“打开”对话框中选择需要打开的图像文件路径后选中文件，然后单击“打开”按钮，即可将所选图像文件在 Photoshop CS6 中打开。

如果使用与文件的实际格式不匹配的扩展名存储文件，或者文件没有扩展名，则 Photoshop 可能无法确定文件的正确格式，导致不能打开文件。遇到这种情况，可以选择“文件”→“打开为”命令，将某一文件以 Photoshop CS6 图片格式打开。

还可以通过快捷方式打开文件，只要将图像文件拖动到桌面的 Photoshop CS6 程序图标上，或者在启动 Photoshop CS6 后将图像文件拖动到 Photoshop CS6 窗口中，便可打开图像文件。

也可以将图像打开为智能图像(智能对象和一般图层的区别在于对智能对象的图层进行缩放之后，该图层的分辨率不变)，选择“文件”→“打开为智能对象”命令即可。

另外，选择“文件”→“在 Bridge 中浏览”命令，可以运行 Adobe Bridge，在 Bridge 中选择一个文件，双击即可切换到 Photoshop CS6 中并将其打开。

3. 置入文件

置入文件可以将置入的图像（照片、图片等位图或者 EPS、PDF 等矢量文件）以智能对象的形式添加到已经打开的图像中。在图像窗口中打开一张素材图像，选择“文件”→“置入”命令，打开“置入”对话框，选中需要置入的图像，单击“置入”按钮，即可置入图像。置入后的图像出现在原图像之上，可以使用鼠标拖曳被置入图像的边框，对图像进行任意的缩放、旋转，还可将图像拖曳至任意位置，如图 7.6 所示。适当调整图像后，按【Enter】键，即可确认置入操作。确认置入图像后，在“图层”面板中可看到被置入的图像自动生成一个智能图层，如图 7.7 所示。

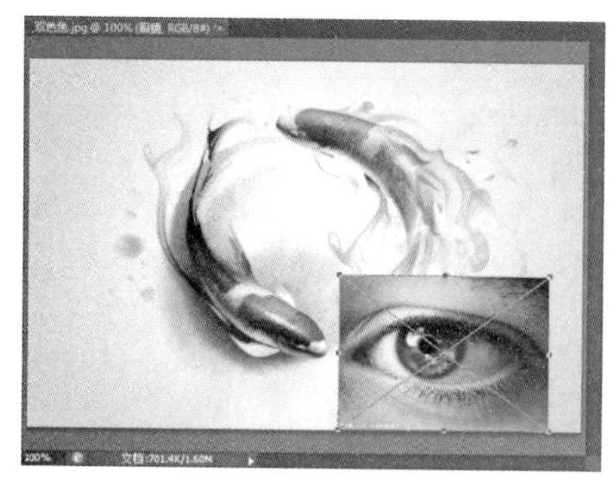

图 7.6 置入图像后的效果图

图 7.7 智能图层

4. 导入与导出文件

Photoshop CS6 可以编辑视频帧、注释和 WIA 支持等内容。新建或打开图像文件后，选择“文件”→“导入”命令进行导入。例如，某些数码相机使用 Windows 图像采集（WIA）支持来导入图像，将相机连接到计算机，然后选择“文件”→“导入”→“WIA 支持”命令，可将照片导入 Photoshop 中。

在 Photoshop CS6 中处理的图像还可以导出为适合其他软件编辑的文件格式。例如，选择“文件”→“导出”→“Zoomify”命令，可以将高分辨率的图像发布到 Web 上。在导出时，Photoshop CS6 会创建 JPEG 和 HTML 文件，用户可以将这些文件上传到 Web 服务器。如果在 Photoshop CS6 中创建了路径，可以选择“文件”→“导出”→“路径到 Illustrator”命令，将路径导出为 AI 格式。导出的路径可以在 Illustrator 中编辑使用。

5. 存储与关闭文件

Photoshop CS6 提供了几个保存文件的命令，用户可以以不同的文件格式存储图像，以使其可以应用于其他应用程序。

当 Photoshop CS6 中的图像文件处理完成时，选择“文件”→“存储”命令，保存所做编辑，图像按照原有格式存储。如果是一个新建的图像文件，则执行该命令会打开“存储为”对话框。

如果想将文件保存为另外的名称或其他文件格式，或者存储在其他位置，则选择“文件”→“存储为”命令，在打开的“存储为”对话框中另存文件。在“存储为”对话框中选择的格式决定了图像数据的存储方式（像素/矢量）、压缩方法，以及此文件格式与哪些应用程序兼容。

将所编辑的图像文件保存好后，可以选择“文件”→“关闭”命令或者单击图像窗口右上角的×按钮来关闭当前图像文件。若选择“文件”→“关闭全部”命令，会关闭 Photoshop 中所有的图像文件。

7.2.2 图像的调整

1. 调整图像尺寸

选择“图像”→“图像大小”命令，在打开的“图像大小”对话框中可以调整图像的大小、分辨率和打印尺寸等。需要注意，“像素大小”组显示图像当前的像素尺寸，“文档大小”组用来设置图像的打印尺寸和分辨率。在已选中“重定图像像素”复选框的情况下，只要更改了图像的尺寸，图像的像素就会随之发生改变。

2. 调整画布大小

画布大小是指图像可完全编辑的区域，所以调整画布大小可扩大或缩小图像的显示和操作区域。增大画布会在现有图像周围添加空间，减小画布则会裁剪图像。选择“图像”→“画布大小”命令，打开“画布大小”对话框，查看当前图像的画布信息，其中的“定位”用于调整画布扩展的方向，通过单击“定位”旁边的方向键来设置方向。若选中“相对”复选框，则所设置的宽度和高度数值调整的是实际增加或减少的区域大小，而不再是整个图像文件的大小。输入正值表示增大画布，输入负值表示减小画布。在“画布扩展颜色”下拉列表中可选择填充新画布的颜色。如果图像的背景是透明的，则该选项将不可用，添加的画布也是透明的。按图 7.8 所示进行设置，确认后的图像效果如图 7.9 所示，可以看到画布向左上方扩展一定尺寸，画布扩展颜色为黑色。

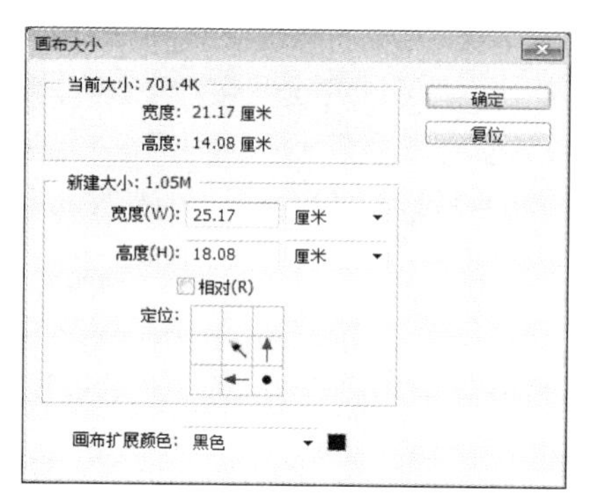

图 7.8 “画布大小”对话框

图 7.9 调整画布后的效果图

3. 旋转图像

对图像进行旋转操作即在旋转图像的同时旋转画布，使整个画面中的内容能全部显示出来。选择“图像”→“图像旋转”命令，可选择旋转的角度和翻转的方式。若选择“图像”→“图像旋转”→“任意角度”命令，可以任意角度旋转。

7.2.3 图像的编辑与变换操作

对图像的常用编辑操作包括复制、粘贴、剪切、恢复和变换等。

1. 复制图像

针对选区中的图像，选择“编辑”→“拷贝”命令，可复制选区中的图像。如果图像文件包含多个图层，选择“编辑”→“合并拷贝”命令，可以将所有可见层中的图像复制到剪贴板。

2. 粘贴图像

可以将复制或者剪切的图像粘贴到原图像或新图像中，选择“编辑”→“粘贴”命令即可完成。

3. 选择性粘贴图像

在“编辑”→“选择性粘贴”子菜单中，选择“原位粘贴”命令即将图像按照其原位粘贴；选择“贴入”命令，如果创建了选区，将图像粘贴到选区内并自动添加蒙版，将选区之外的图像隐藏，如图 7.10 所示；选择“外部粘贴”命令，如果创建了选区，可粘贴图像并自动创建蒙版，将选区中的图像隐藏，如图 7.11 所示。

图 7.10　“贴入”效果图

图 7.11　“外部粘贴”效果图

4. 剪切图像

可以对整个图像进行剪切操作，也可以针对某一图层中某一选区内的图像进行剪切。使用选区工具在图像中选定要剪切的图像，选择“编辑”→“剪切”命令，即可剪切图像。

5. 还原与恢复

选择“编辑”→“还原”命令，可以撤销对图像所做的最后一次修改，如果想要取消还原操作，可选择“编辑”→“重做”命令。每次只能还原一步操作，如果需要连续还原，可选择“编辑”→“后退一步”命令，逐步撤销操作。如果想逐步恢复被撤销的操作，可连续选择“编辑”→“前进一步”命令。

除此之外，如果想将文件恢复到最后一次保存时的状态，可直接选择“文件”→“恢复”命令。

6. 变换图像

在 Photoshop CS6 中，变换操作可以调整图像或路径的大小及形状等。在图像中选取需要变换的对象，选择“编辑”→“变换”命令，在子菜单中可选择“缩放”“旋转”“透视”“变形”等多种变换命令；或者选择“编辑”→“自由变换”命令，通过拖动变换编辑框，对图像进行各种形式的变换。若在变换编辑框中右击，可在弹出的快捷菜单中切换变换命令。按【Enter】键或单击选项栏中的“提交变换”按钮进行变换，或在编辑框中双击，即可应用变换。按【Esc】键或单击选项栏中的“取消变换”按钮，即可取消变换。如图 7.12 所示是选择“编辑”→“变换”→“变形”命令时的图像变换效果。选项栏中的按钮是自由变换和变形操作的切换按钮。

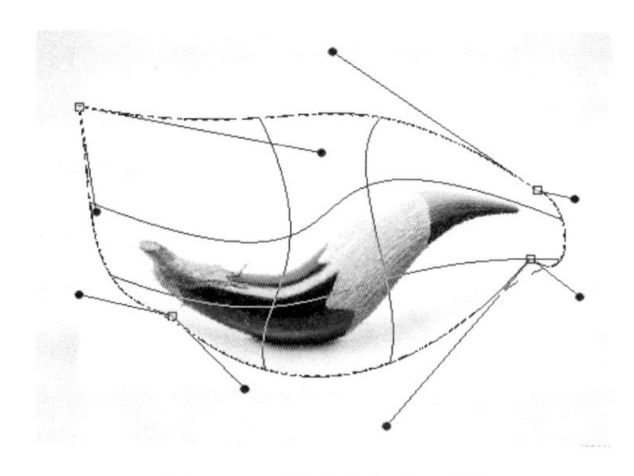

图 7.12　图像变换效果图

7.2.4　辅助工具

标尺、参考线和网格都属于辅助工具，它们不能用来编辑图像，但却可以帮助用户更好地完成选择、定位或编辑图像的操作。

1. 标尺

标尺可以帮助用户确定图像或元素的位置。标尺用于整个图像画布的测量和精确操作。选择“视图”→“标尺”命令，标尺显示于图像编辑窗口的左侧和上方边缘。当移动鼠标指针时，标尺内的标记将显示指针的位置，结合使用标尺和参考线可以准确、精密地标识出操作的范围。右击标尺，可以选择标尺的单位，如像素、英寸、厘米等。也可以选择“编辑”→“首选项”→“单位与标尺”命令或双击标尺，在打开的“首选项”对话框中的“单位”组中设置标尺单位。拖动标尺左上角（0,0）坐标处的原点到图像的特定位置，便可以从该位置开始进行测量，在标尺左上角双击，即可恢复到默认的位置。

2. 参考线

参考线和智能参考线可以帮助用户精确地确定图像或元素的位置。它显示为浮动在图像上方的一些不会打印出来的线条。选择“视图”→“显示”→“参考线”或“智能参考线”命令，将鼠标指针放在标尺上，可以拖出参考线。或者通过选择“视图”→“新建参考线”命令来新建水平或垂直的参考线到图像的指定位置。选择移动工具，将指针放在参考线上，单击并拖动鼠标可移动参考线。如果同时按住【Shift】键，可以使参考线与标尺的刻度对齐。将参考线拖回标尺，即可将其删除。如果要删除所有参考线，可选择“视图”→“清除参考线”命令。

智能参考线是一种智能化的参考线，它仅在需要时出现。用户在使用移动工具进行操作时，通过智能参考线可以对齐形状、切片和选区。

3. 网格

选择“视图”→“显示”→“网格”命令，可以显示网格。网格对于对称地布置对

象很有用。如果选择“视图”→“对齐到”→“网格”命令，之后进行创建选区和移动图像等操作时，对象会自动对齐到网格上。

7.2.5　Bridge 与 Mini Bridge 的使用

1. 在 Bridge 中浏览与打开文件

选择“文件”→“在 Bridge 中浏览”命令，打开 Bridge，可以进行文件分类并指定查找标准。Bridge 是 Photoshop CS6 中的一个强大的辅助工具，使用 Bridge 能够快速查看计算机中图像的各种属性，并对其进行基本编辑，包括重命名、复制并重命名、排序等。

通过 Bridge 左侧的文件路径，可以查找到需要查看或打开的图像文件。用户还可以选择在任意一种视图模式下查看全部图像，如选择“视图”→“审阅模式”命令，可以切换到审阅模式，如图 7.13 所示。在该模式下，单击后面的图像缩览图，它就会跳转成为前景图像；单击前景图像的缩览图，则会打开一个显示当前位置局部图像的窗口，如图 7.14 所示。此外，还可以选择“视图”→“幻灯片放映”命令，通过幻灯片放映的形式自动播放图像。

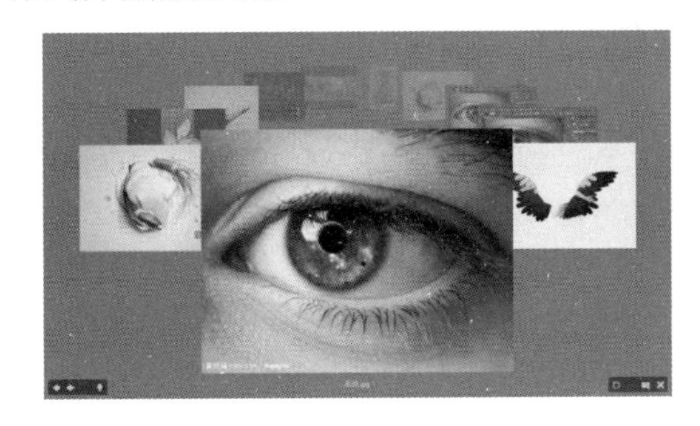

图 7.13　审阅模式

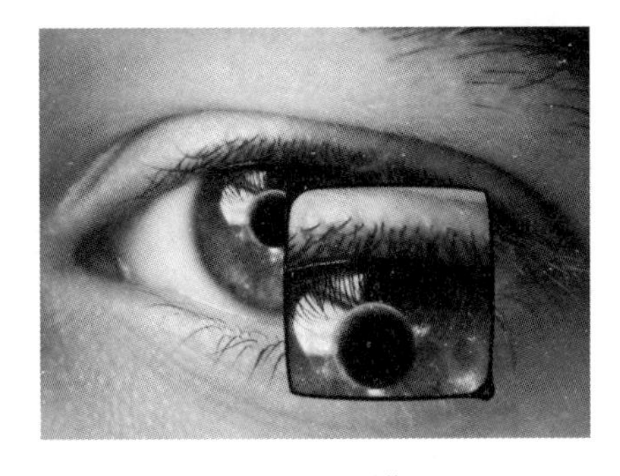

图 7.14　局部图像显示

在 Bridge 中选择一个文件，双击即可在其原始应用程序或指定的应用程序中将其打开。例如，双击一个图像文件，可以在 Photoshop CS6 中打开；双击一个 AI 格式的矢量文件，则会在 Illustrator 中打开。如果要使用其他程序打开文件，则可选择“文件”→“打开方式”命令，在弹出的子菜单中选择程序。

2. 在 Mini Bridge 中浏览与打开文件

Mini Bridge 是一个简化版的 Adobe Bridge。如果只需要查找和浏览图像文件，可以使用 Mini Bridge。选择“文件”→“在 Mini Bridge 中浏览”命令，或选择“窗口”→“扩展功能”→“Mini Bridge”命令，都可以打开“Mini Bridge”面板，如图 7.15 所示。在其左侧查找出目标图像文件所在的文件目录，面板中就会显示该目标图像文件。如果要在 Photoshop CS6 中打开一个图像文件，双击该文件即可。

图 7.15 “Mini Bridge”面板

7.3 选区的创建与编辑

选区是对图像文件进行相关处理操作所选取的编辑范围。本节介绍在图像中利用工具创建选区，以及根据颜色和蒙版创建选区的方法。在创建选区后，还可以利用菜单命令对选区进行相关的编辑操作。

7.3.1 使用工具创建选区

1. 使用选框工具创建规则选区

使用选框工具可以直接创建矩形、椭圆、单行和单列的选区对象。其中矩形和椭圆选框工具是最常用的，用于选取较规则的选区；单行和单列选框工具用来创建直线选区。在实际应用中，用户可以通过选框工具对应的选项栏中的选项来实现多次编辑所创建的选区。不仅可以在创建选区前进行设置，还可以在创建选区后进行编辑。由于选框工具选项栏的功能类似，下面以椭圆选框工具为例，介绍如何通过选项栏的设置来创建规则选区。

选区选项按钮：分别为“新选区”按钮，用来创建新的选区；“添加到选区”按钮，用来创建连续的选区，选取当前选区与原来选区的全部区域；“从选区减去”按钮，将当前选区与原来选区重叠的部分从原来的选区中减去；“与选区交叉”按钮，创建的选区为当前选区和原来选区相交的公共部分。

“羽化”文本框：用于设置羽化值，来柔和表现选区的边缘，单位为像素。羽化值代表虚化的程度，值越大，选区的边缘越平滑。如图 7.16 所示是创建了相同选区，羽化值分别设置为 0 像素和 50 像素的对比图。

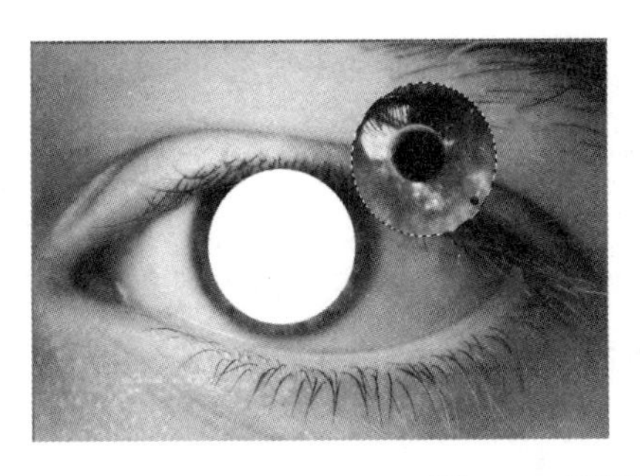
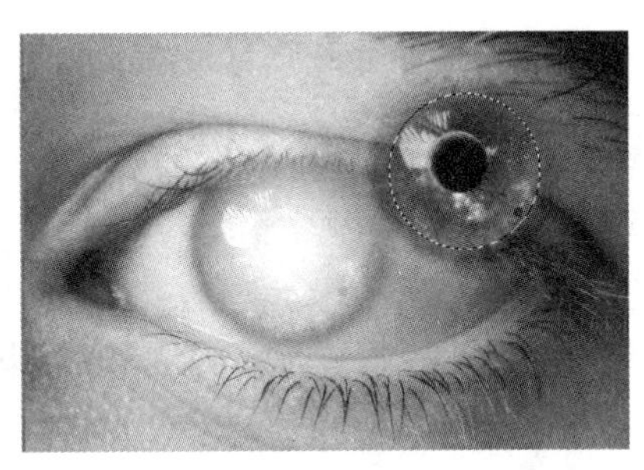

图 7.16　不同羽化值对比图

“消除锯齿”复选框：选中此复选框会消除选区边缘存在的锯齿。

“样式”选项：包括“正常”“固定比例”和“固定大小”三个选项。“正常”为自由拖动选取选区；“固定比例”为指定宽度和高度的比例值选取选区；“固定大小”为指定宽度和高度的具体数值选取选区。单击按钮可以互换宽度和高度值。

“调整边缘”按钮：当已经选取了一个选区后，该按钮可用，单击该按钮，弹出“调整边缘”对话框，在该对话框中可以对选区进行更高级的编辑。

2. 使用套索工具创建任意选区

套索工具是不规则选区的创建工具，使用套索工具可以创建复杂多变的选区。Photoshop CS6 中的套索工具有套索工具、多边形套索工具和磁性套索工具三种。

“套索工具”主要用于创建随意性的、边缘光滑的选区。按照鼠标指针移动的轨迹来指定选区，起点和终点自动连接，形成闭合选区。

“多边形套索工具”主要用于创建不规则的多边形选区，通过连续单击所创建的直线多边形轨迹来指定选区，最后双击，即自动形成闭合的多边形选区。

“磁性套索工具”主要适用于所选择对象的边缘与背景反差较大的情况。磁性套索工具就像具有磁性般附着在图像对象边缘，从选取的开始位置单击后，沿着图像对象边缘拖动鼠标即可自动绘制出带锚点的路径，最后双击，自动形成闭合选区。如图 7.17 所示为使用磁性套索工具绘制选区时的效果。

图 7.17　使用磁性套索工具绘制选区

3. 使用快速选择工具创建选区

快速选择工具是以画笔绘制的方式对不规则选区进行快速选择和创建，用户不仅可以根据选择对象的范围来调整画笔的大小，还可以结合调整边缘选项获得更加准确的选区。

快速选择工具有三种选取方式，显示在选项栏中的三个选项按钮分别为“新选区”、“添加到选区”和“从选区中减去”。

4. 使用魔棒工具创建选区

魔棒工具用来选取图像中色彩相似的区域。在图像中单击即可创建选区，并可通过选择方式和容差大小等选项来控制选取的范围。魔棒工具根据图像的饱和度、色度或亮度等信息来选择对象的范围，适用于颜色较单一的图像的选取。

用户可以通过调整容差值来控制选区的精确度。选项栏中的“容差”文本框用来设置颜色取样的范围（0～255)。容差值越大，颜色被选择的范围越大，容差值与颜色选择范围成正比。如图 7.18 所示是容差值分别为 40 和 100 的效果对比图。

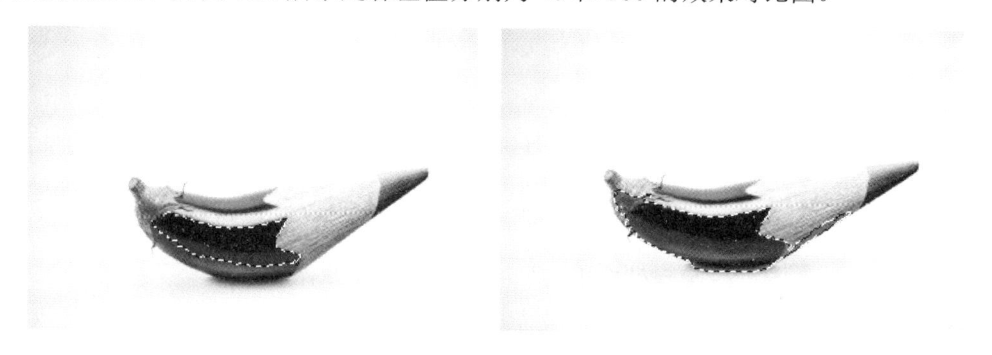

图 7.18 不同容差值对比图

7.3.2 根据颜色或使用蒙版创建选区

在 Photoshop CS6 中，不仅可以利用各种工具创建选区，还可以根据颜色，使用“色彩范围”命令创建选区，以及使用快速蒙版创建选区。

1. 使用“色彩范围”命令创建选区

选择“选择”→“色彩范围”命令，在打开的“色彩范围”对话框中指定选区颜色，可以选定一个标准颜色或用吸管吸取图像上的一种颜色，在颜色容差设定允许的范围内，根据图像中的颜色来确定选区。图像中所有在这个范围的色彩区域都将成为选区。

该方法适用于在颜色对比度较大的图像上创建选区，可以更清晰地显示选区内容，并且可以按照通道选择选区。

2. 使用快速蒙版创建选区

使用快速蒙版创建选区，可以在使用快速选择工具绘制出灵活的选区后，单击工具箱中的“以快速蒙版模式编辑”按钮，选区外即转换为红色半透明的蒙版效果，如图 7.19 所示。或者在单击“以快速蒙版模式编辑”按钮，进入快速蒙版编辑模式后，使用 Photoshop CS6 中提供的绘图工具在需要选择的区域涂抹，被涂抹过的区域就会出现红色半透明的蒙版，退出蒙版后即可将蒙版外的区域创建为选区，如图 7.20 所示。

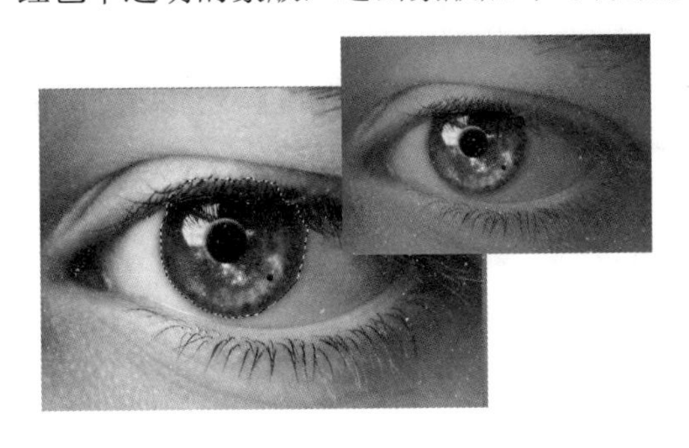

图 7.19　使用快速蒙版创建选区效果图 1

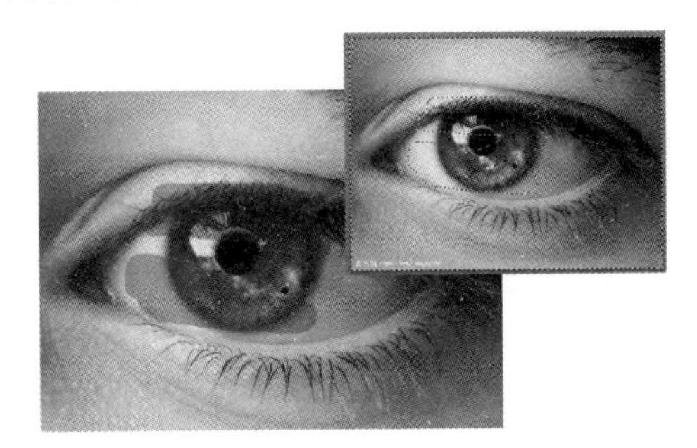

图 7.20　使用快速蒙版创建选区效果图 2

在快速蒙版模式下，可以通过绘制白色来删除蒙版，通过绘制黑色来添加蒙版，退出蒙版模式后，绘制的白色区域转换为选区。

双击“以快速蒙版模式编辑”按钮，打开“快速蒙版选项”对话框，可以选用自定义的色彩表示被蒙版区域或所选区域。

7.3.3　选区的编辑与存储

新建选区后，还需要对选区进行编辑和调整，以达到理想的效果。在 Photoshop CS6 中，可以对选区进行全选和反选、取消选择和重新选择、修改、移动、变换、存储和载入等操作，大部分操作可以通过“选择”菜单中的命令来完成。

1. 全选与反选

选择“选择”→“全部”命令，可以选择当前文档边界内的全部图像。

创建选区后，选择“选择”→“反向”命令，可以反转选区，即将原选区以外的区域转换为选区。

2. 取消选择和重新选择

当不再需要选区时，可以选择“选择”→“取消选择”命令，取消选区。

如果要恢复被取消的选区，可以选择“选择”→“重新选择”命令。

3. 修改选区

利用“修改”命令可以对选区进行各种修改操作。选择“选择”→“修改”命令，打开的子菜单包括“边界”“平滑”“扩展”“收缩”“羽化”等命令。

4. 移动选区

在使用工具创建选区后，选区可能不在合适的位置，需要进行移动选区的操作。创建选区后，在选项栏中单击“新选区”按钮，将鼠标指针移到选区内，当鼠标指针变成白色箭头时，拖动鼠标即可移动选区。

5. 变换选区

选择“选择”→“变换选区”命令，拖动变换选区的编辑框，即可对选区进行自由变换。也可以在变换编辑框中右击，在弹出的快捷菜单中选择“缩放”“旋转”“斜切”“扭曲”“透视”“变形”等变换命令。

6. 选区的存储与载入

创建选区后，选择“选择”→“存储选区”命令，在打开的“存储选区”对话框中指定选区的名称、通道等，单击“确定”按钮，可存储选区。存储选区后，便在“通道”面板中创建了该名称的 Alpha 通道。通道主要用于保存图像的颜色信息，也可以存储选区信息和载入选区。载入选区时，需要先在“图层”面板中选定要载入的图层，然后选择“选择”→“载入选区”命令，打开“载入选区”对话框，选择选区通道载入。

7.4　图层的应用

本节主要介绍图层的概念和基本操作、图层组的应用、图层样式、合并图层等有关图层的相关功能。

7.4.1　图层概述

1. 图层

图层是构成图像的重要组成单位。图层就像堆叠在一起的透明纸，每一张纸（图层）上都保存着不同的图像，通过上下图层间的叠放组成一幅图像。当在某个图层上操作时，不会影响其他的图层。图层可以移动，也可以调整堆叠顺序。对图像进行处理的任何操作都需要在图层中完成。

2. “图层”面板

“图层”面板用于创建、编辑和管理图层，以及为图层添加样式。面板中显示组成图像的所有图层，对图层的所有操作也通过“图层”面板来完成。选择“窗口”→“图层”命令，即可打开“图层”面板，如图 7.21 所示。

3. 图层的类型

根据功能和作用，图层可以划分为多种不同的类型，常用的有像素图层、填充和调整图层及文字图层。

像素图层是最普通和最常用的图层。在“图层”面板中复制或新建的图层都属于像素图层。可对像素图层中的图像通过绘制、变换和应用滤镜命令等进行编辑，对像素图层进行放大或缩小会影响图像的像素。

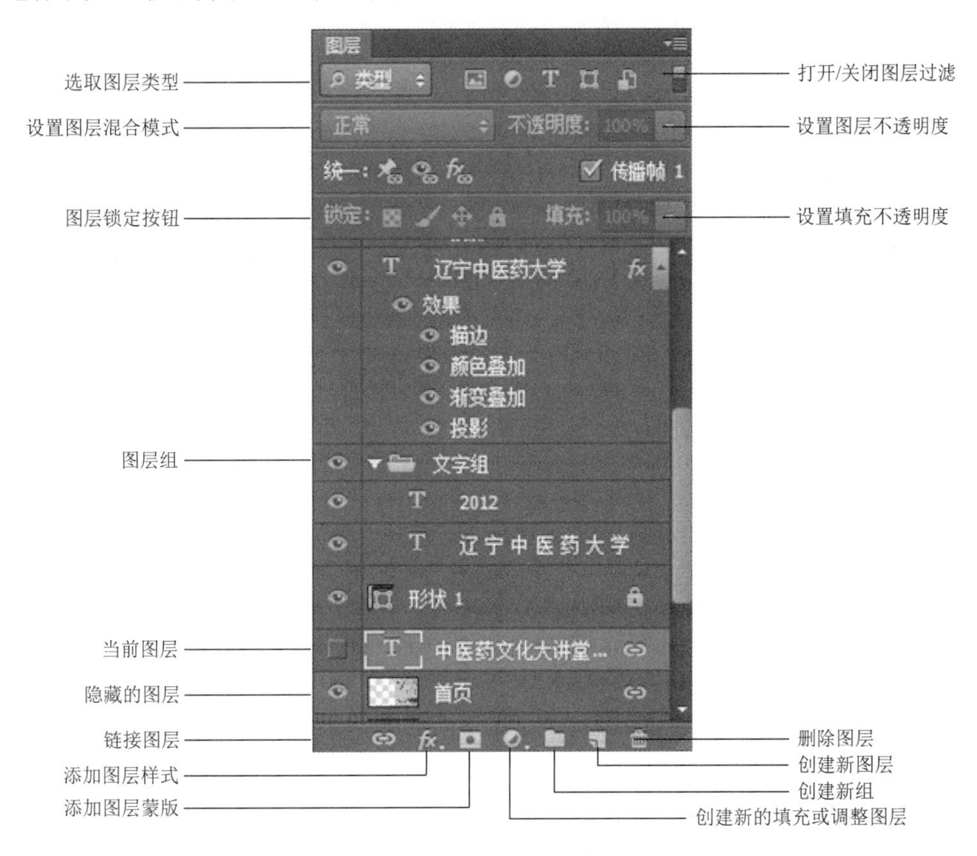

图 7.21　“图层”面板

填充和调整图层是常用的特殊图层，是在不改变整个图像像素的情况下对图像进行调整的图层。它依附在所选择的某个图层上方，效果作用于其下面的所有图层，起到填充或调整图像的作用。单击“图层”面板下方的“创建新的填充或调整图层”按钮，在弹出的菜单中选择填充和调整的各项命令，创建填充或调整图层。“纯色”、“渐变”和“图案”属于填充图层命令，其余的命令属于调整图层的命令。

文字图层是使用文字工具输入文字时创建的图层。文字图层记载了该图层中文字的所有属性信息，便于查看和修改。

在 Photoshop CS6 中，还可以对“图层”面板进行分类查看和查找。在“图层”面板中单击“选取图层类型”下拉按钮，在弹出的下拉列表中可选择要分类的图层类型选项。

7.4.2　图层的基本操作

1. 创建图层

创建一个新的透明图层，显示的位置在“图层”面板中“当前图层”的上方，在新建的图层上，可以进行图像的编辑操作。创建图层的方法主要有以下两种。

1）选择“图层”→“新建”→“图层”命令，或者单击“图层”面板右上角的下拉按钮，在弹出的下拉列表中选择“新建图层”选项。在打开的“新建图层”对话框中，可以设置图层的名称、颜色、模式和不透明度等，单击“确定”按钮，即可在“图层”面板中新建一个透明图层。

2）单击“图层”面板下方的“创建新图层”按钮，即可在面板中当前选定的图层上方新建一个透明图层。按住【Ctrl】键单击“创建新图层”按钮，可以在当前图层下方新建图层，但背景图层下面不能创建图层。

2. 复制图层

选择需要复制的图层后，选择“图层”→“复制图层”命令，或者右击该图层，在弹出的快捷菜单中选择“复制图层”命令，在打开的“复制图层”对话框中，输入图层的名称并设置选项，单击“确定”按钮便可复制一个新图层。还可以拖曳要复制的图层至“创建新图层”按钮上进行复制。

3. 删除图层

在“图层”面板中，选择需要删除的某个或多个图层后，单击面板下方的“删除图层”按钮，即可将所选图层删除，或者选择“图层”→“删除”→“图层”命令，也可删除图层。还可以在“图层”面板中选择需要删除的图层，将其拖动至“图层”面板下方的“删除图层”按钮上，即可删除该图层。

4. 移动图层

位于“图层”面板上面的图层，其效果也位于图像上面。在面板中选中需要调整的图层并向上或向下拖动，即可达到移动图层的目的。

5. 链接图层和锁定图层

如果要同时处理多个图层，可将这些图层链接在一起再操作。在“图层”面板中选择多个图层，单击面板下方的“链接图层”按钮，或选择“图层”→“链接图层”命令，即可将它们链接在一起。如果要取消链接，可以选择一个图层，然后单击“链接图层”按钮。

选定图层，单击“图层”面板上方的“锁定全部”按钮，即锁定图层所对应图像的所有属性。还可以锁定具有多个图层的图层组。

6. 修改图层名称和颜色

选中图层，选择“图层”→“重命名图层”命令，或者直接双击该图层名称，然后在显示的文本框中输入新名称，即可修改图层名称。

选择图层并右击，在弹出的快捷菜单中选择颜色，即可修改图层颜色。

7.4.3　图层组的应用

图层组可以帮助组织和管理图层，用户可以将图层按照类别放在不同的组里。图层组和图层类似于文件夹和文件的关系。下面介绍图层组在图像操作中的应用。

1. 创建图层组

在“图层”面板下方单击“创建新组”按钮，即可自动创建一个新图层组。也可选择“图层”→“新建”→“组”命令或者单击“图层”面板右上角的下拉按钮，在弹出的下拉列表中选择“新建组”选项，都能打开“新建组”对话框，可以设置组名称、颜色、模式和不透明度，单击“确定”按钮，即在当前图层位置的上方创建一个图层组。

也可以先选择需要放在一组内的多个图层，然后选择“图层”→“图层编组”命令，自动将这些图层合并为一个图层组。还可以在选择多个图层后，选择“图层”→“新建”→“从图层建立组”命令，或者单击“图层”面板右上角的下拉按钮，在弹出的下拉列表中选择“从图层新建组”选项，都可打开“从图层新建组”对话框，设置组名后，这些图层将归为一个新建组。

2. 复制图层组

复制图层组的方法与复制图层相同。一种方法是，单击选中图层组，并拖动到“创建新图层”按钮上，即复制了一个图层组副本。另一种方法是，在“图层”面板中选择需要复制的图层组后，单击面板右上角的下拉按钮，在弹出的下拉列表中选择“复制组”选项，在打开的“复制组”对话框中设置复制组的名称等，单击“确定”按钮，即可在“图层”面板中复制一个图层组。

除上面的操作外，还可以将图层移入或者移出图层组，选定图层，通过拖动的方式便可达到目的。

7.4.4　图层样式

图层样式也叫图层效果。Photoshop CS6 中提供了多种图层样式，包括投影、内阴影、外发光、斜面和浮雕、光泽、颜色叠加、渐变叠加等，能产生各种样式效果。图层样式还可以修改、隐藏或删除，具有很强的灵活性。

1. 添加图层样式

选定图层，单击“图层”面板下方的“添加图层样式”按钮，在打开的子菜单中选择图层样式，或者选择“图层”→“图层样式”命令，在子菜单中选择图层样式，都可以打开“图层样式”对话框，如图 7.22 所示，进行设置后，即可添加图层样式。

2. “图层样式”对话框

为图层添加图层样式或者在“图层”面板中双击该图层时，都会打开“图层样式”对话框。可以在对话框中对指定图层样式进行选项设置，也可以在该对话框中选择和取消应用的图层样式。对话框左侧是可选择的图层样式名称，选中某一项图层样式后，对话框右侧会出现该样式的设置选项，用于调整该图层样式效果。

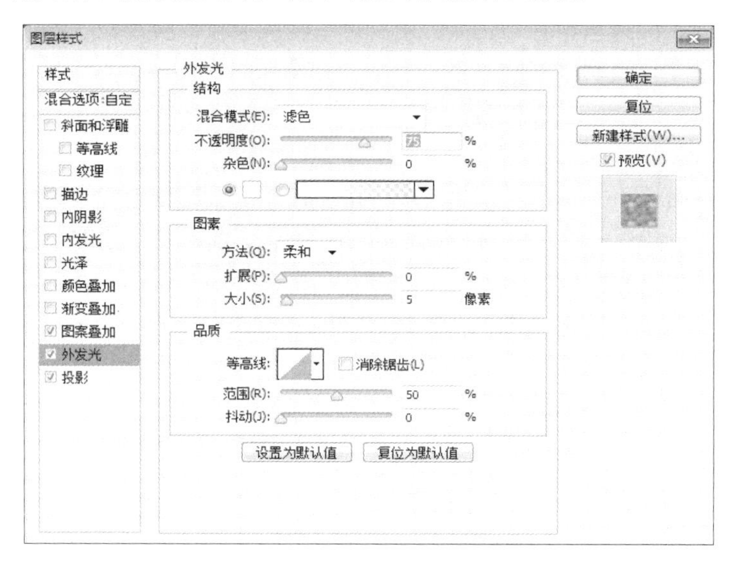

图 7.22 “图层样式”对话框

7.4.5 合并图层

合并图层的目的在于减少存储的图层数目，可以避免因图层过多造成文件过大而运行缓慢的问题。可以将相同属性的图层合并，合并之后的图层不可以修改。

选择需要合并的图层或图层组后，选择“图层”菜单中的命令或单击“图层”面板中的下拉按钮，在弹出的下拉列表中选择“合并图层”“向下合并”“合并可见图层”“拼合图像”选项，以进行相应的合并。“合并图层”选项会使合并后的图层使用上面图层的名称；“向下合并”选项会使合并后的图层使用下面图层的名称；“合并可见图层”选项会使所有可见的图层都合并到背景图层中；“拼合图像”选项将使所有图层拼合到背景图层中。

7.5 图像的绘制与修饰

绘图是 Photoshop CS6 中最常用的功能，通过各种图像绘制工具，可以轻松完成图像中任意图案的绘制，结合各种色彩的填充，会让绘制的图案更加丰富，增强图像的表现力。利用 Photoshop CS6 的图像修复与修饰功能，可以修复有瑕疵的图像并对其进行修饰，使图像更加完美。

7.5.1 设置颜色

在 Photoshop CS6 中使用画笔、渐变和文字等工具，以及进行填充、描边选区、修改蒙版、修饰图像等操作时，都需要指定颜色。Photoshop CS6 中提供了强大的颜色选择工具，可以帮助用户找到任何需要的颜色。

前景色决定了使用绘画工具和文字工具时的颜色；背景色决定了使用橡皮擦工具擦除图像时，被擦除区域所呈现的颜色。此外，增大画布时，也以背景色填充。

在 Photoshop CS6 工具箱下方有前景色和背景色的设置按钮。默认情况下，前景色为黑色，背景色为白色，单击该按钮即可打开“拾色器（前景色）”对话框，如图 7.23 所示。在该对话框中可以设置前景色或背景色。此外，还可以在颜色面板和色板面板中设置，或者使用吸管工具拾取图像中的颜色来作为前景色或背景色。

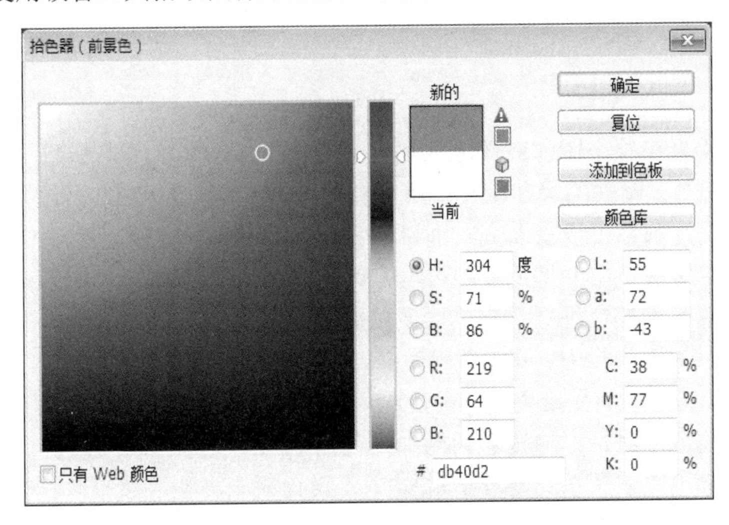

图 7.23　“拾色器（前景色）”对话框

7.5.2　绘图工具

在 Photoshop CS6 中可用绘图工具绘制任意图像，并以前景色表现绘制的图像。默认情况下，画笔工具用来创建颜色的柔描边，铅笔工具用来创建硬边手画线。

1. 画笔工具

使用画笔工具可绘制任意形态的图像或为图像涂抹颜色。在画笔工具的选项栏中，可以调整笔触的形态、大小以及材质，还可以随意调整特定形态的笔触。从画笔列表中，可以选择多种形态的画笔，表现各种笔触样式。此外，还可设置画笔的模式、不透明度、流量等。如果用户的手绘功底深厚，可直接使用画笔工具在图像中绘制图形。

2. 铅笔工具

使用铅笔工具可以绘制出硬边线条，对于绘制棱角分明的图像具有很好的构图效果。铅笔工具对应的选项栏中除自动抹除功能外，其他选项与画笔工具相同，但是绘制出来的效果却大不相同。

7.5.3　填充工具

1. 油漆桶工具

填充是指在图像或选区内填充颜色。使用油漆桶工具可以在图像中填充前景色或图案。当绘制好图像轮廓后，可以应用油漆桶工具填充颜色。如果创建了选区，填充的区域为所选区域。如果没有创建选区，则填充与鼠标单击点颜色相近的区域。单击工具箱中的“油漆桶工具”按钮，在选项栏中，可以对填充模式、不透明度和容差值等进行设置。

2. 渐变工具

渐变工具用来在整个图像或选区内填充渐变颜色，还可以用来填充图层蒙版、快速蒙版和通道。此外，调整图层和填充图层也会用到渐变工具。单击“渐变工具”按钮后，先在对应的选项栏中设置渐变类型、渐变颜色和混合模式等，然后在图像上创建渐变，在图层或选区内单击并拖曳，即可填充设置的渐变颜色。在“渐变编辑器”对话框中还可以将设置的渐变色进行存储，以便以后重复使用。

在渐变工具的选项栏中，单击“渐变条”可以显示和设置渐变颜色，单击右侧的下拉按钮，打开“渐变拾色器”对话框，可选择多种渐变颜色，也可以单击渐变条，打开“渐变编辑器”对话框，在对话框中设置任意的渐变颜色。

选项栏中的渐变效果按钮用于设置渐变类型，包括“线性渐变”“径向渐变”“角度渐变”“对称渐变”“菱形渐变”。“线性渐变”以直线从起点渐变到终点；“径向渐变”以起点到终点为半径，圆形区域渐变；“角度渐变”围绕起点以逆时针扫描方式渐变；“对称渐变”使用均衡的线性渐变在起点的任一侧渐变；“菱形渐变”以菱形方式从起点向外渐变，终点定义菱形的一个角。此外，还有不透明度和反向选择等设置选项供用户使用。如图 7.24 所示是以角度渐变方式、不透明度为 50%、反向渐变的图像效果。

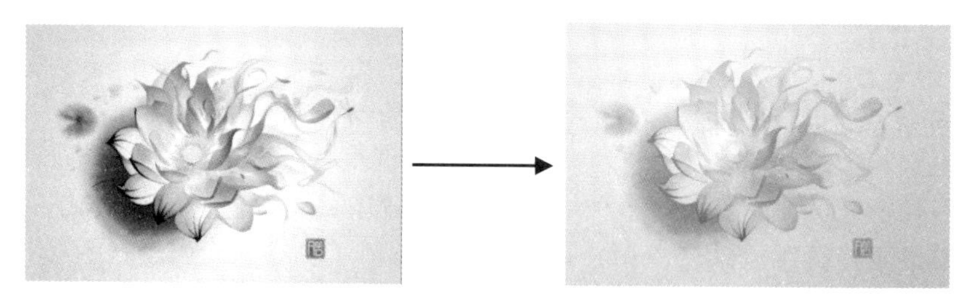

图 7.24　渐变效果图

7.5.4　图像的修饰与修复

在 Photoshop CS6 中，用户可以通过修复工具对有瑕疵的图像进行修复，运用模糊、锐化、加深、减淡工具对图像进行润饰，以使图像更加完美。

1. 修复工具组

使用污点修复画笔工具可以快速移去照片中的污点和其他不满意部分，通过简单单击即可完成修复。污点修复画笔工具的工作方式与修复画笔工具类似，是使用图像或图案中的样本像素进行绘画，与修复画笔工具不同，污点修复画笔工具不要求指定样本点，而是会自动从所修饰区域的周围取样，来修复污点的像素，并将样本像素的纹理、光照、透明度和阴影与所修复的像素匹配。

修复画笔工具可用于校正瑕疵，使它们消失在周围的图像中。使用该工具可以利用图像或图案中的样本像素来绘画，也可以直接按住【Alt】键单击图像，从图像中取样，将样本像素的纹理、光照、透明度和阴影与所修复的像素进行匹配，从而使修复后的像素不留痕迹地融入图像的其余部分。

修补工具可以用其他区域或图案中的像素来修复选中的区域。与修复画笔工具一样，修补工具会将样本像素的纹理、光照和阴影与源像素进行匹配；不同的是，使用修补工具时需要在图像中要修补的区域内创建一个选区。

使用红眼工具可以去除图像中由闪光灯引起的红眼效果。

2. 图章工具组

仿制图章工具可以在图像上取样，然后进行复制，运用该特性，可以实现快速修复有瑕疵的图像。仿制图章工具从图像中取样后，将样本应用到其他图像或同一图像的其他区域中，也可以将一个图层的部分图像仿制到另外一个图层中。

图案图章工具可以为任意涂抹区域或选区添加图案，图案可以是 Photoshop CS6 提供的图案或者自定义图案。

3. 橡皮擦工具组

橡皮擦工具组主要用于擦除图像。橡皮擦工具相当于日常生活中的橡皮擦。Photoshop CS6 中的橡皮擦工具可以任意调整大小和不透明度等。当所擦去的图像所在的图层为背景图层时，被擦去的图像部分将被填充为背景色；当所擦去的图像所在的图层为普通图层时，被擦去的图像部分将显示透明像素。

背景橡皮擦工具可在拖动时将图层上的像素抹成透明，抹除背景的同时在前景中保留对象的边缘。可以通过指定不同的取样和容差选项，来控制透明度的范围和边界的锐化程度。背景橡皮擦工具采集画笔中心的色样，并删除在画笔内的任何位置出现的该颜色。

使用魔术橡皮擦工具在图层中单击，会将所有相似的像素更改为透明。如果在已锁定透明度的图层中操作，这些像素将更改为背景色。

4. 模糊、锐化和涂抹工具

使用模糊、锐化和涂抹工具能够对图像中的像素进行编辑，以更改其效果。运用模糊工具，可降低相邻像素之间的对比度，使图像的边界或区域变得柔和，对图像的局部进行模糊处理。而锐化工具能够增加模糊图像边缘的对比度，以增强外观上的锐化程度，使图像的线条更加清晰。利用涂抹工具可以在图像中模拟手指进行涂抹绘制，使开始单击点处的颜色与之后鼠标指针拖动经过的颜色相融合，产生扭曲模糊的效果。

5. 减淡、加深和海绵工具

减淡、加深和海绵工具是常用的润饰工具，使用这些工具能够对图像局部进行修饰，如对局部图像的颜色进行减淡或加深，对局部颜色的饱和度进行降低或增加等。

7.6 图像色彩调整

色彩调整是图像处理中的重要步骤。通过调整，可以改变图像的颜色模式，以及图像色彩的明暗、色相、饱和度等，从而完善图像色彩效果。

7.6.1 颜色模式及其转换

颜色模式是一种记录图像颜色的方式（同一属性下不同颜色的集合）。选择“图像”→“模式”命令，在打开的子菜单中可以看到 Photoshop CS6 支持的多种颜色模式，包括 RGB、CMYK、Lab 和灰度等。不同的颜色模式有不同的表现形式，可以转换图像的颜色模式。从“通道”面板可以查看各颜色模式下的信息。

1. 常用颜色模式

RGB 颜色模式是通过红（R）、绿（G）、蓝（B）三个颜色通道的变化及它们相互之间的叠加来得到各式各样的颜色。

CMYK 颜色模式是一种印刷模式，由青（C）、洋红（M）、黄（Y）、黑（K）构成，在印刷中代表四种颜色的油墨。CMYK 模式颜色与 RGB 颜色模式产生色彩的原理不同，CMYK 颜色模式产生颜色的方法是色光减色法。

Lab 颜色模式由三个通道组成，其中一个通道是明度通道；另外两个是色彩通道，分别用 a 和 b 来表示。a 通道是从绿色到红色的光谱变化；b 通道是从蓝色到黄色的光谱变化。因此，这种色彩混合后将产生明亮的色彩效果。Lab 颜色模式是 Photoshop CS6 进行颜色模式转换时使用的中间模式。

灰度颜色模式是用单一色调表现图像，不含彩色信息。每个像素可表现 256 色阶的灰色调（含黑和白），灰度模式可以和彩色模式直接转换。

2. 颜色模式的转换

选择“图像”→“模式”命令，可以在子菜单中看到当前图像的颜色模式（被选中），并能在不同颜色模式之间进行切换，单击切换的颜色模式即可。

7.6.2　自动调整图像

利用“图像”菜单中的命令可以自动对图像的颜色和色调进行简单的调整。“自动色调”命令可以自动将每个颜色通道中最亮和最暗的像素映射到纯白和纯黑，中间像素按比例重新分布，从而增加图像的对比度。“自动对比度”命令可以自动调整图像的对比度，使高光看上去更亮，阴影看上去更暗。“自动颜色”命令可以通过搜索图像来标识阴影、中间调和高光，从而自动调整图像的对比度和颜色，比较适用于调整色偏的图像。

7.6.3　调整图像明暗

Photoshop CS6 提供了很多调整图像明暗的命令，可将灰暗的图像调整到清晰、明亮、对比强烈的效果。选择“图像”→“调整”命令，在打开的子菜单中可选择相应命令，在相应的对话框中可完成图像的调整设置。

“亮度/对比度”命令是对整个图像色彩的亮度和对比度进行调整。与按比例调整的“曲线”和“色阶”命令不同，“亮度/对比度”命令会对每个像素进行相同程度的调整。

“色阶”命令主要用于调整图像的色调，即明暗度。在“输入色阶”或“输出色阶”文本框中输入数值或者拖曳滑块，就可以将图像中的所有色调变亮或者变暗；还可以通过拖曳“输出色阶”的滑块来降低图像的对比度。

“曲线”命令用于精确地调整图像的明暗度和色调。在“曲线”对话框中有许多特殊的色彩效果，可以通过选择预设值来进行调整，如负片效果等。如图 7.25 所示是按自定义曲线调整图像的效果图。

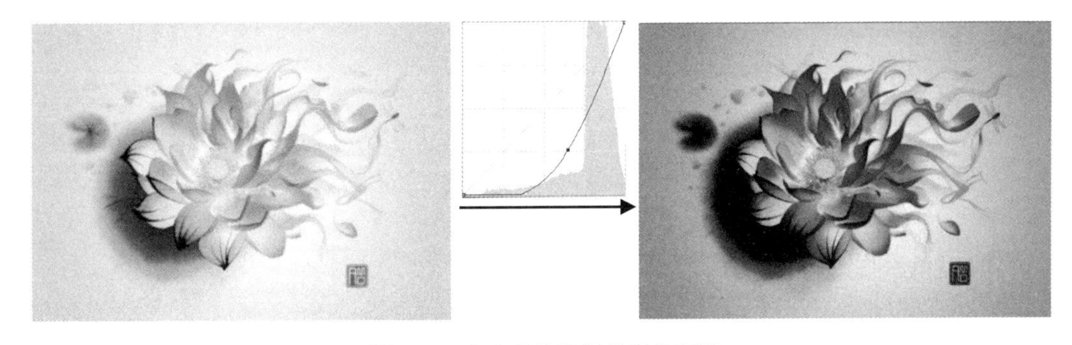

图 7.25　自定义曲线调整图像明暗

“曝光度”命令可以调整图像的曝光效果。在“曝光度”对话框中，通过设置曝光量、位移和灰度系数校正选项来调整图像变亮或变暗。

7.6.4　调整图像色彩

1. 色彩平衡

“色彩平衡”命令用于更改各色彩在图像中的混合效果，纠正图像出现的色偏，包括色彩平衡和色调平衡调整。使用此命令必须确定“通道”面板中选择了复合通道，因为只有在复合通道中此命令才可以使用。

2. 色相/饱和度

"色相/饱和度"命令用于调整单个颜色的色相（色彩颜色）、饱和度（色彩纯度）和明度值，或者同时调整图像的所有颜色。此命令特别适合微调 CMYK 格式图像中的颜色。

3. 替换颜色

"替换颜色"命令可以对图像中的颜色按设置的颜色容差取样，选取后的区域通过"替换颜色"对话框中"替换"组内的"色相"、"饱和度"和"明度"选项设置来改变颜色，如图 7.26 所示。

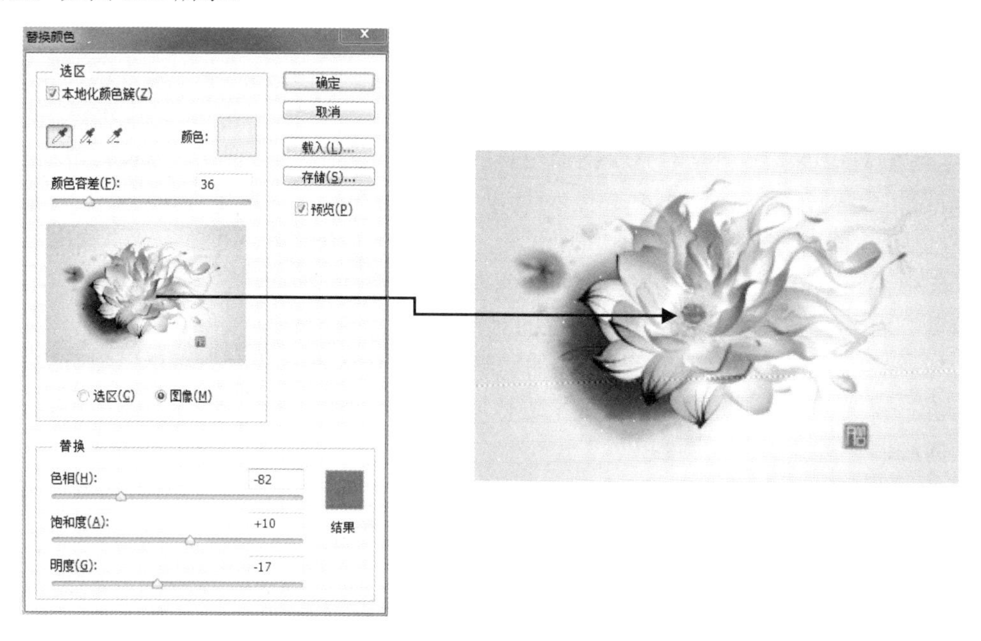

图 7.26 替换颜色

4. 可选颜色

"可选颜色"命令可以有选择地修改图像中主要颜色的印刷色含量，使印刷出的颜色更加准确。

除此之外，还可以对图像做很多特殊色彩的调整，包括反相图像、色调分离、去色与黑白、渐变映射、通道混合器、阈值和变化等。进行调整后，图像更具艺术效果。

7.7 文字操作

文字的添加与编辑在图像处理中是不可或缺的部分。图像设计中，通过丰富多样的文字产生艺术效果。Photoshop CS6 提供了强大的文字编辑功能，能够制作出各种文字艺术效果。本节介绍文字的创建与编辑、文字样式、文字变形等内容。

7.7.1　文字的创建与编辑

1. 创建文字

在 Photoshop CS6 中，创建文字非常简单，只需选中文字工具后在图像上单击，再输入文本内容即可。

文字工具用于对图像中的文字进行编辑。Photoshop CS6 中的文字类型，按排列方式主要分为两种，一种是横排文字，另一种是直排文字。若使用横排文字工具，在选项栏中可以对文字大小、颜色等进行设置，然后在图像合适的位置单击，当出现闪烁的光标时，输入文字，单击选项栏中的✓按钮完成输入，单击⊘按钮放弃已经输入的文本，即可完成文字的创建。输入文字后会自动在“图层”面板上创建一个文字图层。如图 7.27 所示是在图像上添加了“花”的文字效果。如果想在图像中直接输入一段文字，同样选择横排或直排文字工具，只是在图像编辑窗口中先拖出一个矩形文本框，再输入文字段落，还可以对此文本编辑框进行自由调整。

使用横排文字蒙版工具和直排文字蒙版工具实际上只是在图像窗口创建一个文字形状的选区。在图像中单击，进入蒙版，出现半透明的红色蒙版，输入文字后，退出编辑状态，即可在图像窗口内创建一个文字形状的选区。之后再为选区填充内容，即可获得文字效果。如图 7.28 所示是使用横排文字蒙版工具创建的文字选区。

图 7.27　横排文字工具使用效果

图 7.28　横排文字蒙版工具使用效果

2. 编辑文字

（1）修改文字

在“图层”面板中选择要编辑的文字图层，双击上面的 T 形图标，会自动切换对应的文字工具，使图层中的文字处于可编辑状态，即可修改文字内容。

（2）在“字符”面板编辑文字

创建文字后，可以通过“字符”面板对文字进行编辑，不但可以对文字的字体样式、大小和颜色进行设置，还能够对文字行距、字距进行调整，对文字进行更全面的设置。

7.7.2 文字样式

Photoshop CS6 新增的“字符样式”和“段落样式”面板可以保存文字样式，并可快速应用于其他文字、线条或文本段落。此外，还可以应用图层样式制作出文字的各种艺术效果。

1. 字符样式

字符样式是字符属性的集合。单击“字符样式”面板中的按钮，即可创建一个空白的字符样式，双击字符样式名称，打开“字符样式选项”对话框，可以设置要创建样式的所有字符属性。对其他文本应用字符样式时，只需选择文字图层，再单击“字符样式”面板中的样式即可。

2. 段落样式

段落样式的创建和使用方法与字符样式基本相同。

3. 图层样式

使用图层样式也是一种常用的产生文字效果的方法，可以制作出带有阴影、浮雕及发光等效果的文字。具体方法参见 7.4.4 节。

7.7.3 文字变形

1. 变形文字

简单的文字通过变形往往会得到不一样的效果。选择编辑好的文字图层，或者在文字编辑过程中选择“文字”→“文字变形”命令，在打开的“变形文字”对话框中提供了多种文字变形样式及变形的方向，可以对“弯曲”、“水平扭曲”及“垂直扭曲”选项进行调整以达到最佳效果。如图 7.29 所示是对文字进行相应变形的效果。

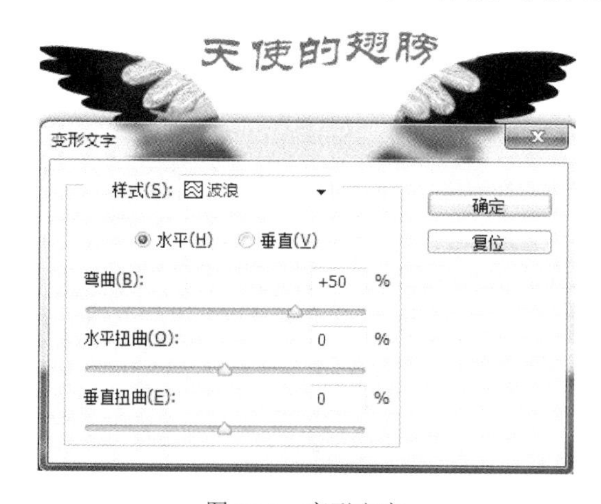

图 7.29 变形文字

2. 将文字转换为形状

将文字转换为形状，对文字图形进行编辑，可以得到更多的艺术效果。将文字转换为形状，即将文字图层转换为形状图层，可以对文字应用样式并进行编辑等。将文字图层转换为形状图层后，不能再对文本进行编辑或更改文字属性。选择“文字”→“转换为形状”命令，将文字转换为形状，文字效果有所变化。使用直接选择工具选中需要编辑的路径，再使用钢笔工具对该形状上的节点进行任意拖曳，如图 7.30 所示。完成后，按【Enter】键，最终效果如图 7.31 所示。

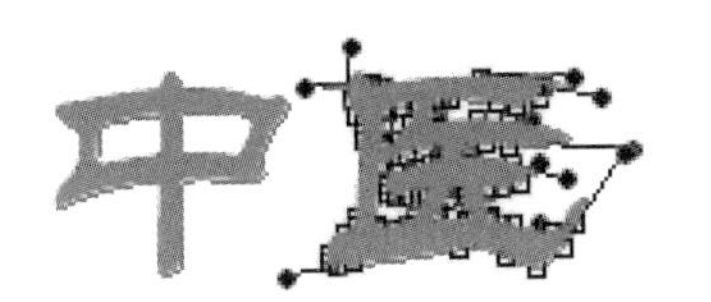

图 7.30　选择并变形文字

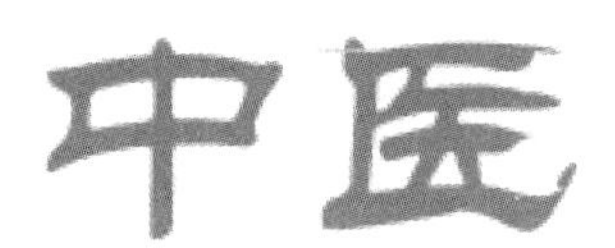

图 7.31　文字最终效果

3. 路径文字

沿着路径或形状输入文字是 Photoshop CS6 新增功能之一。使用钢笔工具或路径工具在图像上绘制路径，选择文字工具，将鼠标指针移动到路径上，指针形状改变时，单击并输入文字，即可看到文字沿着创建的路径排列。如果输入横排文字，则文字与路径切线垂直。如果输入直排文字，则文字与路径切线平行。文字创建完成后，会在“图层”面板中新增路径文字图层。与普通图层不同的是，该图层显示路径文字。此后修改路径形状或移动路径，路径上的文字效果也随之改变。若创建的路径为封闭路径，还可以在路径内部添加文字，文字会自动在路径内部进行排列。在图像上创建一个椭圆路径并输入文字的效果如图 7.32 所示。

图 7.32　封闭路径文字效果

4. 栅格化文字

栅格化文字就是将文字图层转换为普通图层，这样才能够对文字进行更多的操作，如添加各种滤镜效果等。栅格化文字的方法较多，可以选中文字图层后右击，在打开的快捷菜单中选择“栅格化文字”命令，或者选择“图层”→“栅格化”→“文字”命令，即可将文字栅格化，文字图层转换为普通图层。

7.8 路径和矢量图

本节介绍创建和编辑路径的方法及工具，以及利用形状工具创建和编辑矢量图。学习后，可以使用这些功能绘制出所需要的形状和图案。

7.8.1 路径概述

1. 路径

路径是指使用路径工具精确地绘制出的线条、矢量图轮廓和形状。路径是基于矢量不是基于像素的，所以路径的形状可以任意改变，不受分辨率影响。路径与图层无关联，但可以保存、激活，用于创建选区、辅助抠图、充当基线、绘制轨迹、绘制文字轮廓及文字轨迹等。

2. “路径”面板

创建路径以后，在打开的“路径”面板中会显示路径的相关信息，包括路径名称、路径缩览图等，如图 7.33 所示。利用“路径”面板可查看当前路径、矢量蒙版路径和存储工作路径等，还可以为创建的工作路径进行填充、描边等设置。

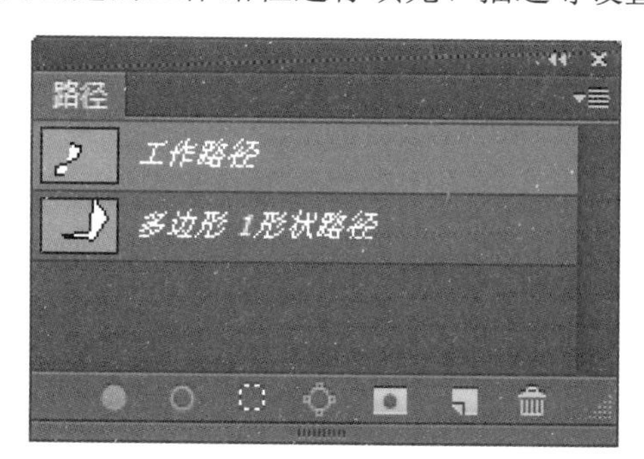

图 7.33 “路径”面板

在“路径”面板下方有 7 个工具按钮，分别可以实现用前景色填充路径、用画笔描边路径、将路径作为选区载入、由选区生成工具路径、添加蒙版图层、创建新路径和删除当前路径的功能。

7.8.2 路径的创建和存储

路径的创建方法主要有两种，一是使用路径绘制工具绘制线条或不规则形状，从而制作出想要的图案效果；二是使用形状工具自定义各种形状来绘图。

在创建路径时，钢笔工具和自由钢笔工具是最常用的工具。单击“钢笔工具”按钮，在图像上单击并拖曳，创建一个路径。系统默认其为“工作路径”，在“路径”面板中将“工作路径”拖曳到“创建新路径”按钮上，释放鼠标后，“工作路径”转换为“路径 1”，创建的路径存储在其中。若直接单击“创建新路径”按钮，则可创建一个新的空白路径。

使用钢笔工具可以绘制复杂的或不规则的直线或曲线，单击开始点和结束点即可创建路径，然后调整路径上包含的方向线和方向点，制作出需要的矢量路径，如图 7.34 所示。使用自由钢笔工具可以随意绘图，更加简单方便。

图 7.34　使用钢笔工具创建路径

7.8.3　路径的调整与编辑

1. 添加和删除锚点

在创建好的路径上添加和删除锚点，需要使用工具箱中的添加锚点工具和删除锚点工具。单击“添加锚点工具”按钮，再单击路径曲线上需要添加锚点的位置，即可添加一个新锚点。单击“删除锚点工具”按钮，再单击路径上需要删除的锚点，即可删除该锚点。

除此之外，还可以使用改变锚点类型工具将路径上的曲线锚点和直线锚点相互转换，只需要在需要转换的锚点上单击即可实现。

2. 选择锚点和选择路径

使用直接选择工具可以对路径的锚点进行单独选择操作，并可以通过拖曳，移动选中的锚点。

使用路径选择工具可以将路径整体选中，并通过拖曳进行移动操作。

3. 复制和删除路径

在对路径进行复制时，要先将工作路径转换为路径。在“路径”面板中右击要复制的路径或者单击面板右上角的下拉按钮，在弹出的下拉列表中选择“复制路径”选项，打开“复制路径”对话框，设置名称，即可进行复制。

路径的删除和图层的删除类似，单击“路径”面板下方的“删除当前路径”按钮，即可将选中的路径删除。

7.8.4 路径的应用

在图像上绘制出路径后，可以将路径填充为喜欢的颜色，还可以为路径描边、将路径转换为选区等，使路径产生更多独特的效果。

1. 填充路径

单击“路径”面板下方的“用前景色填充路径”按钮，可以对开放或闭合路径以前景色进行填充。还可以运用各种图案进行填充，在“路径”面板中选中需要填充的路径，右击或者单击面板右上角的下拉按钮，在弹出的下拉列表中选择“填充子路径”选项，即可在打开的“填充子路径”对话框中对路径填充使用的内容、模式及不透明度进行设置。

2. 描边路径

绘制路径后，单击“路径”面板下方的“用画笔描边路径”按钮，即可对路径进行描边处理；或者右击“路径”面板中的该路径，在弹出的快捷菜单中选择“描边子路径”命令，打开“描边子路径”对话框，选择描边操作所用的工具，以不同的笔触效果为路径描边。

7.8.5 创建和编辑形状

在 Photoshop CS6 中可以利用多种形状工具创建出任意的矢量图，也可以选择预设的各种形状直接进行绘制，然后对绘制的图形填充颜色、添加样式等。在绘制矢量图时，结合形状工具选项栏中的各个选项设置来控制矢量图的效果。

Photoshop CS6 的形状工具有矩形工具、圆角矩形工具、椭圆工具、多边形工具、直线工具和自定形状工具。使用不同的形状工具可以绘制出不同的形状，通过对工具选项进行设置，相同的工具绘制出的图形效果也不同。对于椭圆工具，若绘制时按住【Shift】键不放，可以绘制出正圆。对于自定形状工具，绘制时单击选项栏中的形状：按钮，可以选择需要的图形。

选择形状工具后，单击选项栏中的“选择工具模式”下拉按钮，在弹出的下拉列表中有形状、路径和像素三种绘制模式。在“形状”模式下创建的路径，不仅以前景色填充，而且会在“图层”面板中创建一个形状图层。在“路径”模式下进行图像的绘制，相当于创建路径，会在“路径”面板中生成工作路径。在“像素”模式下绘制图形，既不会创建路径，也不会创建形状图层，只是为绘制图形直接填充前景色。

形状是连接到矢量蒙版的填充图层，通过编辑形状的填充图层，可以很容易地将填充更改为其他颜色、渐变或者图案，同样也可以编辑形状的矢量蒙版以修改形状的轮廓，并对图层应用样式。

使用路径选择工具将绘制的形状选中后，选择“编辑”→“自由变换路径”命令或按【Ctrl+T】组合键，显示出控制手柄，通过拖曳，可以对图像进行旋转、放大和缩小等操作。

7.9　通道与蒙版的应用

通道和蒙版作为 Photoshop CS6 中重要的高级功能，常应用于图像的特效合成、选取对象等操作中。本节介绍通道的类型、通道的管理和编辑，以及对常用蒙版的应用等内容。

7.9.1　通道概述

1. 通道

通道的主要作用是保存图像的颜色信息、选择范围和存储蒙版。运用通道可以实现许多图像特效。打开一张图像，Photoshop CS6 会自动将图像的通道信息显示在“通道”面板中，在面板中以图像的颜色模式显示通道的数量和名称。通过“通道”面板可以创建、保存和管理通道。

2. 通道的类型

Photoshop CS6 主要有以下通道类型。

1）复合通道：在“通道”面板中最先列出的通道是复合通道。复合通道不包含任何信息，实际上只是同时预览并编辑所有颜色通道的一个快捷方式。

2）颜色通道：用于记录图像颜色信息的通道。这些通道把图像分解成一个或多个色彩成分。图像的颜色模式决定了所创建的颜色通道的数目。

3）专色通道：用来存储印刷用的专色。专色通道是特殊的颜色通道，如金色油墨，用于替代或补充印刷色油墨。

4）Alpha 通道：Alpha 通道有三种用途：一是用来保存选区；二是可以将选区存储为灰度图像，之后可以用画笔、加深和减淡等工具及各种滤镜，通过编辑 Alpha 通道来修改选区；三是用来载入选区。

7.9.2　通道的管理与编辑

对通道进行管理有多个方面，包括创建通道、隐藏/显示通道、复制通道、删除通道、将通道作为选区载入、应用图像和计算通道。通过隐藏/显示通道，可以查看不同通道下的图像效果。对通道添加滤镜效果，可以制作出别样的图像效果。

1. 创建通道

在编辑图像时，常会利用创建的新通道来存储选区或编辑需要的选区。单击“通道”面板右上角的下拉按钮，在弹出的下拉列表中选择“新建通道”选项，即可在打开的“新建通道”对话框中设置要创建的通道。也可以直接单击“创建新通道”按钮，新建一个 Alpha 通道。

2. 隐藏/显示通道

单击“通道”面板中需要隐藏的通道缩览图前面的“指示通道可见性”按钮，可以在显示和隐藏通道间切换。连续单击各个通道前方的“指示通道可见性”按钮，可以隐藏多个通道内的灰度图像。

3. 复制通道

通道的复制和图层的复制类似，可以直接通过“通道”面板进行操作。在复制通道时，可以直接将需要复制的通道拖曳到“创建新通道”按钮上，释放鼠标后，即可在“通道”面板上创建一个通道副本。还可以在“通道”面板中选中需要复制的通道，单击面板右上角的下拉按钮，在弹出的下拉列表中选择“复制通道”选项，打开“复制通道”对话框进行设置，创建所选通道的副本通道。

4. 删除通道

在“通道”面板中选中需要删除的通道，单击“删除当前通道”按钮，即可将选中的通道删除。还可以单击“通道”面板右上角的下拉按钮，在弹出的下拉列表中选择“删除通道”选项。如图 7.35 和图 7.36 所示分别是删除红通道后，“通道”面板的效果及图像效果。

图 7.35　删除红通道的“通道”面板

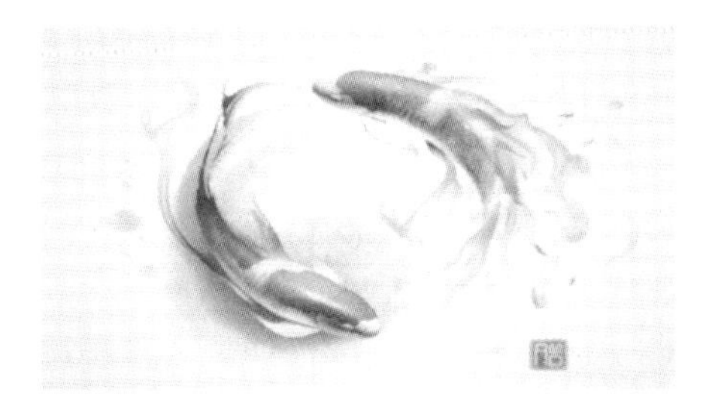

图 7.36　删除红通道的图像效果

5. 将通道作为选区载入

在“通道”面板中，每个通道都存储着图像的选区，要将通道转换为选区，方法是单击“通道”面板下方的“将通道作为选区载入”按钮，即可根据选中颜色通道的灰度值创建选区，通道中的白色为选中区域、灰色为半透明区域、黑色为未选中区域。

6. 应用图像

“通道”面板中的每一个通道都代表一种不同的颜色。在 Photoshop CS6 中，可以在“通道”面板中选择单个的颜色通道，对其进行编辑，如通过对选择的独立通道执行“应用图像”或“计算”命令，进行图像的简单合成。

“应用图像”命令可以将一个图像（源）的图层和通道与现用图像（目标）的图层和通道进行某种图像混合模式的混合。与“计算”命令不同的是，“应用图像”命令可合成彩色的图像效果。例如，打开需要进行合成的两个图像（注意：“源”默认为当前文件，选择合成的图像必须打开，合成的图像要求具有相同的尺寸和分辨率），选择好现用图像（目标）的图层和通道后，选择“图像”→“应用图像”命令，打开“应用图像”对话框，如图 7.37 所示。在对话框中设置混合的图层、通道及图像混合模式等参数，确认后即可实现图像的自然合成。

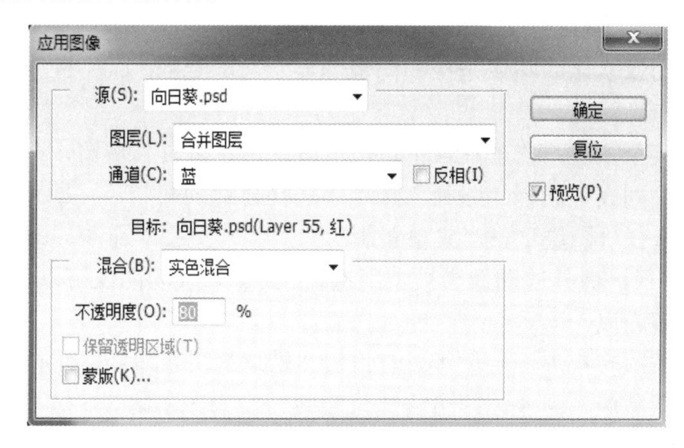

图 7.37　“应用图像”对话框

7. 计算通道

“计算”命令与“应用图像”命令基本相同，用于混合两个来自一个或多个源图像的单个通道，混合出来的图像将会以黑、白、灰显示，可以将混合的图像新建为通道、文件或选区。只需在图像窗口中打开两个图像，选择“图像”→“计算”命令，打开 “计算”对话框进行设置，即可按需要合成一个新的图像。

7.9.3　蒙版概述

在 Photoshop CS6 中，蒙版的功能是通过将不同的灰度值转化为不同的透明度，并作用到它所在的图层，使图层不同部位的透明度产生相应的变化，从而将图层内容进行遮盖或获取选区。

7.9.4　常用蒙版的应用

在 Photoshop CS6 中，用户可以通过为图像创建蒙版来创建选区，从而对选区进行编辑，还可以运用蒙版，将指定的图像区域效果隐藏，对图像进行合成。

Photoshop CS6 中常用的蒙版有图层蒙版、矢量蒙版、剪贴蒙版和快速蒙版。

1. 图层蒙版

图层蒙版也称像素蒙版，是最常见的蒙版类型，主要作用是控制图像的显示与隐藏区域。在蒙版中利用填色工具，可填充灰度的颜色，黑色为完全隐藏部分、白色为显示部分、灰色为半透明显示部分。

图层蒙版主要用于合成图像，还可以控制颜色调整和滤镜范围。单击“图层”面板下方的“添加图层蒙版”按钮，即可新建图层蒙版。利用绘图工具，在蒙版中填充颜色，选择显示和遮盖的区域。调整图层和填充图层在创建后都会自带一个图层蒙版，便于用户编辑应用区域。

2. 矢量蒙版

图层蒙版是用像素化的图像来控制图像的显示与隐藏的，而矢量蒙版是用矢量图来控制图像的显示与隐藏的。

选中图像的某个图层，在工具箱中单击“自定形状工具”按钮，在选项栏中的“选择工具模式”下拉列表中选择“路径”选项，选择合适的形状后，即可在图像上拖曳，绘制路径。然后选择“图层”→“矢量蒙版”→“当前路径”命令，即可基于当前路径创建矢量蒙版，路径区域外的图像会被蒙版遮盖。矢量蒙版的图像可以任意放大或缩小，而不影响图像的清晰度。

可以将矢量蒙版转换为图层蒙版。右击需要转化的矢量蒙版，在弹出的快捷菜单中选择“栅格化矢量蒙版”命令，即可将矢量蒙版转换为图层蒙版。

3. 剪贴蒙版

剪贴蒙版用处于下方图层的形状来限制上方图层的显示状态，达到一种剪贴画的效果。剪贴蒙版至少需要两个图层才能创建，位于最下面的一个图层叫作基底图层，基底图层的内容决定了蒙版的显示形态。位于基底图层上边的图层叫作剪贴图层。基底图层只能有一个，剪贴图层可以有若干个。

在选择需要创建剪贴蒙版的图层后，选择“图层”→“创建剪贴蒙版”命令即可创建，在“图层”面板中可以看到，上方剪贴图层缩览图缩进，并且带有一个向下的箭头，基底图层名称下带一条下画线。按住【Alt】键的同时，在两图层中间出现向下箭头和方框图标后单击也可创建剪贴蒙版。如图 7.38 所示是创建剪贴蒙版后的图像效果图，剪贴图层上的图像只在基底图层形状区域内可见。

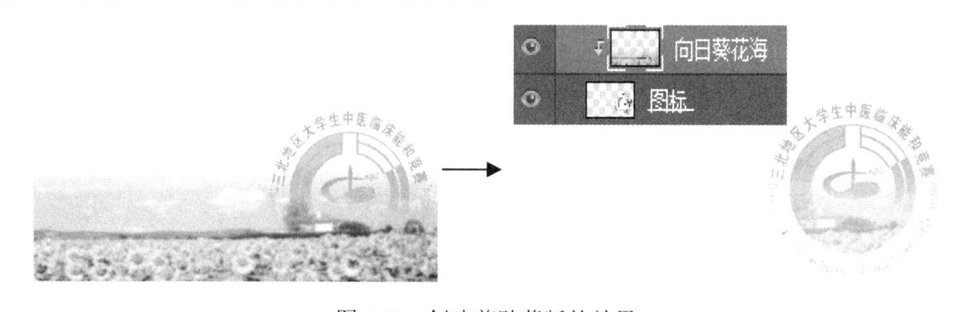

图 7.38 创建剪贴蒙版的效果

若要释放剪贴蒙版，右击剪贴图层，在弹出的快捷菜单中选择“释放剪贴蒙版”命令即可。

4. 快速蒙版

7.3.2 节已有介绍，在此不再赘述。

7.10　滤镜的应用

滤镜是 Photoshop CS6 中功能最丰富、效果最神奇的命令。 Photoshop CS6 中提供了大量滤镜，可为图像增添各种特殊的艺术化效果。每种滤镜都可单独应用到图像中，也可以将各种滤镜结合使用创建出奇特的艺术效果。例如，运用艺术效果的滤镜，可以制作出图像的漫画效果；运用滤镜中的风格化，可以为图像添加风吹效果；等等。

7.10.1　滤镜的原理与使用

滤镜是经过专门设计的，主要通过调节光线、修正色调来实现图像的各种特殊效果，所以使用滤镜可以轻松地改变图像的色彩和形状，极大丰富了处理图像效果的手段。滤镜的原理类似于通过一块彩色玻璃或者变形玻璃去观看一张图像，图像会变色或是变形。

Photoshop CS6 中所有的滤镜命令都在“滤镜”菜单中以分类的形式存放，所以滤镜的操作十分简单，只需从菜单中选择命令即可。滤镜的使用范围，针对选区时，效果在选区内产生；针对图层时，要求被选择的图层可见，效果可应用于整个图层。滤镜可以处理图层蒙版、快速蒙版和通道。位图模式、索引模式和 16 位通道模式图像不能应用滤镜，只有 RGB 图像可以应用所有滤镜。

7.10.2　特殊滤镜

Photoshop CS6 中的滤镜除滤镜库外，还提供了两个特殊的独立滤镜，即液化滤镜和消失点滤镜。运用这两个特殊滤镜可以对图像等进行形状编辑，也可以自动生成图案，或者将图像中的多余图像除去。

1. 滤镜库

滤镜库中包括了“滤镜”菜单中的大部分滤镜。使用滤镜库，可以在图像上累积应用多个滤镜，或者重复应用单个滤镜，同时也能根据个人需要重新排列滤镜并更改每个已应用滤镜的设置。选择“滤镜”→“滤镜库”命令，即可打开“滤镜库”对话框，如图 7.39 所示。

在滤镜选项中有风格化、画笔描边、扭曲、素描、纹理和艺术效果滤镜组。单击左边的三角按钮，即可显示该滤镜组中的滤镜图标，也可通过“复位”按钮下方的下拉列表框来选择其他的滤镜，其中显示了滤镜库中的所有滤镜。参数选项用于设置所选择滤镜的参数值。在滤镜库中选择滤镜后，右侧会出现对应的参数选项，可以在参数选项中直接输入数值，也可以拖曳选项的滑块，使其参数值发生改变。

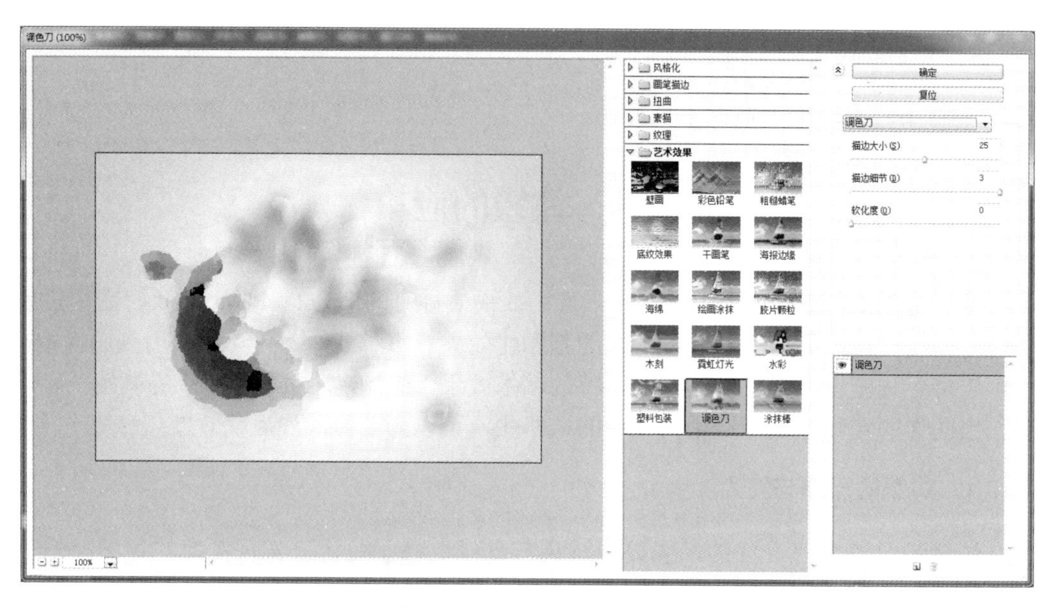

图 7.39 “滤镜库”对话框

单击“新建效果图层”按钮，添加一个效果图层，即可添加一个制作滤镜，以便于在图像上应用几个滤镜。若要将当前选中的效果图层删除，单击“删除效果图层”按钮即可。

2. 镜头校正滤镜

镜头校正滤镜可以用于校正图像的拍摄角度、几何扭曲、透视效果、边缘色差和镜头晕影等。选择“滤镜”→“镜头校正”命令，打开“镜头校正”对话框，在对话框中可选择自动校正和自定两种方式来进行设置。对话框的工具栏内包含了与镜头校正相关的工具，如移去扭曲工具、拉直工具、移动网格工具。

3. 液化滤镜

液化滤镜可以用于推、拉、旋转、反射、折叠和膨胀图像的任意区域，使像素扭曲变形，以得到液化变形效果。选择“滤镜”→“液化”命令，打开“液化”对话框，在对话框的工具栏内包含了相应的液化工具，如向前变形工具、重建工具、顺时针旋转扭曲工具、褶皱工具、膨胀工具、左推工具、冻结蒙版工具、解冻蒙版工具等。

4. 消失点滤镜

应用消失点滤镜可以在创建的图像选区中进行克隆、喷绘、粘贴图像等操作，且所做的操作将会自动应用透视原理，按照透视的集合角度自动计算，自动适应对图像的修改。选择“滤镜”→“消失点”命令，打开“消失点”对话框，可在对话框中设置相应参数。

5. 自适应广角滤镜

自适应广角滤镜为 Photoshop CS6 中新增的滤镜命令，用于校正图像的广角效果。

选择“滤镜”→“自适应广角”命令，打开“自适应广角”对话框，在对话框中可选择校正的方式为鱼眼、透视、自动和完全球面，并可利用工具栏中的工具绘制校正的透视角度、区域等，以调整画面的广角效果。

7.10.3　常规滤镜组

Photoshop CS6 中除了特殊滤镜，还有很多常规滤镜，分别放在不同的滤镜组中，包括像素化、扭曲、杂色、模糊、渲染、画笔描边、素描、纹理、艺术效果、视频、锐化、风格化和其他滤镜组。每个滤镜组都包含同种类别的多种滤镜，运用不同的滤镜，所产生的效果也风格迥异。

1. 像素化滤镜组

像素化滤镜组主要通过将相邻颜色值相近的像素结成块来达到晶格状、点状和马赛克等特殊的效果。像素化滤镜组中包括彩块化、彩色半调、点状化、晶格化、马赛克、碎片和铜版雕刻 7 种滤镜。

2. 扭曲滤镜组

扭曲滤镜组可移动、扩展或缩小构成图像的像素，以创建变形效果。扭曲滤镜组中包括波浪、波纹、玻璃和海洋波纹等 12 种滤镜。

3. 杂色滤镜组

杂色滤镜组指在图像上使用杂点来表现图形效果，或者删除因为扫描而产生的杂点，在打印输出时，常会用到这组滤镜。杂色滤镜组中包括减少杂色、蒙尘与划痕、去斑、添加杂色和中间值 5 种滤镜。

4. 模糊滤镜组

模糊滤镜组可以对图像进行柔和处理，将图像像素的边线设置为模糊状态，在图像上表现出速度感或晃动的感觉。可以使用模糊滤镜组将部分图像模糊，突出显示未被模糊的部分。模糊滤镜组中包括场景模糊、光圈模糊等种类众多的滤镜。

5. 渲染滤镜组

渲染滤镜组可以使图像产生不同程度的三维效果、光线照射效果或特殊的光晕效果。该滤镜组中包括灯光效果、分层云彩、光照效果、镜头光晕、纤维和云彩 6 种滤镜。

6. 画笔描边滤镜组

画笔描边滤镜组主要通过模拟不同画笔或油墨笔刷来勾绘图像，以产生绘画般的效果。在 Photoshop CS6 中有墨水轮廓、喷溅和喷色描边等 8 种画笔描边滤镜。这些滤镜在 RGB 和灰度模式的图像中可以应用，在 CMYK 模式中不能应用。

7. 素描滤镜组

素描滤镜组可以表现用钢笔或木炭绘制图像草图的效果，该滤镜组中的滤镜是用前景色代表暗部、背景色代表亮部，因此颜色的设置会直接影响滤镜的效果。该滤镜组中包括半调图案、便条纸、粉笔和炭笔等 14 个滤镜。

8. 纹理滤镜组

纹理滤镜组可以在图像上添加特殊的纹理质感。该滤镜组中包含多种纹理效果，如龟裂缝、颗粒和马赛克拼贴等。

9. 艺术效果滤镜组

艺术效果滤镜组包含各种绘画风格和绘画技巧，可使一幅普通图像具有艺术风格的效果，它能制作出油画、水彩画、铅笔画、粉笔画等不同风格的艺术作品。Photoshop CS6 中提供了壁画和彩色铅笔等 16 种艺术效果滤镜。

10. 视频滤镜组

视频滤镜组中是控制视频工具的滤镜，主要用于处理从摄像机输出图像或将图像输出到录像带上而做的准备工作。视频滤镜组中包括 NTSC 颜色和逐行两个滤镜命令。

11. 锐化滤镜组

锐化滤镜组可以将图像制作得更加清晰，画面更加鲜明，用于提高主要像素和颜色的对比值，使图像更加细腻。锐化滤镜组中包含 USM 锐化、进一步锐化等多种滤镜。

12. 风格化滤镜组

风格化滤镜组在图像上应用质感或亮度，使图像在样式上发生变化。风格化滤镜组中包括查找边缘、浮雕效果、风和扩散等滤镜。

13. 其他滤镜组

其他滤镜组主要通过改变构成图像的像素排列而改变画面效果，包括高反差保留、位移、自定、最大值和最小值 5 种滤镜。

本 章 小 结

本章详细介绍了 Photoshop CS6 的基本操作和功能，通过学习，读者能够使用 Photoshop CS6 软件中的各种工具与功能，对图像进行绘制、编辑、修饰与修复、色彩调整，以及进行文字和矢量处理、效果制作、高级处理等多种操作，基本具备对图像进行处理的能力。

第 8 章　动画设计软件的使用

Flash 是一款集动画创作与应用程序开发于一体的创作软件，为创建数字动画、交互式 Web 站点、桌面应用程序及手机应用程序提供了功能全面的创作和编辑环境。Flash 源文件不仅包含声音、静态图形、动画和视频，而且允许添加动作语句来动态控制导出动画的播放，使动画具有识别和响应用户输入的能力，从而实现动画的交互。在信息化时代，人们已经习惯于在网络上进行工作、交流和查找信息。随着网络的普及，Flash 动画的应用延伸到了多个领域，如多媒体动画、游戏、教学课件、广告及网站制作等领域。

8.1　Flash CS6 动画设计软件

Flash CS6 是用于创建动画和多媒体内容的强大的创作平台，在台式计算机和平板电脑、智能手机和电视等多种设备中都能呈现一致效果的互动体验。Flash CS6 有四大特点：精简了 AIR SDK、Bridge CS6，支持多国语言，激活/升级系统等组件；使用 SQLLite 准确注册程序，为以后安装其他 Adobe 程序做好准备；能关联相关的文件；程序不含任何第三方插件。

8.1.1　Flash 动画创作流程

1. 前期策划

在着手制作动画前，首先应明确制作动画的目的及要达到的效果，确定剧情和角色，根据剧情确定创作风格。

2. 准备素材

做好前期策划后，便可以开始根据策划的内容绘制角色造型、背景及要使用的道具。当然，也可以从网上搜集要使用的素材，如声音素材、图像素材和视频素材等。

3. 制作动画

一切准备就绪就可以开始制作动画了，主要包括为角色造型添加动作、角色与背景的合成、声音与动画的同步等。

4. 后期调试

后期调试包括调试动画和测试动画两方面。调试动画主要是对动画的各个细节（如动画片段的衔接、场景的切换、声音与动画的协调等）进行调整，使整个动画流畅、和谐。在动画制作初步完成后便可以调试动画，以保证作品的质量。测试动画是对动画的最终播放效果、网上播放效果进行检测，以保证动画能完美地展现在欣赏者面前。

5. 发布作品或保存

动画制作好并调试无误后，便可以将其导出或发布为.swf格式的影片，并传到网络上供用户欣赏及下载。

8.1.2 Flash CS6的工作界面

单击桌面上的Flash CS6快捷方式图标启动Flash CS6，程序将打开其默认的开始页面。开始页面将常用的任务集中放在一起，供用户随时调用。

1. 文件的创建与保存

使用Flash CS6创建Flash文件有以下两种方法。

1）单击“新建”→“ActionScript 3.0”按钮，新建一个Flash文件，如图8.1所示。

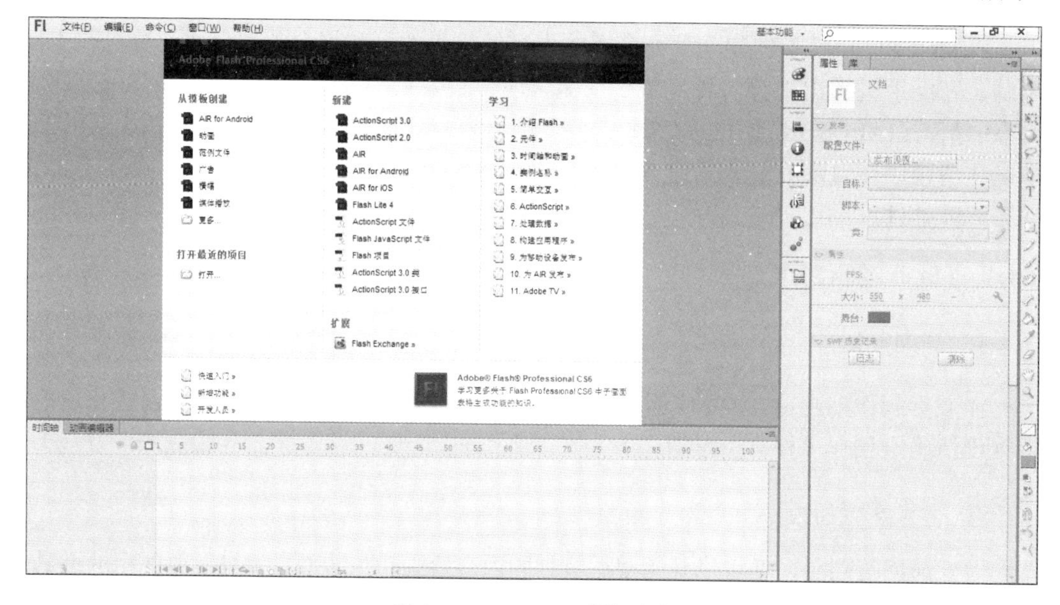

图8.1　Flash CS6开始页面

2）选择“文件”→“新建”命令，在打开的“新建文档”对话框中，默认选择文件类型ActionScript 3.0，如图8.2所示，单击“确定”按钮即可新建Flash文件。

选择“文件”→“保存”命令可以保存创建的文件。Flash文件的扩展名为.fla。

2. 界面的组成

Flash CS6工作界面主要由六部分组成，如图8.3所示。

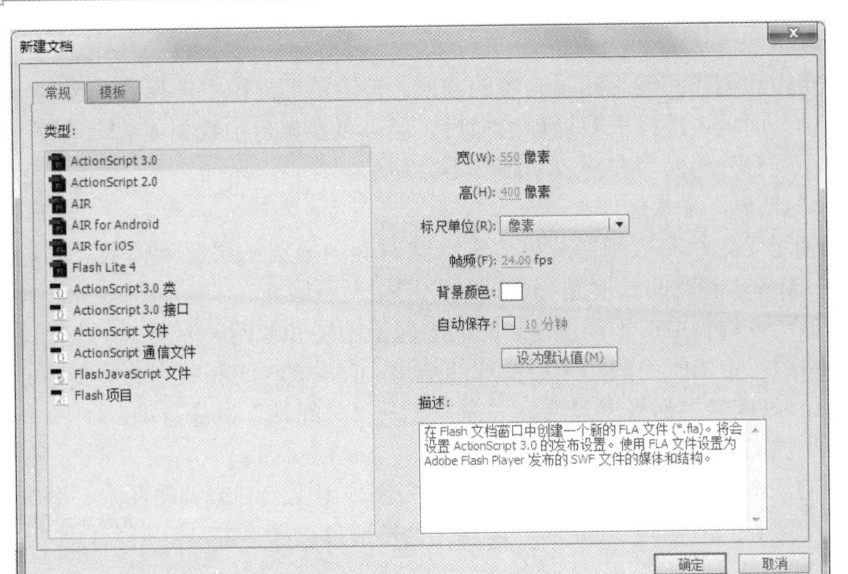

图 8.2　“新建文档”对话框

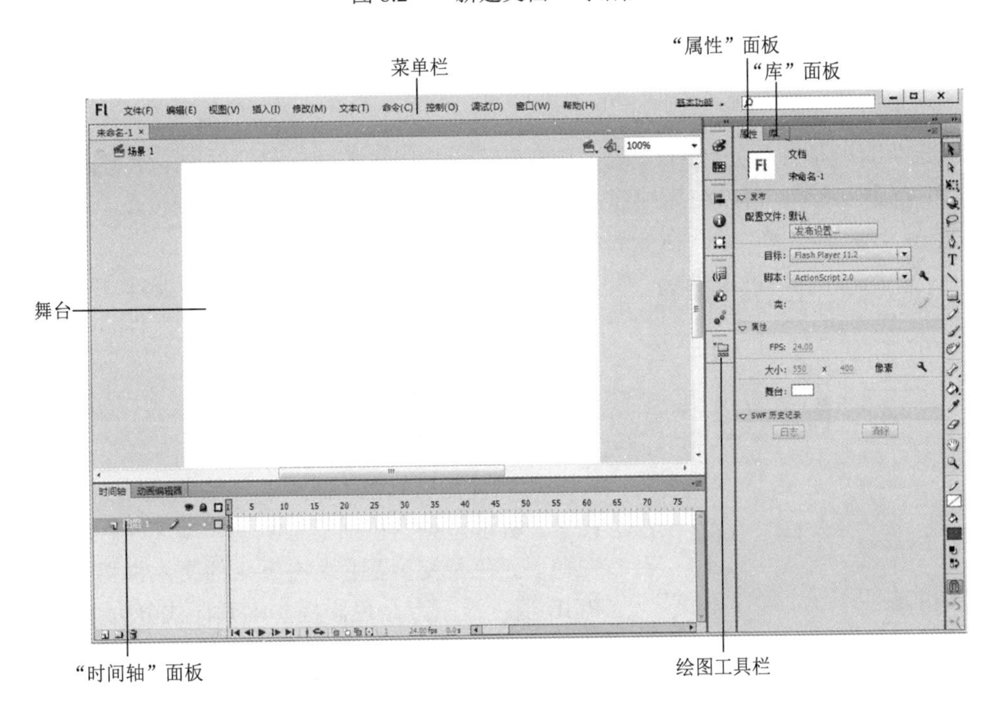

图 8.3　Flash CS6 工作界面

（1）菜单栏

Flash CS6 将其大部分命令分门别类地放在了“文件”“编辑”“视图”“插入”“修改”等菜单中。要实现某项功能，可首先在菜单栏中单击对应的主菜单，然后在弹出的子菜单中选择所需要的命令即可。

（2）舞台

舞台是用户创作和编辑动画内容的场所。在绘图工具箱中选择绘图或编辑工具，并在“时间轴”面板中选择需要处理的帧后，便可以在舞台中绘制或编辑该帧上的图形。注意，位于舞台外的内容在播放动画时不会显示。

（3）“时间轴”面板

时间轴用于组织和控制影片内容在一定时间内播放的层数和帧数。与电影胶片一样，Flash 影片也将时间长度划分为帧。图层相当于层叠在一起的幻灯片，每个图层都包含一个显示在舞台中的不同图像。时间轴包括图层和帧两种元素。一个动画可以看作静态图片按照一定的时间顺序先后播放的结果，而播放时间和顺序的控制是通过时间轴来进行的。“时间轴”面板通过选择“窗口”→“时间轴”命令启动。

（4）绘图工具箱

绘图工具箱位于 Flash CS6 工作界面的右侧，用于绘制或编辑图形，分为工具区、颜色区、查看区和选项区四个区域。绘图工具箱通过选择“窗口”→“工具”命令启动。

（5）“属性”面板

“属性”面板用来显示当前所选对象的常用属性。使用该面板可以方便地查看和更改当前选定项的属性，同时还可以设置舞台的参数，如背景颜色、大小。在场景中选中某一对象，在“属性”面板上将显示对象的属性参数。“属性”面板通过选择“窗口”→“属性”命令启动。

（6）“库”面板

“库”面板是存放元件的地方，用于存储和组织导入的元件，包括位图图形、声音文件和视频剪辑等。可以在库中建立文件夹对元件进行管理，如图 8.4 所示。“库”面板通过选择“窗口”→“库”命令启动。

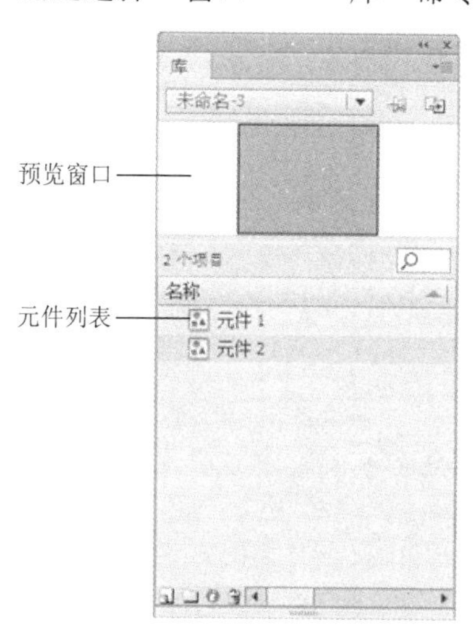

图 8.4 “库”面板

1）预览窗口：所选元件的预览窗口。

2）元件列表：列出添加的所有元件。

3. 其他常用工具

（1）“颜色”面板

可以使用“颜色”面板选择颜色和填充样式，如图 8.5 所示。颜色包括笔触颜色、填充颜色、默认黑白色、无色及交换颜色。右下角的文本框可用于设置 RGB 值。最下方是色彩板。填充样式分为无、纯色、线性渐变、径向渐变和位图填充五种。

（2）“样本”面板

使用“样本”面板可以方便地选取存放在其中的预设的各种色彩和渐变色进行填充，提高工作效率，如图 8.6 所示。

（3）“对齐”面板

“对齐”面板可用于处理多个对象的相应位置关系。对齐分为水平对齐（左对齐、水平中齐、右对齐）和垂直对齐（顶对齐、垂直中齐、底对齐）两种方式；分布分为垂直分布（顶部分布、垂直居中分布、底部分布）和水平分布（左侧分布、水平居中分布、右侧分布）两种方式；匹配大小分为匹配宽度、匹配高度、匹配宽和高三种方式；间隔分为垂直平均间隔和水平平均间隔两种方式，如图 8.7 所示。

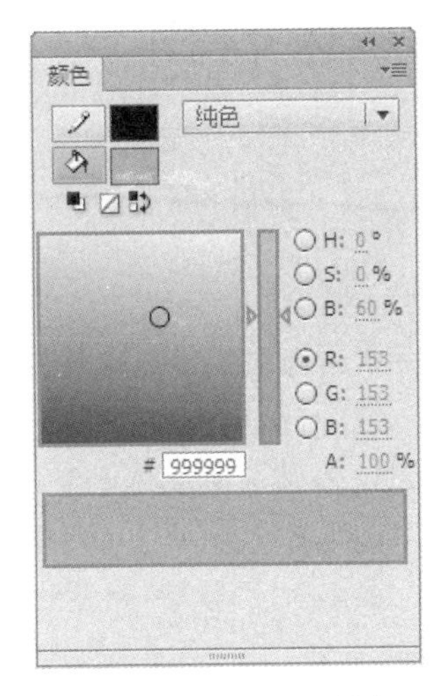

图 8.5　“颜色”面板

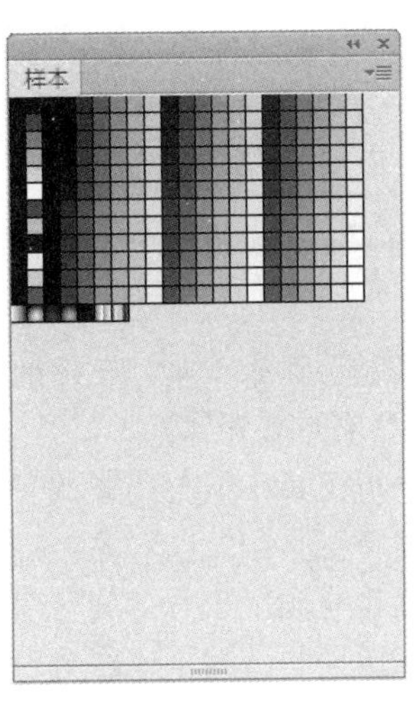

图 8.6　“样本”面板

（4）“信息”面板

“信息”面板显示选定对象的宽、高及鼠标指针处的颜色值、坐标值等信息，如图 8.8 所示。

（5）“变形”面板

“变形”面板主要用于缩放、旋转和倾斜所选的对象。在相应的文本框内输入合适的数字，再单击右下角的“重置选区和变形”按钮即可，如图 8.9 所示。

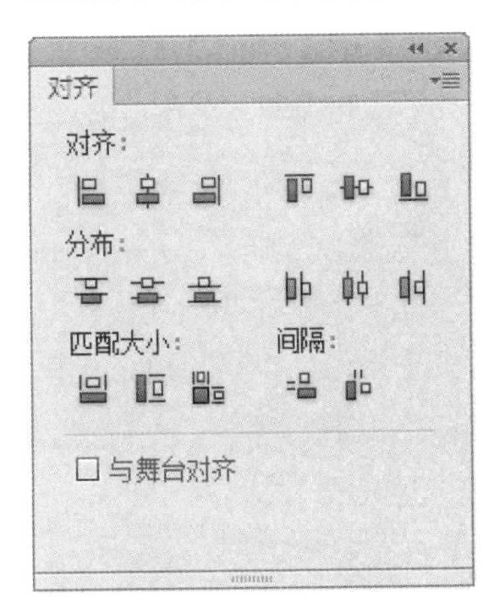

图 8.7　“对齐”面板

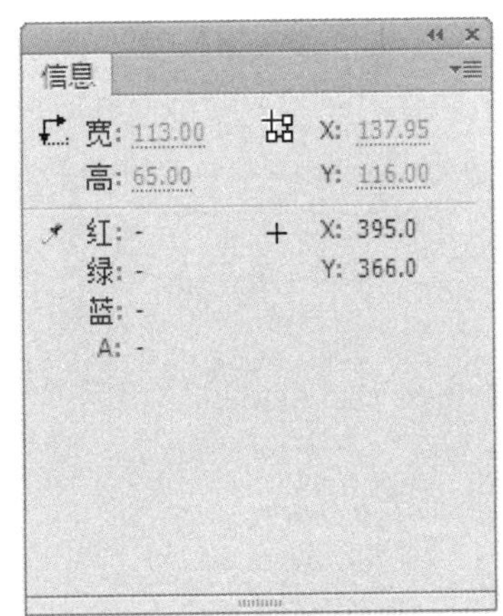

图 8.8　“信息”面板

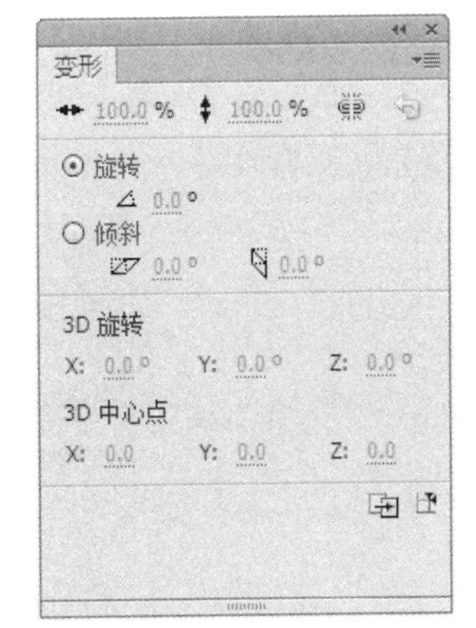

图 8.9　“变形”面板

（6）工具栏

工具栏由主工具栏、控制器和编辑栏三部分组成，可以通过选择“窗口”→“工具栏”子菜单中的命令启动。

1）主工具栏：如图 8.10 所示，重点介绍以下几个工具。

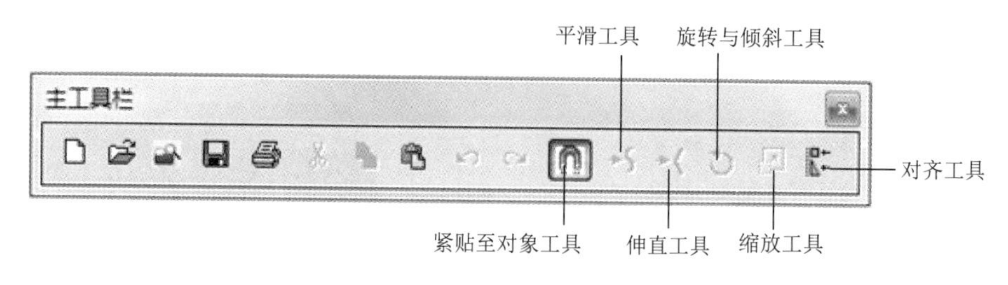

图 8.10　主工具栏

① 紧贴至对象工具：在移动对象时使用该工具，将使所选对象靠近最相邻的格线，用来规范对象的对齐属性。

② 平滑工具：调整线条的平滑度，反复应用此工具，可让对象越来越平滑。

③ 伸直工具：拉直对象。

④ 旋转与倾斜工具：旋转对象。

⑤ 缩放工具：缩小或放大对象。

⑥ 对齐工具：对齐对象。

2）控制器：用来控制动画播放的动作，包括停止、转到第一帧、后退一帧、播放、前进一帧和转到最后一帧。

3）编辑栏：用来编辑场景、编辑元件、控制场景的显示比例。

8.1.3　文档属性设置

在制作动画之前，必须首先根据需求设置动画的尺寸及其他属性。动画的尺寸就是动画在播放时画面的大小。其他属性包括动画的播放速度和背景色等。设置文档属性的操作步骤：选择“修改”→“文档”命令，打开“文档设置”对话框，如图 8.11 所示。在对话框中设置动画尺寸、匹配关系、背景颜色、帧频和标尺单位等参数，单击“确定”按钮完成设置。

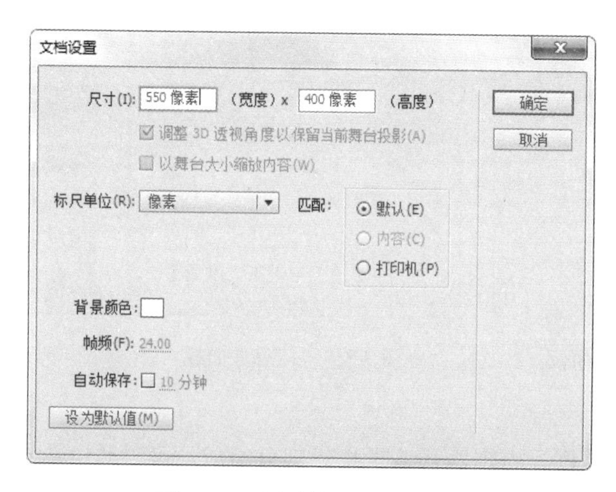

图 8.11　“文档设置”对话框

8.2　图形角色设计

8.2.1　绘制图形角色

Flash CS6 绘制的是矢量图，具有文件小、响应快、可无限缩放等优点。

图形的绘制与填充主要通过绘图工具箱来完成。绘图工具箱中的主要绘图工具如下。

1. 钢笔工具

单击“钢笔工具”按钮，将鼠标指针放置在舞台上想要绘制曲线的起始位置，然后按住鼠标左键不放，此时出现第一个锚点，并且钢笔尖状光标变为箭头形状。释放鼠标左键，将鼠标指针放置在想要绘制的第二个锚点的位置，单击并按住鼠标左键不放，绘制出一条直线段。将鼠标向其他方向拖动，直线转换为曲线。释放鼠标左键，一条曲线绘制完成。钢笔工具“属性”面板如图 8.12 所示。

2. 线条工具

单击“线条工具”按钮，在舞台上单击并按住鼠标左键不放，将鼠标拖动到需要的位置，即可绘制出一条线段。可以在线条工具“属性”面板中设置线条的属性，包括笔触颜色、笔触大小和笔触样式等，如图 8.13 所示。

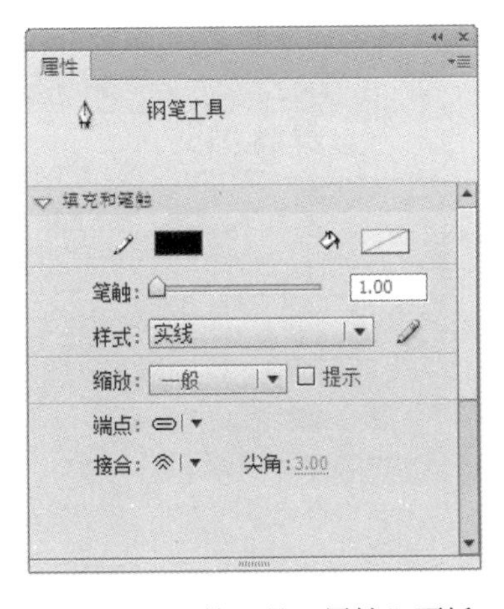

图 8.12　钢笔工具“属性”面板

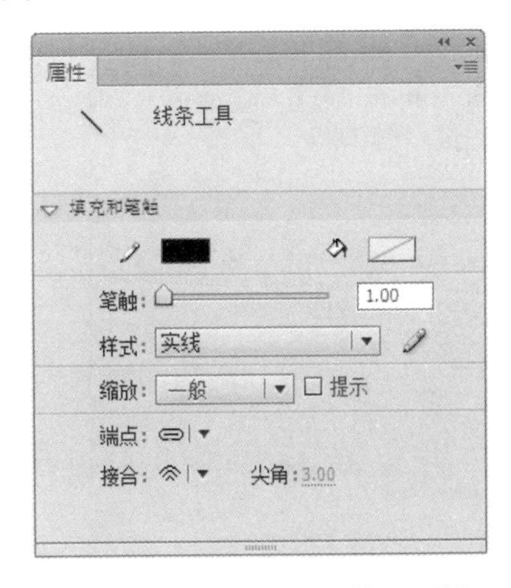

图 8.13　线条工具“属性”面板

3. 铅笔工具

单击“铅笔工具”按钮，在舞台上单击并按住鼠标左键不放，即可在舞台上随意绘制出线条。如果想要绘制出平滑或伸直的线条和形状，可以在工具箱下方的选项区中为铅笔工具选择一种绘画模式。可以在铅笔工具“属性”面板中设置不同的线条颜色、线

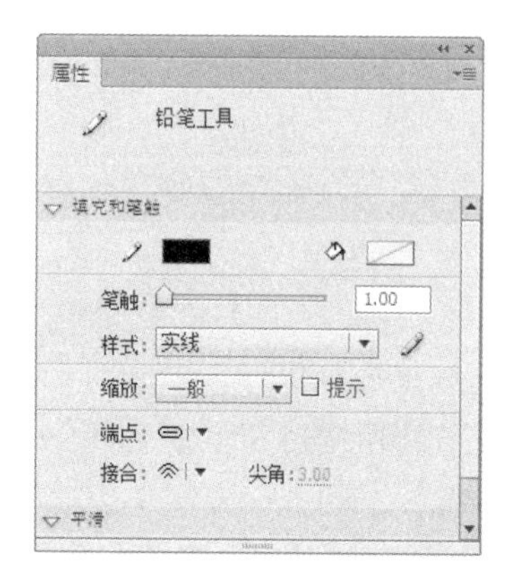

图 8.14 铅笔工具“属性”面板

条粗细、线条类型等，如图 8.14 所示。

铅笔工具有以下三种绘画模式。

1）伸直：选择伸直模式，绘制的图形线段会根据绘制的方式自动调整为平直或圆弧的线段。

2）平滑：选择平滑模式，所绘制直线被自动平滑处理。平滑模式是动画绘制中的首选设置。

3）墨水：选择墨水模式，所绘制直线接近手绘效果，即使很小的抖动都可以体现在所绘制的线条中。

4. 矩形工具

单击“矩形工具”按钮，在舞台上单击并按住鼠标左键不放，向需要的位置拖动鼠标，即可绘制出矩形图形。可以在矩形工具“属性”面板中设置不同的边框颜色、边框粗细、边框线型和填充颜色等，如图 8.15 所示。

矩形工具中还包括椭圆工具、多角星形工具等。在“矩形工具”按钮上单击，会弹出工具选择列表，可以切换到其他图形工具。使用矩形工具及其他图形工具可以绘制矩形、正方形、椭圆、圆形、等边多边形或等边星形图形等。

5. 文本工具

文本工具用来在场景中添加文本。单击“文本工具”按钮，并在场景中单击文本的输入位置，就可以输入文本的内容。输入完成后可以通过文本工具“属性”面板调整文本的显示样式，如图 8.16 所示。

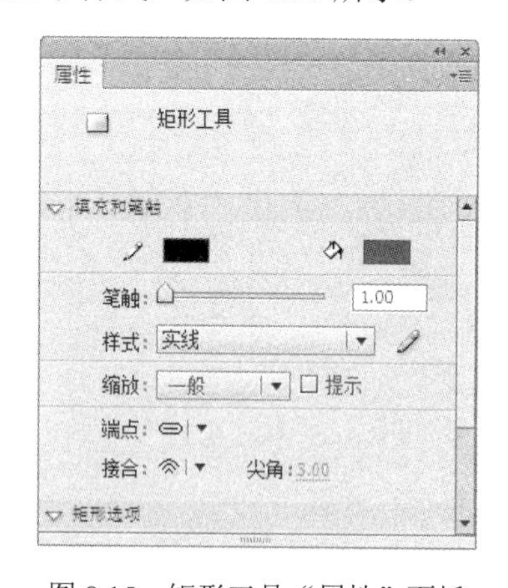

图 8.15 矩形工具“属性”面板

图 8.16 文本工具“属性”面板

8.2.2 填充图形角色

1. 滴管工具

（1）吸取填充色

单击“滴管工具”按钮，将鼠标指针放在图形的填充色上并单击，吸取填充色样本。

在绘图工具箱的下方，取消对“锁定填充”按钮的选取，在另一个图形的填充色上单击，图形的颜色被修改。

（2）吸取边框属性

单击“滴管工具”按钮，将鼠标指针放在图形的外边框上并单击，吸取边框样本，在另一个图形的外边框上单击，线条的颜色和样式被修改。

（3）吸取位图图案

单击“滴管工具”按钮，将鼠标指针放在位图上并单击，吸取图案样本，在绘制的图形上单击，图案被填充。

（4）吸取文字属性

滴管工具还可以吸取文字的属性，如颜色、字体、字形、大小等。选择要修改的目标文字，单击“滴管工具”按钮，将鼠标指针放在源文字上并单击，源文字的文字属性被应用到目标文字上。

2. *颜料桶工具*

单击“颜料桶工具”按钮，在颜料桶工具“属性”面板中设置填充颜色。在图形线框内单击，线框内被填充颜色。颜料桶工具“属性”面板如图 8.17 所示。

在绘图工具箱的下方系统设置了四种空隙大小模式供用户选择，如图 8.18 所示。

（1）不封闭空隙

在填充过程中要求图形边线完全封闭，如果边线有空隙，没有完全连接，就不能填充任何颜色。

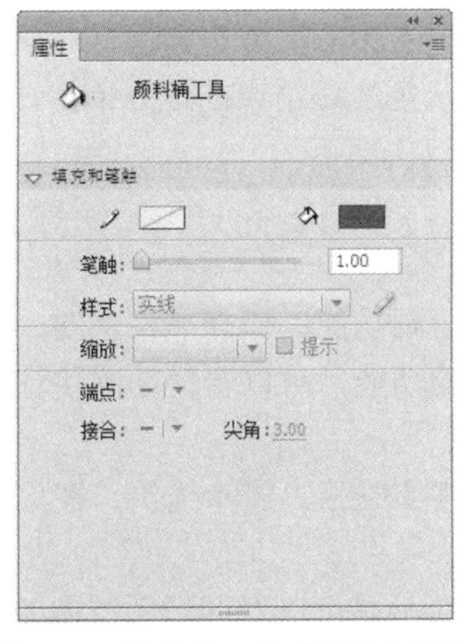

图 8.17　颜料桶工具“属性”面板

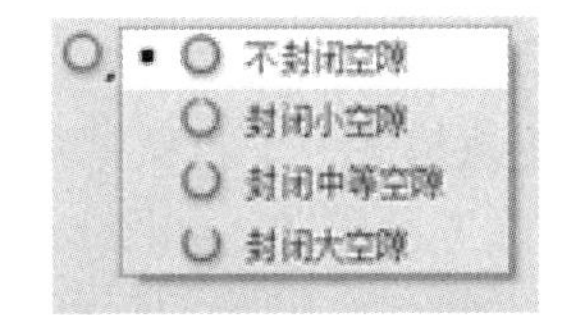

图 8.18　空隙大小模式

（2）封闭小空隙

在填充过程中计算机可以忽略一些线段之间的小空隙，并可以进行颜色填充。

（3）封闭中等空隙

在填充过程中可以忽略一些线段之间较大的空隙，并可以进行颜色填充。

（4）封闭大空隙

在填充过程中可以忽略一些线段之间的大空隙，并可以进行颜色填充。

8.2.3 编辑图形角色

1. 选取工具

（1）选择工具

选择工具用于选择对象。若对单个对象进行编辑，使用选择工具选中对象，然后对其进行操作即可。若对多个对象进行编辑，需用选择工具在这些对象的外部单击，对其定位，然后拖动鼠标绘制一个能包含所有对象的矩形框，最后释放鼠标左键，即可选中多个对象进行编辑。

（2）套索工具

套索工具是一种选取工具，使用它可以勾勒任意形状的范围来进行选择。该工具主要用于处理位图。在绘图工具箱中单击“套索工具”按钮，绘图工具箱的下方会出现相应的三个选项按钮，分别是“魔术棒”、“魔术棒设置”和“多边形模式”，各按钮功能如下。

1）“魔术棒”按钮：用于选取位图中的同一色彩的区域。

2）“魔术棒设置”按钮：单击该按钮将弹出“魔术棒设置”对话框。在该对话框中，“阈值”文本框用于定义所选区域内相邻像素的颜色接近程度，数值越大，包含的颜色范围越广，如果数值为0，表示只选择与所单击像素的颜色完全相同的像素；“平滑”下拉列表用于定义所选区域边缘的平滑程度。

3）“多边形模式”按钮：单击该按钮，可以绘制多边形区域作为选择对象。单击设定多边形选择区域起始点，然后将鼠标指针放在第一条线要结束的地方单击，同理，继续设置其他线段的结束点。如果要闭合选择区域，双击即可。

2. 橡皮擦工具

在Flash CS6的绘图工具箱中有一个工具没有绘画功能，但却非常重要，那就是橡皮擦工具。Flash CS6赋予了橡皮擦工具很多实用的功能，可以帮助动画绘制人员快速处理制作中的图形问题。

“橡皮擦模式”下拉菜单中提供了标准擦除、擦除填色、擦除线条、擦除所选填充和内部擦除五种模式，如图8.19所示。

标准擦除
擦除填色
擦除线条
擦除所选填充
内部擦除

图8.19 擦除模式

1）标准擦除：选择了此选项后，可以对同一图层中的形状、边线和打散的位图及文字进行擦除。当打开Flash CS6后，橡皮擦工具默认的选项就是标准擦除。

2）擦除填色：这个选项比较独特，在动画制作中也经常使用。当选择了此选项后，橡皮擦经过的地方只会对填充的色块造成影响，不会擦除线条。

3）擦除线条：选择了此选项后，只能擦除外部边线，不会对填充的颜色造成影响。

4）擦除所选填充：选择此选项，当使用选择工具框选图形或使用套索工具选择了图形后，橡皮擦工具可以擦除被选择的部分。

5）内部擦除：选择了此选项后，只能擦除图形封闭区域内的连续的填充色。

8.3　动画设计

8.3.1　基本概念

1. 场景

一个动画可以包括多个场景，使用场景可以组织不同主题的动画。在播放时，场景与场景之间可以通过交互进行切换。如果没有切换，动画将按照场景的排列顺序依次播放。

（1）插入场景

新建的 Flash CS6 文件默认包含一个场景，可以在这个场景中进行动画制作。但制作比较复杂的动画时，通常要进行多个场景的设计，那么就需要进行场景的添加。

插入场景的方式如下。

1）选择“插入”→“场景”命令，即可插入场景。

2）使用“场景”面板插入场景。打开“场景”面板主要有两种方式：一是选择“窗口”→“其他面板”→“场景”命令；二是按【Shift+F2】组合键。单击“场景”面板左下角的“添加场景”按钮即可插入一个场景。

Flash CS6 动画的播放按照场景的排列顺序进行，如果要改变场景的顺序，可以在“场景”面板中直接将场景拖动到合适的位置。在场景名上双击，可以激活场景名，对场景名进行修改。

（2）缩放工作区域

在动画制作中，为了方便操作，可以缩放工作区域，具体方式如下。

1）在场景右上角的缩放比例输入框中输入相应的缩放比率，也可以在下拉菜单中选择预设的选项。

2）选择“视图”→“放大”或“缩小”命令。

3）使用组合键，按【Ctrl++】组合键放大，按【Ctrl+−】组合键缩小。

2. 时间轴

时间轴是 Flash CS6 中最重要、最核心的部分，如图 8.20 所示。Flash CS6 是通过时间轴把一幅幅画面组织起来的。

时间轴是进行有关帧和层操作的地方，主要由图层、帧和播放头组成，可以分为左右两部分，左边部分用来对图层进行管理和操作，右边部分用来对帧进行操作。

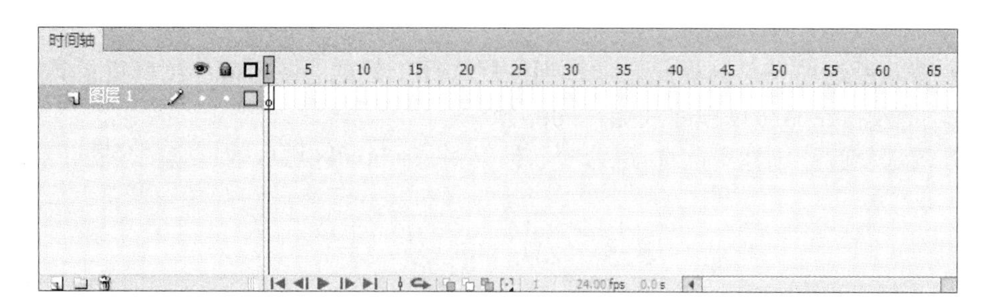

图 8.20 时间轴

3. 帧

制作的动画会按照时间轴的横轴方向播放，而时间轴的右边部分正是对帧进行操作的场所。在时间轴上，每一个小方格就是一个帧，每一帧相当于场景中的一个镜头，帧在时间轴上的排列顺序决定了一个动画的播放顺序。在默认状态下，每隔 5 帧进行数字标识，如时间轴上的 1、5、10、15 等数字标识，如图 8.21 所示。

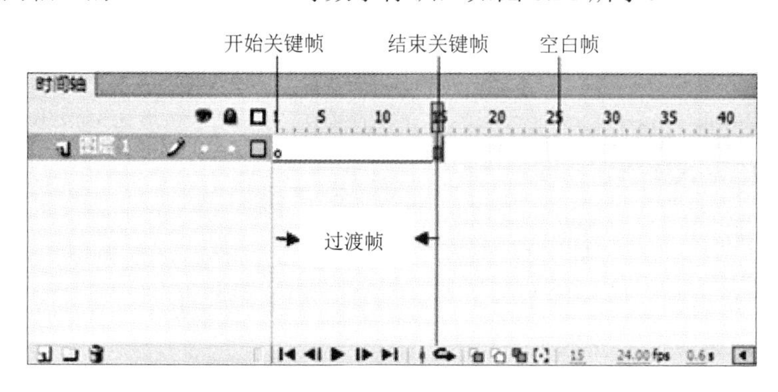

图 8.21 帧

帧的分类如下。

（1）关键帧

关键帧定义了一个过程的起始和结束，也定义了另外一个过程的开始。当帧内容发生变化时应当插入关键帧。关键帧具有延续功能，只要定义好了开始关键帧并加入了对象，那么在定义结束关键帧时就不需要添加该对象了，因为开始关键帧中的对象也会延续到结束关键帧。

关键帧的主要操作如下。

1）插入关键帧：将鼠标指针移到时间轴上表示帧的部分，并单击要定义为关键帧的方格，然后右击，在弹出的快捷菜单中选择“插入关键帧”命令。

2）复制关键帧：选中要进行复制的某个帧或某几个帧，右击，在弹出的快捷菜单中选择“复制帧”命令，然后在目标位置右击，在弹出的快捷菜单中选择“粘贴帧”命令。

3）清除关键帧：选中要清除的关键帧，右击，在弹出的快捷菜单中选择“删除帧”命令。

（2）过渡帧

两个关键帧之间的部分就是过渡帧，它们是开始关键帧动作向结束关键帧动作变化的过渡部分。

（3）空白关键帧

空白关键帧指的是在一个关键帧里什么对象也没有。

4. 元件

元件是创建 Flash 动画的重要元素。我们将动画中一些出现频率比较高的对象作定义以便引用，而这种被定义的对象就是元件。使用元件可以很方便地对动画元素进行管理与修改，如设置颜色、亮度、不透明度等。而且只需在“库”面板中对元件进行修改，动画中所有被引用的该元件都会发生相应的变化。使用元件还可以在很大程度上减小文件的大小。如果动画中有很多重复的图形而不使用元件，装载时就要不断地重复装载图形；如果使用元件，则只需装载一次，以后就可以通过调用来直接播放了。

（1）创建元件

选择“插入”→“新建元件”命令，打开“创建新元件”对话框，如图 8.22 所示。在“名称”文本框中输入元件的名称，在“类型”下拉列表中选择一个类型，单击“确定”按钮，进入元件的编辑窗口。

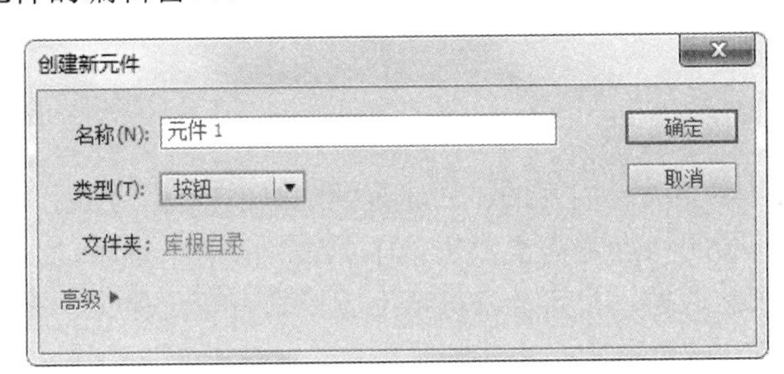

图 8.22　“创建新元件”对话框

（2）元件的种类

1）“图形”元件：可反复使用，用于构建动画主时间轴上的内容，可以是单幅的向量图形，也可以是位图、动画等，有相对独立的编辑区和播放时间。“图形”元件是制作动画的基本元素之一，但不能对它添加交互行为和声音控制。“图形”元件的编辑窗口与 Flash 动画窗口相同。

2）“影片剪辑”元件：可反复使用的一段小动画，可独立于主动画进行播放。影片剪辑实际上就是一小段 Flash 动画，是 Flash 动画主旋律的一个组成部分。在播放动画主旋律的同时，动画影片剪辑的内容也在循环播放，在一个影片剪辑中还可以嵌套其他的影片剪辑。“影片剪辑”元件的编辑窗口与 Flash 动画窗口相同。

3）“按钮”元件：用于创建动画的交互控制按钮，可响应当前鼠标事件。“按钮”元件的编辑窗口与 Flash CS6 动画窗口的不同之处就是时间轴。“按钮”元件的时间轴有四个不同的状态，如图 8.23 所示。可以分别在按钮的不同状态上创建内容，既可以是静止图片，也可以是动画，还可以为按钮元件添加交互动作，使按钮具有交互性。

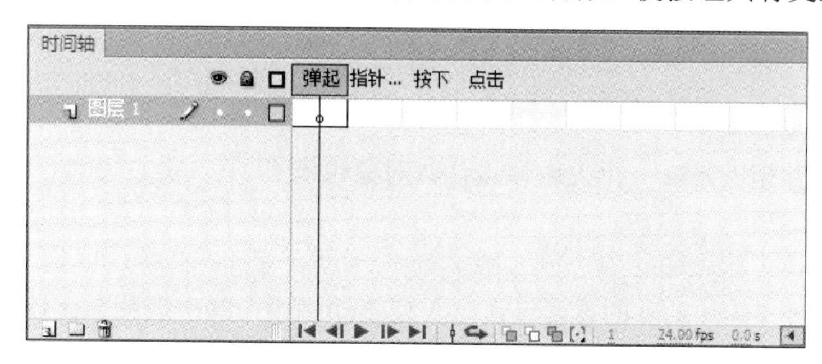

图 8.23 “按钮”元件的时间轴

按钮有以下四种状态。

① 弹起：表示一般状态下按钮的样式。

② 指针经过：当鼠标指针移上时按钮的样式。

③ 按下：单击按钮时的样式。

④ 点击：单击按钮后在执行状态中的样式。

（3）元件的引用

引用元件的方法是按【F11】键打开“库”面板，然后将元件从“库”面板中拖到某一层舞台上。

8.3.2 逐帧动画的制作

逐帧动画是相对渐变动画而言的。创建每帧动画的内容，然后逐帧播放这些画面就形成了动画。逐帧动画的特点是需要对每帧画面进行设计。逐帧动画是由一个个密集的关键帧组成的。复杂的动画，尤其是在每帧上图形都有变化但又不是简单的运动变化的动画，适合用逐帧动画来制作。

【例 8.1】创建英文书写动画。

1）新建文件。单击“新建”→“ActionScript 3.0”按钮新建一个 Flash CS6 文件。

2）修改帧频。选择“修改”→“文档”命令，打开“文档设置”对话框，修改“帧频”为 8f/s。

3）修改文本属性。单击绘图工具箱中的“文本工具”按钮，并打开“属性”面板，在“属性”面板中设置文本为“静态文本”，“大小”为 100 点，“系列”为 Times New Roman。

4）输入文本。在舞台画板上输入单词 candle。

5）分离文本。选择“修改”→“分离”命令。

6）创建关键帧。单击时间轴第 2 帧，右击，在弹出的快捷菜单中选择“插入关键帧”命令。

7）删除字母 e。单击绘图工具箱中的“选择工具”按钮，选中单词 candle 中的字母 e，并删除。

8）删除字母 l。单击时间轴的第 3 帧，右击，在弹出的快捷菜单中选择“插入关键帧”命令，再将字母 l 删除。

9）删除其他字母。依次在后面各帧插入关键帧，并按与书写顺序相反的顺序在各帧删除字母，各帧如图 8.24 所示，最后一帧将字母全部删除。

candle　candl　cand　can　ca　c

图 8.24　各帧的对象

10）选中所有帧。单击时间轴第 1 帧，按住【Shift】键，再单击最后一帧，选中之间的所有帧。

11）翻转帧内容。右击被选中帧上的任意位置，在弹出的快捷菜单中选择“翻转帧”命令，对帧的内容进行翻转。

12）测试动画。动画制作完成，在场景编辑窗口中按【Ctrl+Enter】组合键测试动画。

13）保存动画。选择“文件”→“保存”命令，对动画进行保存。

8.3.3　移动动画的制作

移动动画是通过改变对象的位置、颜色、大小、旋转角度和不透明度等来实现的。改变以上属性需要对“属性”面板进行设置，该动画的运动对象必须是元件等实体。

【例 8.2】制作小球运动的动画。

1）绘制圆形。新建 Flash 文件，在场景编辑窗口的左边缘用椭圆工具绘制一个圆形，内部填色为“线性”渐变。

2）转换圆形为元件。用选择工具选中刚刚绘制的圆形，选择“修改”→“转换为元件”命令，打开“转换为元件”对话框，将圆形命名为 BALL，“类型”选为“图形”，单击“确定”按钮，将圆形变成元件。

3）创建关键帧。在第 25 帧处右击，在弹出的快捷菜单中选择“插入关键帧”命令。插入新建关键帧后，系统自动复制 BALL 元件在工作区的左边缘处。用鼠标直接按住 BALL 元件并水平拖动到工作区右边缘处。

说明

可以在选中 BALL 元件后，使用键盘上的方向键控制移动，避免 BALL 元件上下位置改变。

4）创建传统补间。在时间轴的第 1 帧与结束帧之间的过渡帧上右击，在弹出的快捷菜单中选择“创建传统补间”命令，此时在过渡帧中可以看到帧属性，如图 8.25 所示。

帧属性主要内容设置的含义如下。

① 标签：指帧的名称，主要在函数引用中作为参数。

② 补间：指运动形式，可以是无变化，可以是动画，也可以是形状。

③ 缓动：控制变化的剧烈程度，默认状态为 0，数值越大，变化越剧烈，反之越小。如果想让例 8.2 中的球随运动加速，则需将此项数值增大。

④ 旋转：元件可以旋转着进行变化，默认为自动，可以顺时针旋转，也可以逆时针旋转。其后次数是对旋转速度的设置。

⑤ 缩放：如果元件有大小变化，可以选中此复选框。

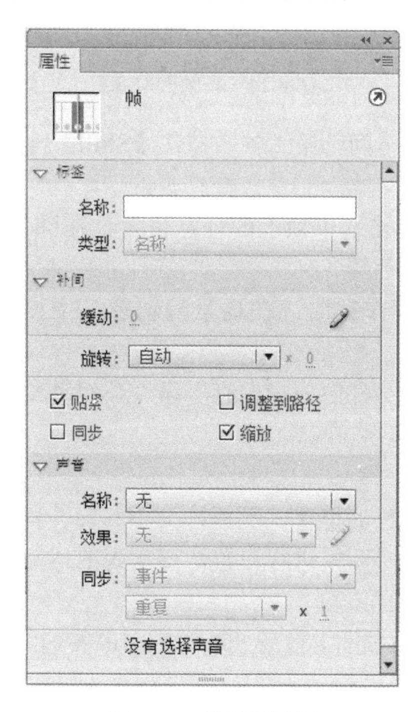

图 8.25 帧属性设置

5）此时可以看到在时间轴上，从第 1 帧到第 30 帧处所有帧的颜色都变成淡蓝色，并且有一个黑色的箭头贯穿各帧。

6）测试动画。动画制作完成，在场景编辑窗口中按【Ctrl+Enter】组合键测试动画，可以看到 BALL 元件从左到右飞过场景。

说明

Flash 移动动画的对象一定不能是直接用 Flash 绘图工具绘制的图形或打散的对象，而应该是元件、组件（选择“修改”→“组合”命令组合而成）、文本等对象，这一点与形变动画是互补的。

8.3.4 形变动画的制作

形状变化指的是运动对象的构成进行了重新组合。形变的运动对象与移动动画相反，必须是打散的实体，否则无法变形。在 Flash 中实现图形变形的途径有多种，如通过选择工具、变形工具等都可以实现变形。

【例 8.3】创建一个形变动画。具体要求：将字母 S 逐渐变形成数字 8。开始时让字母 S 先停留 5 帧左右，然后开始变形，最后完全变成数字 8，变形成数字 8 后延续 10 帧。

1）制作两个元件。新建 Flash CS6 文件，制作两个“图形”元件：一个命名为 S，

另一个命名为8。

2）移动元件。元件制作完成，进入场景。在第1帧处，将元件S拖入工作区偏左位置。

3）创建关键帧。在第15帧处插入关键帧，并将它作为向数字8变化的开始关键帧。

4）创建关键帧。在第40帧处插入关键帧，然后将此帧中的字母S清除，并加入元件8，即数字8。

说明

最好先将元件8放到比较合适的位置，然后将原来的字母S清除。如果先清除该帧中的字母S，由于缺少了参照物，字母S与数字8的水平或垂直位置不好确定。

5）插入过渡帧。变形完毕后，数字8延续10帧而无变化，在第50帧处插入一个过渡帧。

6）分离元件。实现第15帧到第40帧的变形动画。先回到第15帧，选中元件后，选择“修改”→“分离”命令，将所选元件打散（打散前后图形如图8.26所示）；然后到第40帧处，将该处的元件8打散。

图8.26　元件的分离

7）创建补间形状。确定打散后，回到第15帧到第40帧中间的过渡帧，右击，在弹出的快捷菜单中选择“创建补间形状”命令。最后时间轴状态如图8.27所示。

8）测试动画。动画制作完成，在场景编辑窗口中按【Ctrl+Enter】组合键测试动画。

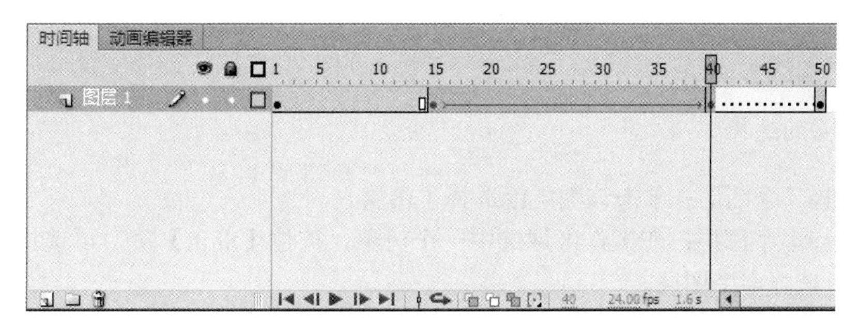

图8.27　形变动画时间轴

8.4　图层设计

一个图层好像一张透明的纸，上面可以绘制任何图形或书写任何文字，所有的图层叠合在一起就组成了一幅完整的画。灵活地使用图层，可以轻松制作出各种特殊效果，并提高工作效率。

图层的特点如下。

1）除了有图形或文字的地方，其他部分都是透明的。下层的内容可以通过透明的部分显示出来。

2）图层是相对独立的，修改其中一层，不会影响其他层。在一个图层上只能定义对象的一种运动状态，当多个对象有不同的运动状态时，应将其放在不同图层上定义。

8.4.1 图层状态

图层有四种状态，如图 8.28 所示。

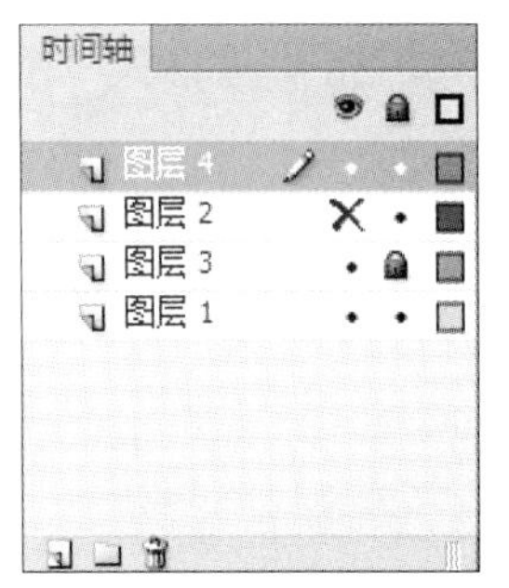

图 8.28 图层状态

：图层处于活动状态，可以对该层进行操作。

：图层处于隐藏状态，不能进行操作，在编辑时是看不见的。

：图层处于锁定状态，不能进行操作。在完成某个图层的编辑后，可以将其锁定，避免误操作。

：图层处于轮廓模式，其上的所有图形只能显示轮廓。

8.4.2 图层操作

可以通过图层窗格左下角的按钮进行图层的基本操作。

1. 图层的创建

图层的创建有如下方法。

1）选择“插入”→“时间轴”→“图层”命令。

2）单击图层窗格左下角的“新建图层”按钮（左下角第一个按钮）。

通过以上两种方式均可以创建一个新图层“图层 2”，新建的 Flash 文件会有一个默认的图层“图层 1”。

2. 图层的选择

1）选择一个图层：单击该图层就选择了图层。

2）选择多个图层：在工作区域选中一个对象，按住【Shift】键，再选择其他层的对象就可以选择多个图层。

3. 图层的删除

选中要删除的图层，单击图层窗格左下角的“删除”按钮（左下角第三个按钮）即可。

4. 图层的复制

选中要复制的图层，选择“编辑”→“复制”命令，在另外新的图层中，选择“编辑”→“粘贴”命令即可。

5. 图层的顺序

上层的内容会遮盖下层的内容，下层的内容只能通过上层透明的部分显示出来。如果需要调整显示的内容，可以改变图层的顺序。选中该层，然后向上或向下拖动到合适的位置即可。

8.4.3 图层属性

选中某个图层，右击，在弹出的快捷菜单中选择“属性”命令，打开“图层属性”对话框，如图 8.29 所示。

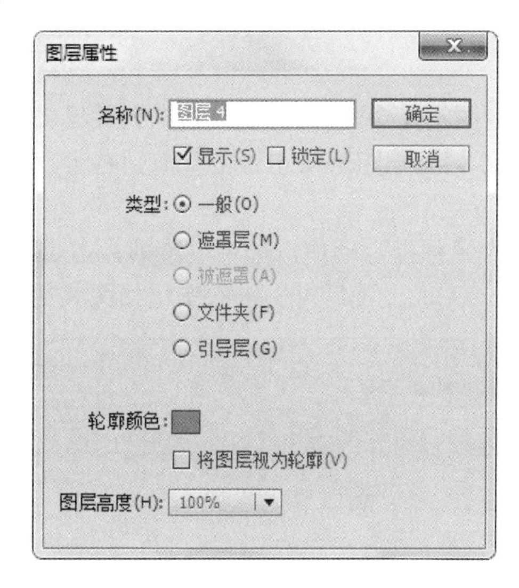

图 8.29　“图层属性”对话框

在“图层属性”对话框中，包含名称、类型、轮廓颜色等内容。在“类型”属性中，除了普通图层，还有“遮罩层”“引导层”等。

8.4.4 引导层的应用

引导层的名称前有一个小锤形或者弧线形图标，如图 8.30 所示。

1）小锤形图标：表示普通的导向图层，起辅助静态定位作用。

2）弧线形图标：表示运动引导图层，起引导对象沿指定路径运动的作用。

【例 8.4】创建按指定路径移动的矩形动画。

1）新建矩形图形元件。在一个新建的 Flash CS6 文件中创建一个矩形图形元件。

2）移动元件。回到场景中，将该元件从库中拖入图层 1 工作区的偏左位置。

3）添加传统运动引导层。在图层 1 上右击，在弹出的快捷菜单中选择“添加传统运动引导层”命令。

4）绘制运动路线。利用铅笔等绘图工具，在引导层中制作图层 1 中矩形元件的运动路线，如图 8.31 所示。

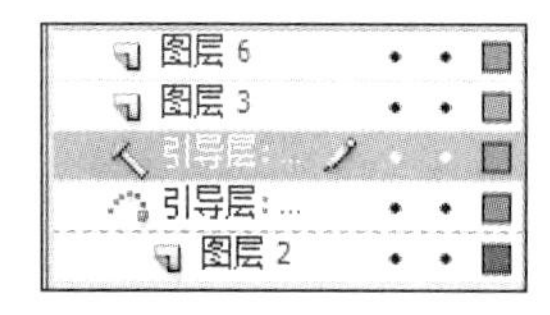

图 8.30 引导层图标

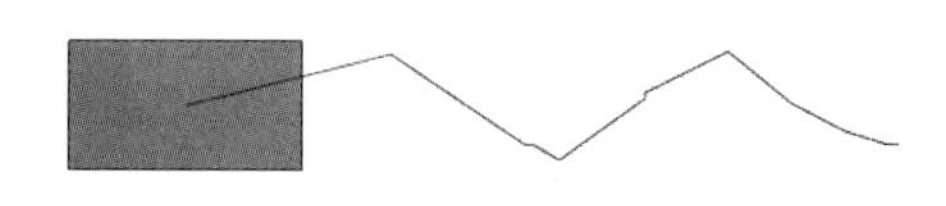

图 8.31 引导线

说明

图 8.31 中，只有绘制的路径是引导层中的内容，而矩形元件是图层 1 中的内容。引导层中的路径在实际播放时不会显示出来。路径的起点必须与被引导对象的中心点重合。

5）创建关键帧。回到图层 1 中，并在第 30 帧插入关键帧。

6）移动元件。在第 30 帧处把矩形从左边位置拖到右边，并让矩形的中心点与引导线的终点重合。

7）创建传统补间。为元件指定动作，选中过渡帧，右击，在弹出的快捷菜单中选择“创建传统补间”命令。完成设置后时间轴的变化如图 8.32 所示。

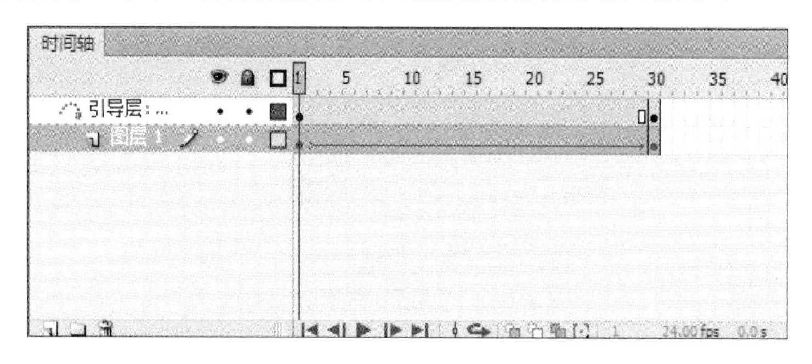

图 8.32 时间轴的变化

8）测试动画。动画制作完成，在场景编辑窗口中按【Ctrl+Enter】组合键测试动画，看矩形是不是按照指定的路径移动。

8.4.5 遮罩层的应用

图层是透明的，上面层的空白处可以透露下面层的内容。而 Flash 的遮罩层与此正好相反，遮罩层的内容完全覆盖在被遮罩的层上面，只有遮罩层内有内容的区域可以显示下层的图像信息。

【例 8.5】利用遮罩层实现在黑夜里探照灯照射到文字上的效果。

1）新建遮罩图层。新建 Flash 文件，在图层 1 上右击，在弹出的快捷菜单中选择“遮罩层”命令。在新建的遮罩层场景编辑区绘制一个圆，这个圆是遮罩效果要显示的区域。

2）新建图层。选中新建的遮罩图层，然后选择“插入”→“图层”命令，创建一个新的图层，在新图层中输入 FLASH CS6，注意文字不要打散，该图层也称被遮罩图层，如图 8.33 所示。

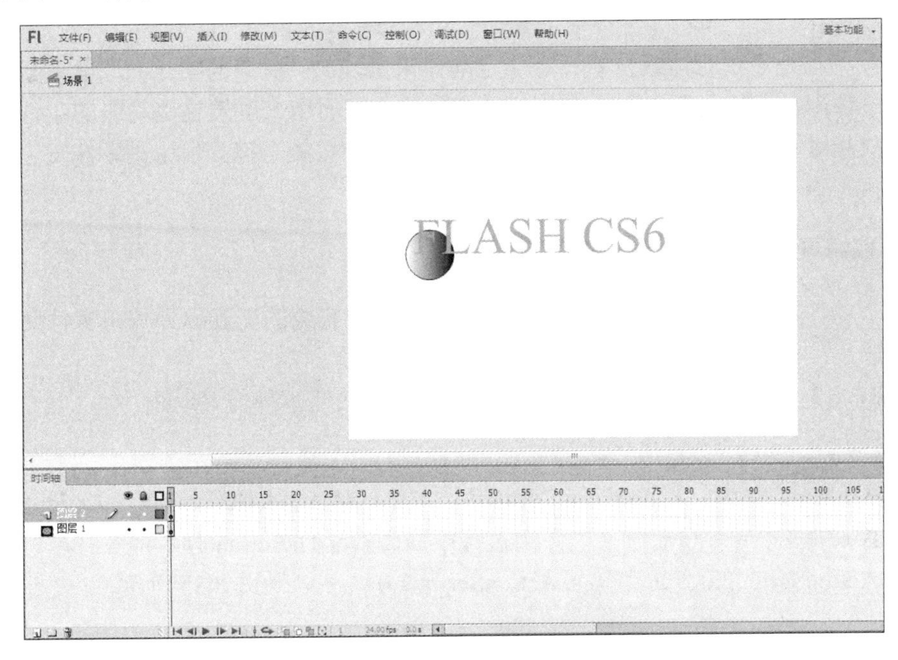

图 8.33　创建图层

3）创建关键帧。在被遮罩图层的时间轴的第 30 帧处按【F6】键，创建一个关键帧。

4）移动圆形。在遮罩图层的第 30 帧处按【F6】键，创建一个关键帧。选择第 1 帧，把圆移到文字左侧，选中第 30 帧，把圆移到文字右侧。

5）创建移动动画。在图层上创建一个关于圆的移动动画，使该圆从左侧移动到右侧。

6）交换遮罩图层和被遮罩图层的位置。在时间轴上将文字图层（即被遮罩图层）拖放到遮罩图层的下方，如图 8.34 所示。

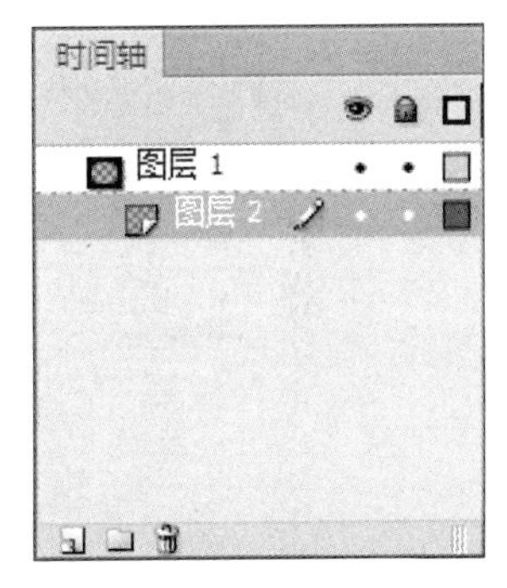

图 8.34　交换遮罩图层和被遮罩图层的位置

7）测试动画。动画制作完成，在场景编辑窗口中按【Ctrl+Enter】组合键测试动画。

8.5　交互动画设计

8.5.1　交互动画的基本原理

交互动画是指在动画播放时支持事件响应和交互功能的一种动画，也就是说，动画播放时可以接受某种控制。这种控制可以是用户的某种操作，也可以是在动画制作时预先设置的操作。这种交互性提供了观众参与和控制动画播放的手段，使观众由被动接受变为主动选择。

交互动画是通过对帧或按钮设定一定动作来实现的。所谓的动作，是指一套命令语句，当条件满足时就会发出命令来执行特定的动作。而用来触发这些动作的事件，无非就是播放指针指到某一帧，或者用户单击某个按钮或按某个键。当这些事件发生时，动画就会执行事先设定好的动作。

8.5.2 按钮事件交互动画的制作

基于动作事件（如单击某个按钮或按某个键）来完成的交互称为按钮事件交互，它们总是通过按钮来触发动作的。

【例 8.6】 创建一个 ActionScript 2.0 文件，制作按钮事件交互动画。

说明

在 Flash CS6 中，ActionScript 包括两个版本，即 ActionScript 3.0 和 ActionScript 2.0，在创建 Flash 文档的时候，要注意选择自己熟悉的 Action 脚本语言。本例代码基于 ActionScript 2.0，创建一个 ActionScript 2.0 文档，如图 8.35 所示。

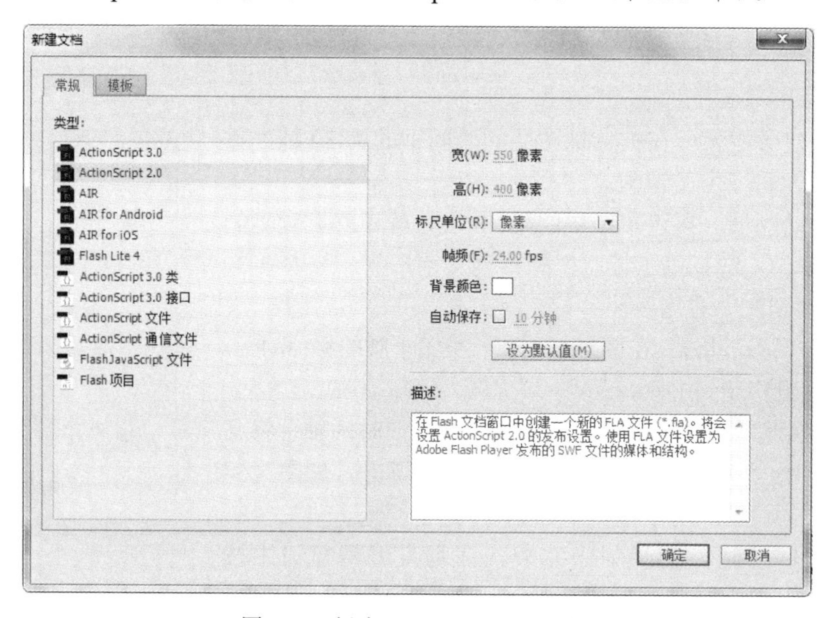

图 8.35　创建 ActionScript 2.0 文档

1）制作“按钮”元件。制作“按钮”元件 A1，并将“按钮”元件拖入工作区。

2）启动“动作”窗口。在按钮 A1 上右击，在弹出的快捷菜单中选择“动作”命令，打开“动作-按钮”窗口，如图 8.36 所示。

3）设置函数。单击 按钮，在弹出的下拉列表中选择“全局函数”→“时间轴控制”选项。依据表 8.1，如果选择 gotoAndPlay 动作，则在代码框中出现一行函数代码——事件触发的动作 gotoAndPlay，即动画指针指向指定帧并播放，如图 8.37 所示。

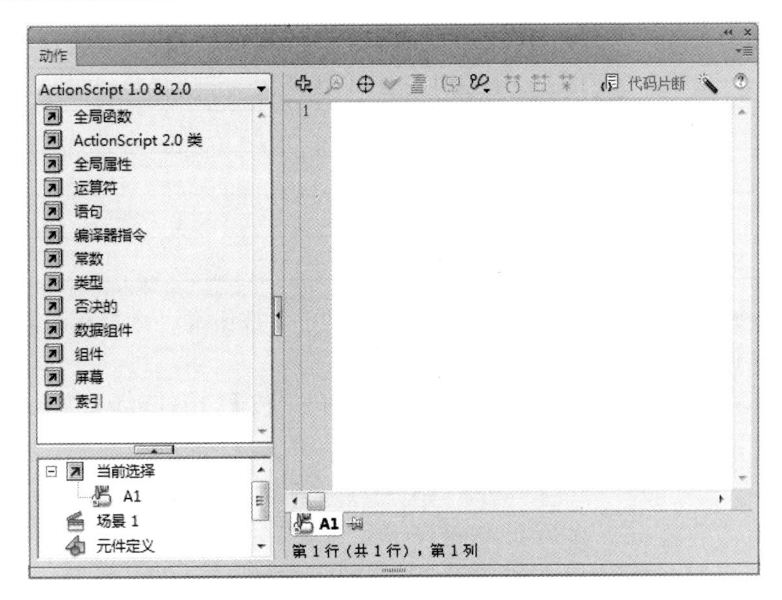

图 8.36　“动作”窗口

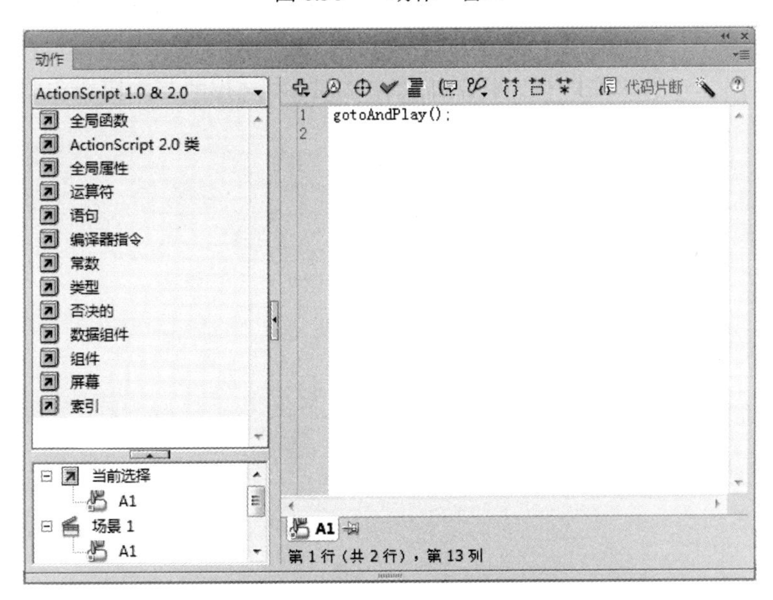

图 8.37　选择 gotoAndPlay 动作

表 8.1　时间轴控制动作

动作	作用
gotoAndPlay	设置动画指针指向指定帧并播放
gotoAndStop	设置动画指针指向指定帧并停止播放
nextFrame	下一帧
nextScene	下一场景
play	开始播放动画

续表

动作	作用
prevFrame	前一帧
prevScene	前一场景
stop	停止播放动画
stopAllSounds	停止播放所有的声音

4）设置按钮动作，完成交互。单击“脚本助手”按钮，依据动画需求，对单击按钮元件的动作进行设置。

5）测试动画。动画制作完成，在场景编辑窗口中按【Ctrl+Enter】组合键测试动画。

本 章 小 结

随着 Flash 动画软件版本的不断升级，其强大的动画编辑功能和操作平台更加深受用户的喜爱，应用范围越来越广泛。本章主要介绍了 Flash CS6 的工作界面、绘制与编辑动画角色的工具、动画制作的有关概念、基本动画形式，以及交互动画的原理和简单交互动画的制作。通过本章的学习，读者能够掌握动画制作的基本概念和原理，对 Flash 动画制作产生浓厚的学习兴趣。

第 9 章　医院信息系统

随着经济的发展，我国医疗水平不断提高，医用技术和设备逐步完善，各级医院规模不断扩大。医疗单位是救治病人与进行科学研究的一线单位，具有信息量巨大、情况复杂、难以管理的特点。一个成熟的现代化医院除了要拥有医术高超、技术熟练的医务人员，功能完善、设计合理的建筑设施，高精尖的医疗设备外，还需要有能够将医院的资源实现最优化配置，使医院效率最大化的信息系统。本章将介绍医院信息系统及几个相关系统。

9.1　医院信息系统概述

医院信息系统（hospital information system，HIS）是医学信息学的一个重要分支。1972 年，美国加利福尼亚大学的 George A. Bekey 和 Morton D. Schwarts 在他们所著的《医院信息系统》一书中提出，一个完整的医院信息系统是建立在计算机的基础上，同时能够为医院中的每一项主要的医疗和管理事项提供服务的通信系统。

《医院信息系统基本功能规范》中指出了医院信息系统的定义：医院信息系统是指利用计算机软硬件技术、网络通信技术等现代化手段，对医院及其所属各部门的人流、物流、财流进行综合管理，对在医疗活动各阶段中产生的数据进行采集、存贮、处理、提取、传输、汇总、加工生成各种信息，从而为医院的整体运行提供全面的、自动化的管理及各种服务的信息系统。医院信息系统是现代化医院建设中不可缺少的基础设施与支撑环境。

9.1.1　医院信息系统的发展

医院信息系统最早出现在 20 世纪 50 年代中期的美国，当时计算机刚刚开始应用于美国医院，最初主要用于医院的财务管理，后来逐渐实现了用计算机处理部分医院事务。

1. 美国医院信息系统的发展阶段

（1）第一阶段——20 世纪 60 年代至 70 年代初

当时医院信息系统主要用于管理财务的收费项目和一些护理项目，其主要满足当时的医疗保障制度的要求。1972 年，美国还没有出现一个功能覆盖全院的、成功的信息系统。

（2）第二阶段——20 世纪 70 年代中期至 80 年代中期

伴随着技术的发展，竞争的加剧，美国的医院信息系统发展速度加快，基本上能够覆盖全部业务科室。1985 年美国医院数据处理工作调查显示，100 张床位以上的医院中有 25%的医院有了基本完整的医院信息系统，70%的医院拥有支持病人挂号和进行一些管理事务的信息系统，而 80%的医院实现了计算机辅助财务收费。

（3）第三阶段——20 世纪 80 年代末至 90 年代中期

美国医院信息系统开发的目的更加侧重于提高医院的医疗护理质量，重心转移到与诊断治疗有关的系统上，开始以病人为中心，更注重结合临床治疗和医疗设备。1987 年，著名的 HL7（health level 7）颁布，解决了各系统之间的接口问题；1992 年，世界卫生组织颁布了《疾病和有关健康问题的国际统计分类》（ICD-10）。

（4）第四阶段——20 世纪 90 年代末至今

美国医院信息系统的开发重点转向了计算机辅助诊断、电子病历、远程医疗等广阔的方向。

我国医院信息系统的发展，从 20 世纪 70 年代末至 20 世纪 90 年代之前一直非常缓慢。随着我国经济实力的不断提升和技术水平的提高，从 20 世纪 90 年代中期开始，医院信息系统以前所未有的速度高速发展。

2. 我国医院信息系统的发展阶段

（1）第一阶段——20 世纪 70 年代末至 80 年代初

由于技术、资金、需求和设备的限制，我国的医院信息系统只能在个别医院的个别部门进行开发应用。1976 年，上海肿瘤医院利用计算机进行 X 射线放疗剂量的计算，两年后，与复旦大学合作建立计算机病史存储、检索和分析系统。

（2）第二阶段——20 世纪 80 年代中期

这一阶段，我国开发了一大批应用系统，但是大多数仅限于单机作业，功能十分有限。

（3）第三阶段——20 世纪 80 年代末至 20 世纪 90 年代初

我国医院信息系统进入新的发展阶段。1988 年，卫生部医政司主持的医院信息系统开发计划列入“八五”攻关课题。随着网络技术的发展，医院信息系统进入多机、多任务，基于网络服务器的部门级信息系统阶段，少数医院开发并试用了病房医嘱联机处理系统。

（4）第四阶段——20 世纪 90 年代中期至今。

随着我国经济水平与科技水平的提高、医院规模的扩大、软硬件设施的更新换代及病人对医院服务要求的不断提高，我国医院信息系统的发展如火如荼。1995 年，由卫生部医院管理研究所开发的中国医院信息系统（China hospital information system，CHIS）的问世，标志着我国医院信息系统的研制、开发和应用进入了一个新的阶段——一体化医院信息系统（integrated hospital information system，IHIS）。1996 年，国家卫生部正式启动“金卫工程”，开发医院信息系统是其主要内容之一。2010 年，我国颁布了《医院信息系统基本功能规范》，进一步提出医院信息系统开发过程中的详细要求。

9.1.2 典型医院信息系统的功能

现代人类的生活方式和工作方法已离不开现代信息技术和管理方法的支持。完整、有效的医院信息系统建设不仅是满足医院对控制运营、管理成本，提高管理效率的需要，也是满足病人对高质量医疗服务的需要。

《医院信息系统基本功能规范》中根据数据流量、流向及处理过程，将整个医院信息系统划分为五个部分：临床诊疗部分、药品管理部分、经济管理部分、综合管理与统计分析部分、外部接口部分，各部分组成如图 9.1 所示。

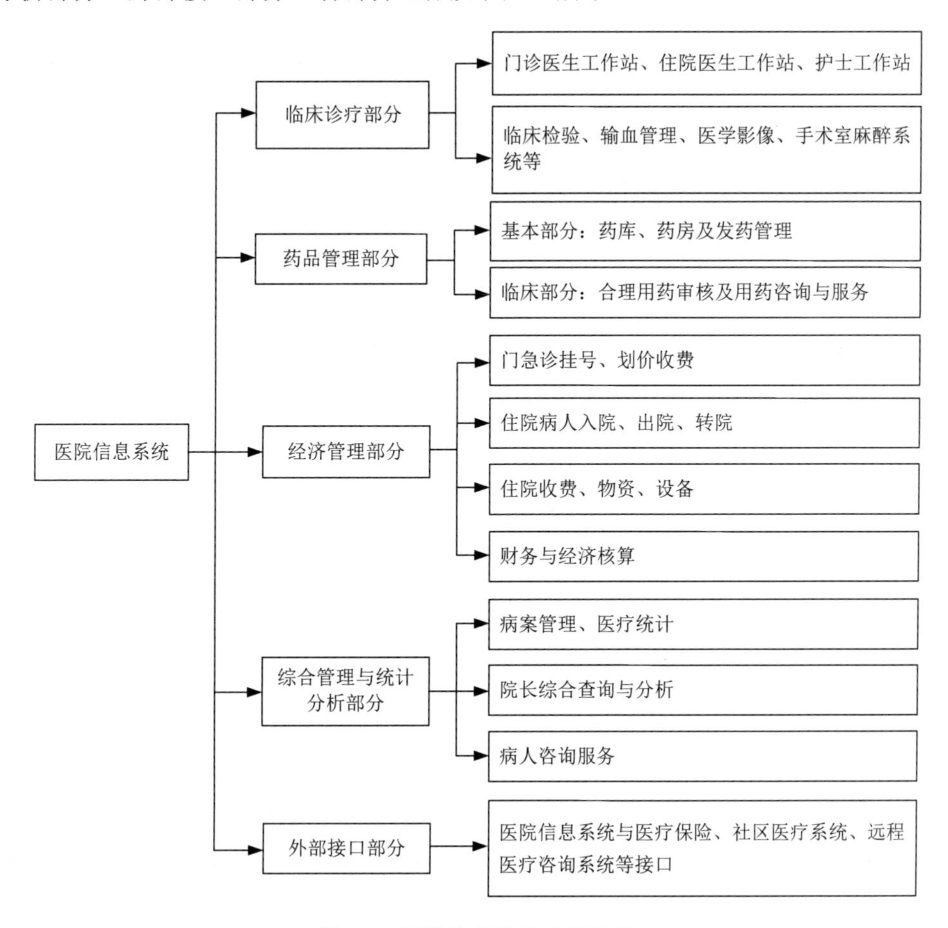

图 9.1　医院信息系统功能组成

1. 临床诊疗部分

临床诊疗部分主要以病人信息为核心，将整个病人诊疗过程作为主线，医院中所有科室将沿此主线展开工作。随着病人在医院中每一步诊疗活动的进行产生并处理与病人诊疗有关的各种诊疗数据与信息。整个诊疗活动主要由各种与诊疗有关的工作站来完成，并将这部分临床信息进行整理、处理、汇总、统计、分析等。

2. 药品管理部分

药品管理部分主要包括药品的管理与临床使用。在医院中药品从入库到出库直到病人的使用，是一个比较复杂的流程，它贯穿于病人的整个诊疗过程中。这部分主要处理的是与药品有关的所有数据与信息。

3. 经济管理部分

经济管理部分属于医院信息系统中的基本部分，它与医院中所有发生费用的部门有关，处理的是整个医院中各有关部门产生的费用数据，并将这些数据整理、汇总、传输到各自的相关部门，供各级部门分析、使用并为医院的财务与经济收支情况服务。

4. 综合管理与统计分析部分

综合管理与统计分析部分主要包括病案的统计分析、管理，并将医院中的所有数据汇总、分析、综合处理供领导决策使用。

5. 外部接口部分

随着社会的发展及各项改革的进行，医院信息系统已不是一个独立存在的系统，它必须考虑与社会上相关系统互联问题。

9.2 门诊医生工作站系统

门诊医生工作站系统，简称门诊医生工作站，其目的是辅助医生规范、有效地完成患者医疗过程中各项医疗信息处理工作；提供临床医疗环节质量管理的提示和警示标志，严格督导医疗行为规范、有序地进行；为其他系统和模块提供相关医疗信息；实时掌握患者的各种动态信息，产生各种统计报表，方便查询；为医院住院、药品、医技、手术等相关系统和模块提供所必需的输入和输出数据接口。

9.2.1 功能概述

门诊医生工作站的主要任务是录入病人的病情信息，开出检验检查申请，进行诊断并登记，然后能够开出处方，直接传送到计价收费处进行计价收费。通过这个过程，能够获得完整的门诊病人电子病历，减少计价收费的时间，并能进行各种所需要的查询统计，向其他系统提供病人诊疗信息，为医院的卫生经济管理服务，提供病人在诊室发生的费用信息，为医疗体制改革和医院门诊医疗保险提供强有力的支持。系统的主要功能介绍如下。

1. 患者身份识别

支持医院就诊卡、医保卡、患者就诊号和条形码等多种手段识别，身份涵盖公费、医保、自费等所有类型的患者。

2. 门诊分诊账号

医生可利用门诊医生工作站实现分诊叫号。

3. 检验检查申请单

可利用门诊医生工作站开出检验、检查申请单，患者完成缴费后，系统将信息直接传送到相应执行科室做检查报告，并立刻通过网络返回门诊医生工作站，供医生调阅。

4. 病历录入及调阅

患者确诊时，医生将患者病历信息录入系统，对于复诊患者，可以调阅其以前就诊的所有记录，避免因患者对自己病历资料保管不全而造成的就诊信息缺失问题。

5. 录入处方

患者确诊后，医生可直接在系统上录入处方，同时关联药房库存及药品价格库，医生根据患者实际情况下发处方。

6. 医生工作量统计

门诊医生工作站可实现对医生工作量的统计查询，依据不同查询条件完成工作量统计。

7. 疫情报告

当发生疫情时，可直接通过工作站向上级报告。

8. 入院申请

门诊医生确认门诊患者需要住院治疗并征得患者的同意后，可通过门诊医生工作站直接将信息发送到入院管理处，方便患者入院，节省预约登记时间。

9.2.2 工作流程

门诊医生工作站的基本工作流程如下。

1. 分诊挂号

患者根据所挂科室的医生出诊类型挂号，护士分诊后，医生可以在自己的工作界面看见患者名单，单击等待就诊患者，系统将信息发送到等待区电子显示屏或多媒体语音叫号器，通知患者就诊。

2. 患者就诊

患者就诊时，门诊医生工作站会自动调入患者基本信息，医生可据此对患者生成新的门诊病历，完成就诊。

3. 开出电子检验检查申请单

患者就诊时，医生根据患者主诉和一般性检查结果，对患者进行初步判断，并据此开具电子检验检查申请单，申请信息会自动传至相应检查科室，检查结束后报告结果，信息会自动回传到医生工作站。

4. 医生确诊

医生根据检验检查结果和自己的临床经验，对患者进行确诊，并开出处方或治疗单，患者缴费后，处方信息会自动传送到门诊药房，治疗单传送至相应科室。

9.3 住院医生工作站系统

住院医生工作站系统，简称住院医生工作站，其作为医院信息系统的重要组成部分，主要是以患者信息为中心，围绕患者展开工作，实现患者在住院诊疗期间的信息采集、处理、存储和传输，为医生提供病历模板，方便医生书写病历，并与检验科的实验室信息系统、影像科的图像存储与通信系统等相连，方便患者就诊。

9.3.1 功能概述

住院医生工作站主要满足住院医生的工作需求，对患者住院期间的各种临床诊疗信息进行录入处理，方便医生调阅。它与护士工作站一起构成了对住院患者的直接管理系统，主要工作任务如下。

1. 医嘱管理

医嘱管理是住院医生工作站最重要的功能之一，包括新增医嘱、复制医嘱、成套医嘱、删除医嘱、停止医嘱、医嘱作废、保存医嘱、提交医嘱等功能。

2. 病历管理

病历包括病案首页、病程记录、检查申请单、检验申请单、医嘱等，由医生负责处理。住院医生工作站可以完成病历书写和病案检索等工作，实现病历电子化，主要功能包括新建和维护病例、管理模板和提交病历等。

3. 检验检查申请单及报告查询

医生可通过住院医生工作站开具电子检查单，查询和调用检验检查报告。

4. 其他功能

住院医生工作站还具有教学科研、统计分析、合理用药、监测患者出院带药、院感上报等功能。

9.3.2 工作流程

住院医生工作站的基本工作流程如下。

1. 接收患者

接收患者一般有以下几种情况：门诊转入，如患者在门诊检查时，医生根据检查结果，认为患者需要住院治疗；转院入院，患者由其他医院相关科室转入；急诊转入，患者在急诊治疗稳定后转入医院相应科室进行治疗。不管哪种方式，都需要医生开具入院申请单，患者或其家属凭入院申请单在医院出入院登记处进行登记缴费，安排科室后，由科室住院部护士站接收患者，并为其安排床位和主治医生，主治医生进入住院医生工作站，正式接收患者。

2. 调阅患者信息

正式接收患者后，医生可调阅患者基本信息。

3. 下达医嘱

医生根据对患者的诊断下达医嘱，医嘱信息立即传送到护士工作站，由护士进行医嘱审核和执行。

4. 书写病程记录并提交病历

病程记录是患者在院住院期间的医疗凭据，具有法律效力，医生必须按照相关法律法规书写病程记录，包括患者主诉、病案首页、病程记录、入院记录、出院记录、转院出院或死亡记录等内容。患者结束治疗后，主治医生需要检查患者病历信息的完整性和准确性，并签字确认，在法律规定的时间内，将患者病历提交到病案科归档。

9.4 护理信息系统

护理工作是医院工作的一部分，在医院中，根据护士工作性质可将其分为门诊护士、住院护士、手术室护士等。护理信息系统是协助护士完成对患者的日常护理工作的计算机应用程序。护士利用该系统核对医生下达的长期和临时医嘱，对医嘱执行情况进行管理，完成护理记录及病区床位管理等日常工作。护理信息系统包括门诊护士工作站和住院护士工作站。

9.4.1 门诊护士工作站功能概述

1. 分诊排队叫号

对已挂号患者进行分诊是门诊护士的重要工作任务，即对挂号的患者进行分类，并将其分配到相应门诊诊间，让患者到指定诊间外候诊，规范就诊秩序。

2. 医生排班

科室医生排班一般由医院门诊办公室进行安排，也可以由门诊护士安排。

3. 门诊日志记录

系统会自动记录患者的信息，便于统计和随访。

4. 填写各类信息卡

系统可完成各类信息卡填报，便于数据收集和统计。

9.4.2 住院护士工作站功能概述

1. 医嘱审核

医生开具医嘱后，医嘱信息会自动传送到护士工作站，由护士进行审核。若发现问题，可及时提醒医生，减少医疗差错。

2. 执行医嘱

医嘱审核通过后，发送到执行科室，由护士执行治疗医嘱。

3. 退药审核

若患者需要退药，医生同意后开具退药申请单，护士进行审核，并将符合条件的药品安排人员退回药房。

4. 领药

领药包括病区领药和科室领药。病区领药是根据本病区已经审核的医嘱生成的药品信息到中心药房领药；科室领药是领取本科室在对患者进行治疗时需要用到的药品。

5. 患者管理

患者管理包括患者入院的床位分配、转院床位取消、记账催款等。

6. 护理记录

护士可利用系统记录对患者的护理情况等。

9.5 电子病历系统

电子病历（electronic medical record，EMR）的发展时间较短，其内涵和外延都在不断地探索和发展中，尚未形成统一的定义。尽管不同机构对电子病历的定义不同，但基本都是从电子病历应当包括的信息内容和电子病历系统应当具备的功能两方面进行描述的。

电子病历是医疗机构医务人员对门诊、住院患者（或保健对象）进行临床诊疗和指导干预时，使用信息系统生成的文字、符号、图表、图形、数据、影像等数字化的医疗服务工作记录，是居民个人在医疗机构历次就诊过程中产生的和被记录的完整、详细的临床信息资源，可在医疗卫生服务中作为主要的信息源，取代纸张病历。这里定义的电子病历主要指所包含的信息内容，是静态的概念。

电子病历系统（electronic medical record system，EMS）是基于计算机和信息网络的

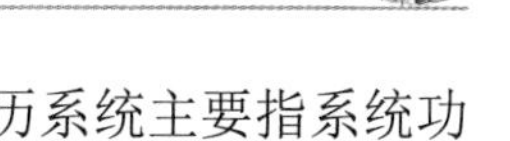

电子病历收集、存储、显示、检索和处理系统。这里定义的电子病历系统主要指系统功能方面，是动态的概念。电子病历系统强调发挥信息技术的优势，提供超过纸张病历的服务功能。

9.5.1 电子病历系统的发展

我国的电子病历经历了二十多年的发展，可以将其粗略划分为三个阶段。

（1）第一阶段——2000—2002年

这个阶段我国电子病历开始进入临床应用，当时许多主流HIS生产厂商在自己的HIS的医生工作站中加入了电子病历书写模块。电子病历在本质上还只是病历的电子化，即医生能在录入医嘱的同时，在一个定制的文本编辑器中录入病历内容，但是临床上非常关键的病历内容和质量控制环节没有办法在文本型电子病历编辑器中很好实现，主要受制于病历结构化支持比较差。

（2）第二阶段——2003—2008年

这一阶段的电子病历系统总结了第一阶段电子病历系统中存在的主要问题，电子病历专业厂商取代了传统的HIS厂商，成为第二阶段电子病历发展主流厂商。电子病历专业厂商在对病历内容和结构进行了深入研究后，开始独立于HIS之外开发电子病历系统。这代电子病历不再专注于HIS流程，而是把主要精力放在病历内容上。此阶段电子病历存在的问题是病历的结构化方面缺少标准支撑，病历不能实现院间或科室间的共享。

（3）第三阶段——2008年至今

这一阶段的电子病历系统基本上可以称为集成电子病历。基于临床要求，集成化要求日益突出，一方面，要求与HIS的集成，其重点是与HIS医嘱界面的集成；另一方面，要求与临床信息系统（包括检验、影像、ICU等）集成，总体上实现结果浏览集成。这两个集成要求可以归结为医护人员希望在一个统一界面完成整个医嘱录入、执行、结果检查和病历录入工作。

第三阶段电子病历系统还在发展中，主要有两种发展思路：一种是专业的病历厂商在第二阶段电子病历基础上完成与HIS、临床信息系统的集成工作，这一工作由于HIS医嘱标准欠缺而很难形成产品化；另一种是传统的HIS厂商并购专业电子病历厂商，完成基于HIS的电子病历总体重构。

总体来看，中国的电子病历发展历程，经历了源于HIS、独立发展、与HIS集成三个阶段。

9.5.2 典型电子病历系统的功能

《电子病历系统功能规范（试行）》将电子病历功能分为必需、推荐和可选三个等级。

1. 电子病历系统的基础功能

电子病历系统应当具有用户授权与认证、使用审计、数据存储与管理、患者隐私保护和字典数据管理等基础功能，并能保障电子病历数据的安全性、可靠性和可用性。电子病历的管理以建立数据中心为基础，实现信息实时上传和自动备份到医院数据中心和第三方存储中心，在设定一定权限的基础上实现数据资源共享，并保障数据安全。

（1）用户授权功能

必需功能包括创建用户角色和工作组并为其授权和分配相应权限，创建、修改电子病历访问规则，提供记录权限修改操作日志等；推荐功能包括对用户权限加以时间限制，提供根据法律、法规对患者本人及其监护人、代理人授权访问部分病历资料等功能。

（2）用户认证功能

必需功能包括至少支持用户名/密码、数字证书、指纹识别中的一种认证方式，要求用户修改初始密码并提供密码强度认证规则，设置密码有效期，设置账户锁定阈值时间，管理员重置密码权限等。

（3）审计功能

必需功能包括访问电子病历时自动生成、保存使用日志，提供按用户追踪查看其所有操作功能，对电子病历操作自动生成、保存审计日志（至少包括操作时间、操作者、操作内容）功能，提供对用户登录所用的数字证书进行审计的功能。

（4）数据存储与管理功能

必需功能包括支持各种类型的病历资料的转换、存储管理，提供按标准格式存储数据或将已存储数据转换为标准格式功能，在存储的电子病历数据项目中保留文本记录，提供电子病历数据长期管理和随机访问功能，具有数据备份和恢复功能，具备保障电子病历数据安全的制度和措施；推荐功能包括以适当方式保存完整医疗记录并能够以原有方式再现医疗记录，当超出业务规则规定时限或场景时禁止修改医疗记录，建立信息系统灾备体系。

（5）患者隐私保护功能

必需功能包括对电子病历设置保密等级功能，对操作人员权限实行分级管理，医务人员使用非直接相关患者的电子病历时提供警示功能；推荐功能包括提供患者匿名化处理功能。

（6）字典数据管理功能

必需功能包括提供各类字典条目增加、删除、修改等维护功能，提供字典数据版本管理功能。

2. 电子病历系统的主要功能

（1）电子病历创建功能

电子病历创建功能为患者创建唯一标识号码，建立主索引，与既往病历合并。

（2）患者既往疾病诊疗信息管理功能

患者既往疾病诊疗信息管理功能对患者药物过敏史和不良反应进行管理，能按照类别完整展现患者既往病史、药物过敏史和不良反应史、门诊和住院诊疗信息。

（3）住院病历管理功能

住院病历管理功能主要为医疗、护理和检查检验结果等医疗电子文书提供创建、管理、存储和展现等功能支持。住院病历管理功能包括住院病历创建、住院病历录入与编辑、住院病历记录修改、病历模板管理、护理记录管理等。

（4）医嘱管理功能

医嘱管理功能主要是对医嘱下达、传递、执行等进行管理，重点是支持住院及门（急）诊各类医嘱，保障医嘱实施的正确性，并记录医嘱实施过程的关键时间点。医嘱管理功能包括医嘱录入、药物治疗医嘱[含门（急）诊处方]录入、检查检验类医嘱录入和处理、医嘱处理和执行、医嘱模块管理等。

（5）检查检验报告管理功能

检查检验报告管理功能主要为各类检查、检验报告的采集、修改、告知与查阅、报告内容展现等提供支持。

（6）电子病历展现功能

电子病历展现功能是以直观、有效、便捷的方式展现患者的病历资料，为医护人员全面、有效地掌握患者的病历资料提供支持。电子病历展现功能包括病历资料整理、病历资料查询、电子病历浏览、电子病历展现、电子病历打印/输出等。

（7）临床知识库功能

临床知识库功能为医师开具医嘱、诊疗方案选择提供辅助支持。临床知识库应用的重点是辅助医师实施正确的诊疗措施，提供主动式提示与警告，规范诊疗行为。临床知识库功能包括临床路径管理知识库、临床诊疗指南知识库、临床资料库、合理用药知识库、医疗保险政策知识库、对知识库提示执行情况记录等。

（8）医疗质量管理与控制功能

医疗质量管理与控制功能包括对病历质量管理与控制、合理用药监控、医院感染监测、医疗费用监控等功能。电子病历系统通过对病历数据的汇总、统计与分析，在病历质量管理与控制、合理用药监管、医院感染监测、医疗费用监控和高值耗材监控等方面为医疗质量管理与控制系统提供信息支持。

3. 电子病历系统的扩展功能

1）电子病历系统接口功能。

2）电子病历系统对接功能。

9.6 实验室信息系统

实验室信息系统（laboratory information system，LIS）是指利用计算机网络技术，实现临床检验室的信息采集、存储、处理、传输、查询，并提供分析及诊断支持的计算机软件系统。检验科是医院的重要医技科室之一，检验项目涉及众多学科。LIS与检验科业务密切相关，对提高检验科工作效率、提高检验工作的质量、减轻科室工作强度、理顺工作流程有着至关重要的作用。

9.6.1 实验室信息系统的发展

国内LIS起步较晚，开始于20世纪80年代末期。经过三十多年的发展，现已逐步完善。国内 LIS 的发展可以分为以下四个阶段。

（1）单机阶段——20 世纪 80 年代末至 1994 年

国内最早的比较完整的 LIS 是辽宁抚顺中心医院在 1993 年开发的。

（2）小型网络阶段——1995—1997 年

这一阶段 LIS 在功能上出现了网络访问和管理，FoxPro、Access 等简单的关系数据库应用广泛。

（3）大型数据库网络阶段——1998—2004 年

服务器端程序在 UNIX、Linux 或 Windows NT 平台下运行，这个阶段的 LIS 已趋于稳定，功能丰富而实用，产品也层次化、多样化，以适应不同用户需求。一些专业的 LIS 公司也很快成长起来。

（4）检验室全面自动化阶段——2005 年至今

这一阶段新一代检验室 LIS 逐步实现全面自动化，主要特点是进一步完善检验信息的管理，提供对临床诊断的辅助决策支持；对信息深度处理，为医院科研和教学服务；适应新的检验技术和方法；信息交换向网络延伸。

9.6.2 典型实验室信息系统的功能

LIS 实现了检验业务全流程的计算机管理。根据患者做检验的整个流程设置了相应功能模块，实现计算机辅助管理。LIS 的主要功能如图 9.2 所示。

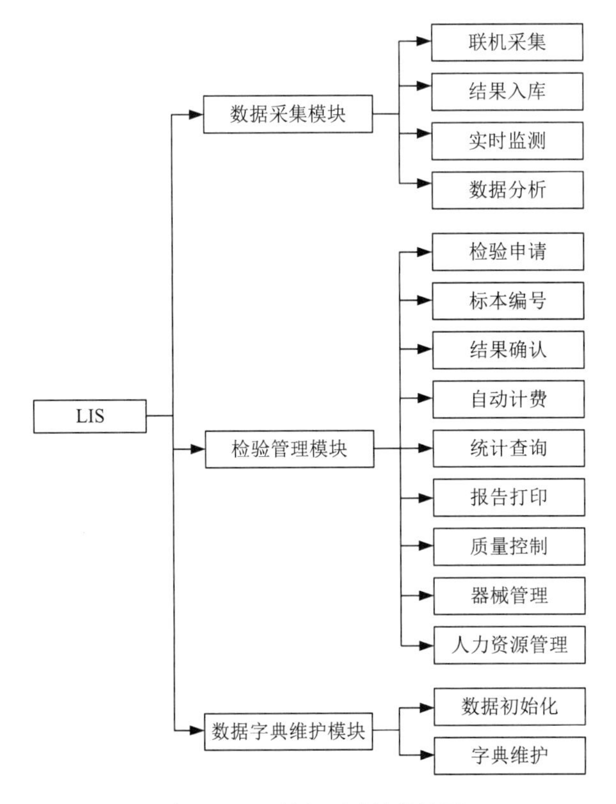

图 9.2 LIS 的主要功能结构图

1. 数据采集模块功能

1）联机采集与结果入库：主要包括检测结果自动采集，并自动将结果添加到前台患者资料数据库中。

2）实时监测：对于一些特殊检查项目，可在任意工作站对监测仪器的监测结果实时监测，便于及时发现和解决问题。

3）数据分析：某些仪器的监测结果需要进行数据处理与分析后才可产生最终结果，供医生作为诊断依据。

2. 检验管理模块功能

1）检验申请：接收医生工作站网上申请，或者医生手工申请，录入申请。

2）标本编号：将采集标本按预定规则编号，便于自动识别。

3）结果确认：对初步形成结果进行确认并形成最终报告，发往门诊或住院部。有的系统还可以对结果进行判断，对异常结果标注警示，提供以往结果进行比对。

4）自动收费：对各项检查项目自动收费，避免错收、漏收。

5）统计查询：自动生成各种形式统计报表，便于查询和科室管理。

6）报告打印：按统一、固定格式打印报告。

7）质量控制：可自动接收或手工录入质控数据，并根据相应规则显示或打印质控图，完成检验科室内部质控管理功能。

8）器械管理：完成试剂和设备的统一管理。

9）人力资源管理：科室内部职工资料管理、值班表安排以及电子考勤等。

3. 数据字典维护模块功能

通过数据字典维护模块可进行字典维护，完成各个数据字典之间的对照关系表，进行后台数据初始化。

9.7　图像存储与通信系统

图像存储与通信系统（picture archiving and communication system，PACS）是随着数字成像技术、计算机和网络技术的进步而迅速发展起来的，旨在全面解决医学图像获取、显示、存储、传送和管理的综合系统。因此，PACS 在现代医疗活动和医学信息系统中占有很重要的地位。

9.7.1　医学图像存储与通信系统的发展

PACS 的发展大致经历了三个阶段。

（1）第一阶段——20 世纪 80 年代中期至 20 世纪 90 年代中期

PACS 的概念于 20 世纪 80 年代被首次提出。在美国和欧洲的一些国家，20 世纪 80

年代初期医院管理信息系统已经从研究转向实施阶段，到了 80 年代中期，研究工作已经转向了医疗服务系统，很多国家相继建立了研究 PACS 的实验室和实验系统，到了 90 年代初期，陆续建立了一些实用的 PACS。

（2）第二阶段——20 世纪 90 年代中期至 20 世纪 90 年代末期

计算机和网络技术的发展，使得 PACS 用户终端的性能和速度得到了加强。由于诊断和信息保存的需求，出现了放射科信息系统（radiology information system，RIS）。RIS 是医院信息系统的重要组成部分，主要处理文字信息，包括病人登记、预约检查时间、报告、病人及胶片跟踪、诊断编码、教学和管理等。在临床应用中，人们开始关注工作流问题，研究在检查登记、图像存取、存储、分诊、诊断等步骤中 PACS 与 RIS 如何沟通以提高工作效率。这个阶段人们意识到 PACS 是医院信息系统的一个重要组成部分，应该与其他系统沟通，形成一个医院信息整体。

（3）第三阶段——20 世纪末至今

随着社会信息化不断发展，DICOM 标准被广泛接受，PACS、RIS 与 HIS 全面整合，PACS 被用于远程诊断医疗服务，参与临床辅助诊断治疗。无胶片的出现，促使人们开始解决安全性问题。

9.7.2 典型医学图像存储与通信系统的功能

PACS 主要具有以下四个方面的功能。

（1）数据转化功能

PACS 可将医院已具有的设备产生的设备图像，通过直接或间接形式转换为系统能够存储和处理的数据化形式。

（2）存储和管理检查所产生的图像数据功能

存储和管理检查所产生的图像数据是 PACS 系统最重要的功能。医院每天产生的图像数据量较大，PACS 系统要将数据进行分级存储，常用数据存放在在线设备，过期数据存放在离线设备。

（3）图像显示和处理功能

图像显示和处理是医生使用最多的功能。医生工作站应能满足医生常用需求，包括查询图像记录，对图像进行简单处理，有些工作站还有生成和操纵三维图像能力。医生还要在工作站写出诊断报告、注释等文本信息。

（4）与 HIS/RIS 的接口

PACS 在医院中要与其他系统互连，就必须遵守一个信息互换标准。目前国际上 HL7 标准已被多数厂家认可。

9.8 智慧医疗的发展趋势

随着科学技术的迅速发展，信息技术已经被广泛应用于与医药卫生相关的各个领域，并且都取得了一定的成果。我国医药卫生信息技术产业近几年来发展迅速，占整个

IT 市场的份额呈不断上升趋势。同时，我国居民对医疗保健的要求提高，国家医疗制度改革不断深化，国家对医药数据库系统建设的投资也在不断增加。当前信息技术应用已在医疗服务、医学管理、医学教育和医学科研等领域全面展开。

经过多年的发展，我国医院信息系统建设已经初具规模。信息系统的发展经历了单机系统、局部网络系统到整个医院信息系统的几个阶段，未来需要解决的主要问题包括：研究适合电子病历多种内容、媒体的数据结构；恰当可靠的安全机制；高效经济的存储方案；实用方便的数据输入和阅读手段；标准规范的数据交换方法等。

1. 面向医药应用的数据系统更加普及

（1）临床智能监护系统

临床智能监护系统是临床应用系统的代表，便于医护人员及时掌握、记录病人的病情，采取适当治疗措施，尤其适用于有监护任务的科室。

（2）手术麻醉系统

手术麻醉系统主要针对麻醉医师对手术病人信息管理的需求，在术前、术中、术后提供完整的病人信息管理。

（3）智能护理信息系统

智能护理信息系统在整体护理的模式下，全面记录病人病情的发展，增加对病人健康状况的评价；针对具体病人，给出护理诊断，提示更加有效的生理、心理护理措施。

（4）智能卡

智能卡将在医药卫生系统广泛应用。随着以病人为中心的管理模式逐渐被广泛接受，付费、查询、保健、急救医疗等领域都将出现智能卡的使用。

（5）大数据综合卫生管理信息系统

大数据综合卫生管理信息系统是包括财务监管、综合统计分析、决策支持等内容的集成化、智能化综合卫生管理信息系统，其可提高卫生管理工作效率和决策水平，提高宏观调控和科学管理能力，为各级管理部门提供及时、准确、全面的信息。

2. 远程医疗、虚拟化技术加速发展

我国的远程医疗近几年发展迅速，众多医学院校、医院都建立了远程会诊中心。同时，我国逐年加大对医疗体制改革以及新农村建设的投入，区域性公共卫生信息化建设将呈现出加速发展的态势。

本章小结

本章在医学数据库系统中选取四种典型的系统：医院信息系统、电子病历系统、实验室信息系统、医学图像存储与通信系统，分别从其发展历程、功能方面进行了介绍，读者了解了四个典型信息系统的使用及医院信息系统未来的发展方向。

参 考 文 献

何海燕，张亚娟，曾亚平，等，2019．Word 2016 文档处理案例教程[M]．北京：清华大学出版社．

马晓荣，2019．PowerPoint 2016 幻灯片制作案例教程[M]．北京：清华大学出版社．

孙艳秋，吴磊，刘广，2017．大学计算机基础[M]．北京：科学出版社．

唯美世界，2018．Photoshop CS6 从入门到精通[M]．北京：中国水利水电出版社．

谢希仁，2017．计算机网络[M]．7 版．北京：电子工业出版社．

姚志鸿，郑宏亮，张也非，2021．大学计算机基础（Windows 10 + Office 2016）[M]．北京：科学出版社．

岳梦雯，2017．Adobe Flash CS6 动画设计与制作案例技能实训教程[M]．北京：清华大学出版社．

翟萍，王贺明，2018．大学计算机基础[M]．5 版．北京：清华大学出版社．

张凤梅，林彬，孙美乔，2021．大学计算机实践（Windows 10 + Office 2016）[M]．北京：科学出版社．